作物测土配方与营养套餐施肥技术系列丛书

粮经作物测土配方与营养套餐施肥技术

宋志伟 等 编著

U0380998

中国农业出版社

图书在版编目（CIP）数据

粮经作物测土配方与营养套餐施肥技术 / 宋志伟等编著 . —北京：中国农业出版社，2015.12
ISBN 978 - 7 - 109 - 21297 - 8

Ⅰ.①粮… Ⅱ.①宋… Ⅲ.①粮食作物-土壤肥力-测定法②粮食作物-施肥-配方③经济作物-土壤肥力-测定法④经济作物-施肥-配方 Ⅳ.①S510.6 ②S560.6

中国版本图书馆 CIP 数据核字（2015）第 295763 号

中国农业出版社出版
（北京市朝阳区麦子店街 18 号楼）
（邮政编码 100125）
责任编辑　魏兆猛
———————————
中国农业出版社印刷厂印刷　新华书店北京发行所发行
2016 年 2 月第 1 版　2016 年 2 月北京第 1 次印刷
———————————
开本：720mm×960mm　1/16　印张：16.5
字数：285 千字
定价：30.00 元
（凡本版图书出现印刷、装订错误，请向出版社发行部调换）

作者简介

宋志伟，男，1964年出生，大学毕业，1986年参加工作，河南农业职业学院教授，从事新型肥料研究与技术推广工作。先后荣获河南省优秀教师、全国农业职业技能开发先进个人、河南省农业厅优秀教师、河南省高等学校学术技术带头人等称号。先后在《土壤通报》《中国土壤与肥料》《棉花学报》等18种刊物上发表论文56篇；先后主编出版《土壤肥料》《农作物实用测土配方施肥技术》《果树实用测土配方施肥技术》《蔬菜实用测土配方施肥技术》《农作物秸秆综合利用新技术》《现代农业》《现代农艺基础》《植物生长与环境》《特种作物生产新技术》《实用农业实验统计分析新解》等论著、教材75部；获得地市级以上教科研成果16项。

内容提要

本书借鉴人体保健营养套餐设计理念，在目前推广的测土配方施肥技术基础上，以保护生态环境、提升土壤肥力、改善作物品质、促进农业持续发展为目的，从作物的营养需求特点、作物测土施肥配方、作物常规施肥模式、无公害作物营养套餐肥料组合、无公害作物营养套餐施肥技术规程等方面入手，主要介绍禾谷类作物、豆类作物、薯类作物、纤维作物、油料作物、糖料作物、嗜好类作物7大类25种粮经作物的测土配方与营养套餐施肥技术。

本书具有针对性强、实用价值高、适宜操作等特点。可供各级农业技术推广部门、肥料生产企业、土壤肥料科研教学部门的科技人员、肥料生产和经销人员、农业种植户阅读和参考使用。

编著者名单

主　编　宋志伟　徐进玉　柴文安

副主编　师小周　李例栗

编著者　宋志伟　徐进玉　柴文安

　　　　师小周　李例栗　海建平

　　　　杨首乐　李　平

总　序

作 物 测 土 配 方 与 营 养 套 餐 施 肥 技 术 系 列 丛 书

　　肥料是作物的粮食，是农业生产的最重要的物质基础。科学施肥，不仅可以提高作物产量、改善作物品质，还能改良和培肥土壤，减少环境污染。我国在传统农业向现代农业的转变过程中，肥料用量急剧增加，并显著地提高了作物产量，但由于化肥用量日益增加，有机肥施用量急剧减少，导致了土壤板结、结构变差，土壤微生物功能下降，土壤生态系统脆弱，耕地的生产能力和抵御自然灾害能力严重下降，从而影响了农产品数量和质量安全，影响了农业效益和农民收入的提高，而且严重影响了生态环境。

　　2000 年我国化肥产量只有 3 207.17 万吨，2004 年超过 4 000 万吨，2006 年突破 5 000 万吨大关，2009 年继续突破 6 000 万吨大关，2013 年又突破 7 000 万吨大关。短短的 13 年时间，国内化肥产量翻了一番还多，成为世界第一肥料生产和消费大国。但由于施肥的不科学，我国的肥料利用率不高。据 2005 年以来全国 11 788 个 "3414" 试验数据，现阶段我国小麦氮肥利用率为 28.8%，玉米为 30.4%，水稻为 32.3%，距离一般发达国家的氮肥利用率 40%～60% 的水平有很大差距。而磷肥、钾肥等肥料利用率与发达国家的差距更大。我国粮食增产主要靠化肥，我国占世界 9% 的耕地使用了世界 35% 的化肥，稻田使用化肥量比日本多一倍，而产量相近。这些不仅造成了农业生产成本增加，还污染了环境，降低了土壤的永续生产能力。

　　当前世界肥料产业出现了高效化、专业化、专用化、简便化和多功能化的趋势，一大批符合发展趋势的新型肥料逐渐出现，缓/控释肥、生物肥料、商品有机肥、多功能肥料、增效类肥料、有机无机复混肥等逐渐被应用。据统计，我国目前每年缓释肥料生产量为100万吨（实物量）、生物肥料为800万～900万吨（实物量）、商品有机肥料为1 000万吨（实物量）。这些肥料的广泛应用，有助于解决肥料利用率一直不高的问题。同时由于目前我国劳动力用工需求和成本走高，施肥方法与次数已成为限制农业生产进一步发展的因素之一，因此在提供营养的同时，培肥土壤、提高抗性，既能除草又能抗病，施肥次数减少等新型多功能肥料的研发和应用是一个重要的发展方向。此外，随着人们环保意识的提高，肥料对环境的影响越来越受到重视，减少损失、提高利用率是重要的目标，环保型肥料的研发和应用也将是肥料发展的重要方向之一。

国务院通过的《全国新增1 000亿斤[①]粮食生产能力规划（2009—2020）》要求，到2020年我国粮食生产能力达到11 000亿斤以上，比现有产能增加1 000亿斤。但近些年来，随着经济的快速发展和国家农业政策的落实，农业种植结构调整，作物复种指数提高，作物产量的提高，我国农业基础设施条件、作物布局、种植制度、施肥结构、耕作水平等发生了较大改变，土壤肥力和耕地质量也发生了很大变化。1982年我国引入平衡施肥、配方施肥等科学施肥技术，使我国的施肥技术发生了根本变革。特别是2005年农业部开始在全国推行测土配方施肥技术春季行动，使我国的作物施肥技术得到了一次全面提升。2004年山东烟台众德集团首次提出"套餐施肥"理念，并在北方小麦、玉米、水稻、棉花、马铃薯、西瓜、大蒜、果树及大棚蔬菜上推广220万亩[②]。测土配方施肥技术、"套餐施肥"、水肥一体化技术、养分资源综合管理等施肥新技术的推广，对于提高粮食单产、降低生产成本、保证粮食稳定增产和农民持续增收具有重要的现实意义；对于提高肥料利用率、减少肥料浪费、保护农业生态环境、保证农产品质量安全、实现农业可持续发展具有深远的历史意义。

笔者自2000年开始一直与国内一些新型肥料厂家合作，试图借鉴人体营养保健营养套餐理念，考虑人体营养元素与作物必需营养元素的关系，在测土配方施肥技术的基础上，参考"套餐施肥"理念，按照各种作物生

---

① 斤为非法定计量单位，1斤＝0.5千克；
② 亩为非法定计量单位，1亩＝1/15公顷。下同。——编者注

长营养吸收规律，综合调控作物生长发育与环境的关系，对农用化学品投入进行科学的选择、经济的配置，以实现高产、高效、安全为栽培目标，统筹考虑栽培管理因素，以最优的配置、最少的投入、最佳的管理，达到最高的产量。正是基于上述理念，在中国农业出版社、河南农业职业学院等单位的大力支持下，筹划出版了"作物测土配方与营养套餐施肥技术系列丛书"，按粮经作物、果树、蔬菜、花卉等大类作物进行分册出版。希望这套丛书的出版，能为广大农民科学合理施肥提供参考，对当前施肥新技术的推广起到一定的推动作用，为现代农业的可持续发展做出相应的贡献。

宋志伟

2015 年 6 月

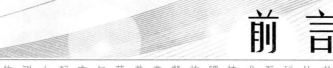

前　言

作物测土配方与营养套餐施肥技术系列丛书

　　我国地域广阔，种植的粮食作物和经济作物种类繁多。粮食作物主要有禾谷类作物（水稻、小麦、玉米、高粱、谷子等）、豆类作物（大豆、蚕豆、绿豆、红豆等）、薯芋类作物（甘薯、马铃薯、芋头、木薯等）；经济作物主要有纤维作物（棉花、黄麻、红麻、苎麻、亚麻等）、油料作物（油菜、花生、芝麻、向日葵等）、糖料作物（甘蔗、甜菜）、嗜好类作物（烟草、茶叶等）。这些作物已成为人们生活重要的食物和用品，其安全性对人类健康至关重要。施用安全环保肥料、采用科学施肥技术，是我国粮食作物和经济作物生产的重要措施之一。随着现代农业的发展，无公害、绿色、有机农产品的需求越来越多，作物施肥也应进入注重施肥安全的时期。

　　《粮经作物测土配方与营养套餐施肥技术》一书是一本技术性强、应用性强，全面阐述粮食作物和经济作物营养需求特点与安全科学施肥技术的现代农业用书。本书借鉴人体保健营养套餐设计理念，在目前推广的测土配方施肥技术基础上，以保护生态环境、提升土壤肥力、改善作物品质、促进农业持续发展为目的，从作物的营养需求特点、作物测土施肥配方、作物常规施肥模式、无公害作物营养套餐肥料组合、无公害作物营养套餐施肥技术规程等方面入手，主要介绍禾谷类作物、豆类作物、薯类作物、纤维作物、油料作物、糖料作物、嗜好类作物7大类25种粮经作物的测土配方与营养套餐施肥技术，希望能为广大农民科学合理施肥提供参考，为现代农业的可持续发展做出相应的贡献。

　　本书由宋志伟、徐进玉、柴文安、师小周、李例栗、海建平、杨首乐、李平等人编写。全书由宋志伟统稿。本书在编写过程中得到中国农业出版社、河南农业职业学院、河南省舞钢市农技推广中心、河南省平顶山市土壤肥料站、河南省禹州市农业与林业局、河南省商丘市梁园区农业局以及众多农业及肥料企业等单位领导和有关人员的大力支持，在此表示感谢。本书在编写过程中参考引用了许多文献资料，在此谨向其作者深表谢意。由于我们水平有限，书中难免存在疏漏和不妥之处，敬请专家、同行和广大读者批评指正。

宋志伟

2015 年 6 月

目 录

作 物 测 土 配 方 与 营 养 套 餐 施 肥 技 术 系 列 丛 书

第一章
粮经作物营养与科学施肥

作物要生长健壮、优质高产，除了从土壤中吸收一部分营养元素外，还需要通过施用肥料来满足其对养分需要。农业生产中常用的肥料类型主要有化学肥料、有机肥料、生物肥料三大类，以及在此基础上研制开发的新型肥料等。

第一节　粮经作物生长与营养元素

作物生长需要的营养元素被作物吸收进入作物体后，还需要经过一系列的转化和运输过程才能被作物利用。但并不是每种营养元素对作物都是必需的，因此可分为必需营养元素和有益营养元素。

一、作物必需营养元素

作物体内的各种元素含量差异很大，作物对营养元素的吸收，一方面受作物的基因所决定，另一方面受环境条件所制约。作物体内现有的几十种元素，只有一部分是作物必需的。

1. **作物必需营养元素的种类**　目前为止，已经确定为作物生长发育所必需的营养元素有16种，即碳（C）、氢（H）、氧（O）、氮（N）、磷（P）、钾（K）、钙（Ca）、镁（Mg）、硫（S）、铁（Fe）、锰（Mn）、锌（Zn）、铜（Cu）、钼（Mo）、硼（B）、氯（Cl）。这16种作物必需元素都是用培养试验的方法确定下来的。

通常根据作物对16种必需营养元素的需要量不同，可以分为大量营养元素、中量营养元素和微量营养元素。大量营养元素主要有：碳、氢、氧、氮、磷、钾6种；中量营养元素主要是钙、镁、硫3种；微量营养元素是铁、硼、锰、铜、锌、钼、氯7种。

氮、磷、钾是作物需要量和收获时带走较多的营养元素，而它们通过残茬和根的形式归还给土壤的数量却不多，常常表现为土壤中有效含量较少，需要通过施肥加以调节，以供作物吸收利用，因此，氮、磷、钾被称为"肥料三要素"。

2. **作物必需营养元素的主要生理功能**　各种必需营养元素在作物体内有着各自独特的作用，不同的作物必需营养元素在作物体内具有独特的生理作用（表1-1）。

表1-1　作物必需营养元素的生理作用

元素名称	生理作用
氮	构成蛋白质和核酸的主要成分；叶绿素的组成成分，增强作物光合作用；作物体内许多酶的组成成分，参与作物体内各种代谢活动；作物体内许多维生素、激素等成分，调控作物的生命活动
磷	磷是作物体许多重要物质（核酸、核蛋白、磷脂、酶等）的成分；在糖代谢、氮素代谢和脂肪代谢中有重要作用；磷能提高作物抗寒、抗旱等抗逆性
钾	是作物体内 60 多种酶的活化剂，参与作物代谢过程；能促进叶绿素合成，促进光合作用；是呼吸作用过程中酶的活化剂，能促进呼吸作用；增强作物的抗旱性、抗高温、抗寒性、抗盐、抗病性、抗倒伏、抗早衰等能力
钙	构成细胞壁的重要元素，参与形成细胞壁；能稳定生物膜的结构，调节膜的渗透性；能促进细胞伸长，对细胞代谢起调节作用；能调节养分离子的生理平衡，消除某些离子的毒害作用
镁	是叶绿素的组成成分，并参与光合磷酸化和磷酸化作用；是许多酶的活化剂，具有催化作用；参与脂肪、蛋白质和核酸代谢；是染色体的组成成分，参与遗传信息的传递
硫	是构成蛋白质和许多酶不可缺少的组分；参与合成其他生物活性物质，如维生素、谷胱甘肽、铁氧还蛋白、辅酶 A 等；与叶绿素形成有关，参与固氮作用；合成作物体内挥发性含硫物质，如大蒜油等
铁	是许多酶和蛋白质组分；影响叶绿素的形成，参与光合作用和呼吸作用的电子传递；促进根瘤菌作用
锰	是多种酶的组分和活化剂；是叶绿体的结构成分；参与脂肪、蛋白质合成，参与呼吸过程中的氧化还原反应；促进光合作用和硝酸还原作用；促进胡萝卜素、维生素、核黄素的形成
铜	是多种氧化酶的成分；是叶绿体蛋白——质体蓝素的成分；参与蛋白质和糖代谢；影响作物繁殖器官的发育
锌	是许多酶的成分；参与生长素合成；参与蛋白质代谢和碳水化合物运转；参与作物繁殖器官的发育

（续）

元素名称	生理作用
钼	是固氮酶和硝酸还原酶的组成成分；参与蛋白质代谢；影响生物固氮作用；影响光合作用；对作物受精和胚胎发育有特殊作用
硼	能促进碳水化合物运转；影响酚类化合物和木质素的生物合成；促进花粉萌发和花粉管生长，影响细胞分裂、分化和成熟；参与作物生长素类激素代谢；影响光合作用
氯	能维持细胞膨压，保持电荷平衡；促进光合作用；对作物气孔有调节作用；抑制作物病害发生

二、作物有益营养元素

某些元素并非是所有作物都必需的，但能促进某些作物的生长发育，这些元素被称为作物有益营养元素。常见的主要有：钠、硅、硒、镍、钛及稀土元素等。

1. **钠**　艾伦（Allen，1995）研究固氮蓝藻时发现柱状鱼腥藻是需钠的作物；布劳内尔（Brownell，1975）用藜科作物做试验，证明钠是该作物生长的必需营养元素，作物缺钠后出现黄化病。此外，许多实验证明，苋科、矾松科等盐生作物及甜菜、芜菁、芹菜、大麦、棉花、亚麻、胡萝卜、番茄等作物缺钾时，如果土壤有钠存在，则这些作物的生长发育仍可正常进行。

钠在作物生命活动中的作用，目前还不十分清楚。盐生作物中钠可调节渗透势，降低细胞水势，促进细胞吸水，因此高盐条件下促进细胞伸长，使作物叶片面积、厚度、储水量和肉质性都有所增加，出现多汁性。某些作物（如糖用甜菜、萝卜、芜菁等）供钾不足时，钠可有限度替代钾的功能。

2. **硅**　硅在土壤中含量最多，通常以二氧化硅（SiO_2）形式存在，而作物能够吸收的硅形态是单硅酸 $[Si(OH)_4]$。硅在木贼科、禾本科作物中含量很高，特别是水稻。

硅多集中在表皮细胞内，使细胞壁硅质化，增强作物各种组织的机械强度和稳固性，提高作物（如水稻）对病虫害的抵抗力和抗倒伏的能力。硅有助于叶片直立，使植株保持良好的受光姿态，间接增强群体的光合作用。硅可以减少作物的蒸腾，提高作物对水的利用率。硅有助于水稻等作物抵抗盐害、铁毒、锰毒的能力。硅对水稻的生殖器官的形成有促进作用，如对水稻穗数、小穗数和籽粒重都是有益的。

3. **钴** 许多作物都需要钴，作物一般含钴 0.05～0.5 毫克/千克，豆科作物含量较高，禾本科作物含量较低。钴是维生素 B_{12} 的成分，在豆科作物共生固氮中起重要作用。钴是黄素激酶、葡萄糖磷酸变位酶、焦磷酸酶、酸性磷酸酶、异柠檬酸脱氢酶、草酰乙酸脱羧酶、肽酶、精氨酸酶等酶的活化剂，可以调节这些酶催化的代谢反应。

4. **硒** 大多数情况下土壤含硒量很低，平均为 0.2 毫克/千克。硒在土壤中以 Se^{6+}、Se^{4+}、Se、Se^{2-} 等存在，形成硒盐、亚硒酸盐、元素硒、硒化物及有机态硒。硒与人体和动物的健康密切有关。硒可以增强作物体的抗氧化作用，提高谷胱甘肽过氧化物酶活性，从而消除氧自由基。低浓度硒可促进百合科、十字花科、豆科、禾本科作物种子萌发和幼苗生长。

5. **钒** 钒是动物的一个必需元素，钒对高等作物是否必需，至今尚无确切证据，但对栅列藻的生长是必需的。适量的钒可以促进番茄、甘蓝、玉米、水稻等作物的生长，并增加产量和改进品质。钒能促进大麦、松树种子的萌芽，促进其生长发育。钒对生物固氮有利，提高光合效率，促进叶绿素的合成，促进铁的吸收和利用。钒可提高某些酶的活性，以及种子发芽。

6. **镍** 作物干物质正常含镍 0.1～5 毫克/千克。镍在作物体内可移动，作物种子和果实中含量较高。镍是脲酶的金属辅基，是脲酶的结构和催化功能所必需的。在作物的氮代谢中起重要作用，能催化尿素降解；有利于种子发芽和幼苗生长。

7. **钛** 作物体内普遍含有钛元素，不同作物含量也不同。玉米含量一般在 20 毫克/千克左右，豆科作物一般在 25 毫克/千克以上。钛主要与光合作用和豆科作物固氮有关。钛能促进作物对某些养分的吸收和运转，促进作物体内多种酶的活性，提高作物叶片中叶绿素的含量，提高作物产量，并能明显改善作物品质。

8. **稀土元素** 稀土元素是元素周期表中原子序数为 57～71 的镧系元素——镧（La）、铈（Ce）、镨（Pr）、钕（Nd）、钷（Pm）、钐（Sm）、铕（Eu）、钆（Gd）、铽（Tb）、镝（Dy）、钬（Ho）、铒（Er）、铥（Tm）、镱（Yb）、镥（Lu），以及与镧系的 15 个元素密切相关的元素——钇（Y）和钪（Sc）共 17 种元素的统称。作物中稀土元素的含量一般在 25～570 毫克/千克。

低浓度稀土元素可促进种子萌发和幼苗生长，如用稀土元素拌种小麦，种子发芽率可提高 8%～19%。稀土元素对作物扦插生根有特殊作用，同时还可提高作物叶绿素含量和光合速率。稀土元素可促进大豆根系生长，增加结瘤数，提高根瘤的固氮活性，增加结荚数和粒荚数。稀土元素已广泛应用于农作物、果树、林木、花卉、畜牧和养殖等方面。

第二节　现代农业对科学施肥的要求

现代农业是以现代发展理念为指导，以现代科学技术和物质装备为支撑，运用现代经营形式和管理手段，贸工农紧密衔接，产加销融为一体的多功能、可持续发展的产业体系。

一、现代农业生产中的施肥制约

目前现代农业生产中，作物施肥存在着施肥单一、片面、过量施用氮肥、过分依赖化肥、缺乏平衡施肥理念等问题，造成环境污染、产品品质下降、生理病害严重，甚至减产减收。

1. **科学施肥水平低下**　由于农民科学用肥观念淡薄，导致科学施肥水平低下，主要表现如下。

（1）**过度依赖施用化肥，且施用量越来越大，传统有机肥料的投入大幅度下降，带来诸多负面效应**　如山东省过量施用化肥主要表现在高产经济作物和保护地栽培作物上，保护地每年每亩用肥量 0.5～1 吨，超过作物需求的 1～3 倍，其中氮肥过量 30%～100%。

（2）**注重速溶速效，养分利用率低**　不少农民，总认为水溶性肥料就是好的，肥效快的肥料就是好肥或真肥。爱用"老四样"，即尿素、过磷酸钙、氯化钾、硫酸钾，尤其偏爱尿素。这些肥料的利用率很低，一般不超过 40%。因此，易造成肥料有效成分流失、浪费，造成土壤、水源、大气等污染。

（3）**施肥方法不科学**　习惯用撒施、面施等简单落后的施肥方法，很少采用深施、条施、穴施等集中施肥、科学保肥等方法。

2. **作物施肥结构不合理**　施肥结构存在着"三重三轻"：重化肥，轻有机肥料；重大量元素，轻中微量元素；重氮、磷肥，轻钾肥。因而，制约了农业生产向"高产、优质、高效、生态、安全"战略目标推进。如湖南省肥料投放的有机成分的比例从 1960 的 98.1% 减少到 1999 年的 13.26%；目前我国耕地中缺镁的面积为 26%，缺硫的面积为 30%～40%，缺有效铁的面积为 5%，缺有效铜的面积为 6.9%，缺有效钼的面积为 46.8%，缺有效锰的面积为 21.3%，缺有效硼的面积为 33.3%，缺有效锌的面积为 52%；山东省约有 400 万公顷耕地施钾不足，钾肥已成为山东省作物增产的瓶颈因素之一。

3. **肥料产业结构失调**　我国的肥料产业结构明显失调，主要表现如下。

（1）**氮肥、磷肥等化肥产能过剩，产品同质化严重**　如尿素在 2008 年已出现严重的产能过剩；磷酸铵产能在 2008 年超过国内需求 600 万～700 万吨；复混肥企业开工率不足 20％，产能闲置率在 80％以上，而且生产复混肥产品的基础肥料基本上都是尿素、磷酸铵、氯化钾或硫酸钾，采用的都是传统工艺，同质化严重，产品有效利用率低下。

（2）**化肥生产成本居高不下，国际竞争力弱**　当前我国约 20％化肥企业长期亏损，全行业资产负债率超过 60％。大多数氮肥企业合成氨能耗超过国际平均水平（1.33 吨标准煤/吨氨）；尿素、磷肥和钾肥的生产成本也偏高。

（3）**中微肥、有益元素肥的生产刚刚起步**　目前国内市场涉及中微肥、有益元素肥的生产厂家 3 000 多个，通过国家正式登记的产品约 530 多个，通过临时登记的产品 1 300 多个。这些产品良莠不齐，有效成分利用率高的产品不多，据国家化肥质量检测中心对近几年的中微肥、有益元素肥登记样品进行检验，样品检验合格率为 75％，生产产品合格率不到 50％。

4. 肥料企业无序竞争，肥料市场监管不力

（1）**肥料企业无序竞争**　由于科技创新能力不足，肥料产品开发远远落后于千变万化的消费市场需求，低质量、同质化肥料充斥市场，往往形成无序竞争，甚至恶性竞争，既打击农民消费的积极性，同时又给厂家、商家带来极大的干扰与经济损失。

（2）**肥料市场监管不力**　当前，由于肥料市场的监督管理部们多，市场混乱，价格监管不力，假冒伪劣肥料屡禁不止，严重的坑农、害农案件时有发生。

5. 农化服务滞后　改革开放以来，国家农技推广服务工作，尤其是基层技术推广工作，不仅没有加强而且被削弱，农技服务越来越少。可喜的是党的十七大以后，这种局面有所改善，政府大力组织推广测土配方施肥，引导农民科学施肥，农化服务正在强化。

总之，调整优化肥料产业结构，加速绿色、环保、缓效的新型肥料产业发展，完善科学施肥技术体系，加大推广测土配方施肥技术、营养套餐施肥技术等先进施肥技术，才能更好地为现代农业服务。

二、现代农业生产中科学施肥要求

1. 现代农业生产中科学施肥的作用　植物所需的 16 种必需营养元素，在植物生长发育过程中具有同等重要和不可代替的关系，因此根据不同作物、不同生育期对营养的需求，采取作物基肥、种肥、追肥全过程供给养分，满足作物生长期中除营养临界期和最大效率期的营养需要外，还要能够在作物各个生育阶段中供给足够的养分，给作物生长提供"营养套餐"，发挥养分之间的交互作用，实现节肥增产、营养平衡的效果。科学施肥具有良好的增产、增收、增效等作用。

（1）增加作物产量　据北京市土肥工作站提供的试验资料表明，应用测土配方施肥等先进科学施肥技术，与习惯施肥相比较，粮食作物增产10%～20%，经济作物增产10%～20%，蔬菜、瓜果增产25%～40%，牧草增产30%～50%，食用菌增产20%～30%，投入产出比1∶10～60。

（2）改善农产品品质　科学施肥能够提高作物的抗逆性，保证作物健康生长，遏制生理性病害的发生，最终使农产品品质得到改善。如大豆增加粗蛋白质含量，大白菜减少粗纤维和脂肪含量，胡萝卜增加粗蛋白质和可溶性固体物含量，西瓜和葡萄的含糖量和维生素C含量增加，棉花提高衣分等。

（3）改善土壤性状和保护环境　科学施肥能根据土壤性质，合理选用肥料，适时适量施肥，既保证作物对养分的需要，又改善了土壤的理化性质，从而提高土壤的肥力，减少了环境污染。

（4）提高农业效益，增加农民收入　实践证明，应用科学施肥技术，可以大大节约化肥的投入，产投比高，使农业步入效益农业的良性循环。

2. 科学选择高效优化的新型肥料产品　先进的科学施肥技术，离不开高效优化的新型肥料产品。如我国近年来推广的测土配方施肥技术，就是通过大区域的作物专用肥配方（复合肥）与小区域的作物专用肥配方（BB肥）相结合。

根据现代农业的理念，必须集约化和高效率的投入各种生产要素，才能创造出高的土地产出率和劳动生产率。而肥料作为现代种植业最重要的生产要素，必须具备高效和优化两个特征，高效是指养分的高利用率，优化是要求肥料产品能够适应当地作物需肥特点、土壤特性、某些特定的灾害等进行的优化。因此，当前肥料产业，应当加大研发投入，促进和鼓励技术创新，重视和强化新型肥料的开发，生产出适应现代农业要求的新型肥料产品，如缓控释肥、有机无机复合肥、生物功能肥、新型水溶肥料等。

3. 科学施用新型肥料的方法　新型肥料产品必须有正确科学的施用方法，才能发挥最好的肥效。如穴施、条施、深施覆土、分层施肥等都能让作物很好吸收，减少养分的渗漏、挥发损失；叶面喷施、树干注射等可有效补充作物的中、微量元素营养，做到小肥生大效；灌溉施肥、水肥一体化等更能提高肥料有效成分的利用率；机械施肥则是现代农业发展的必然趋势。

肥料的科学施用方法必须与其他的优良农业技术措施配合进行，才能最大限度发挥肥料的增产潜力，加速传统农业向现代农业的转变。如优良的土壤耕作技术、科学的灌排水技术、作物生长发育的生物调控技术、作物化学调控技术、病虫草害综合防治技术等都与科学施肥密切相关。通过这些先进的农业技术措施，可以彻底改变农民的传统习惯施肥观念，迅速提高农民的科学施肥水平，达到减肥增产的最佳施肥效果。

4. **推广先进适用的科学施肥技术**　新型肥料产品必须有先进适用的科学施肥技术作载体，才能充分发挥肥料的效率。如测土配方施肥技术经过农业部近十年的大力推广，农业生产平均每亩可节约纯氮 3~5 千克，亩节本增效可达 20 元以上，化肥利用率提高 3%以上，农民说："配方施肥真正好，节肥增产效益高"；从 2003 年起，中国农业大学张福锁教授创立的养分资源管理技术，其中水稻养分资源综合管理技术在江苏、湖北、广东、四川、重庆等省市大面积示范应用，取得了很好的经济效益、社会效益和生态效益；山东众德集团首创的作物营养套餐施肥技术，从 2004 年开始在华北、东北、中南等地区进行大面积推广示范，收到了节本、增产、提质的显著效果，被农民形容为"点燃一盏灯，照亮一大片"。

第二章
粮经作物测土配方与营养套餐施肥理论

粮经作物测土配方与营养套餐施肥技术是在测土配方施肥技术基础上，引入人体健康营养套餐理念的一种施肥新技术。

第一节 粮经作物测土配方施肥技术

测土配方施肥技术是综合运用现代农业科技成果，以肥料田间试验和土壤测试为基础，根据作物需肥规律、土壤供肥性能和肥料效应，在合理施用有机肥料的基础上，科学提出氮、磷、钾及中、微量元素等肥料的施用品种、数量、施肥时期和施用方法的一套施肥技术体系。它是促进作物高产、优质、高效、生态和安全的一种科学施肥技术，也是建设肥沃健康农田的关键技术。

一、测土配方施肥技术的目标

测土配方施肥技术不同于一般的项目或工程，是一项长期性、规范性、科学性、示范性和应用性都很强的农业科学技术，是直接关系到作物稳定增产、农民收入稳步增加、生态环境不断改善的一项"日常性"工作。全面有效实施测土配方施肥技术，能够达到 5 个方面目标。

1. **高产目标** 即通过该项技术使作物单产水平在原有水平上有所提高，在当前生产条件下能最大限度地发挥作物的生产潜能。

2. **优质目标** 通过该项技术实施均衡作物营养，使作物在产品品质上得到明显改善。

3. **高效目标** 即做到合理施肥、养分配比平衡、分配科学，提高肥料利用率，降低生产成本，提高产投比，施肥效益明显增加。

4. **生态目标** 即通过测土配方施肥技术，减少肥料挥发、流失等损失，减轻对地下水、土壤、水源、大气等污染，从而保护农业生态环境。

5. **改土目标** 即通过有机肥和化肥配合施用，实现耕地用养平衡，在逐年提高产量的同时，使土壤肥力得到不断提高，达到培肥土壤、提高耕地综合生产能力的目标。

测土配方施肥技术主要通过以下途径获得作物增产。

1. **调肥增产** 即不增加化肥施用总量情况下，调整化肥氮、磷、钾比例，获得增产效果。多年来由于偏施单一肥料，造成土壤养分失调，即使施用大量的氮肥或磷肥，增产效应仍不明显，肥料投资所获得的报酬日趋降低。因此，通过土壤养分测试和肥料效应试验结果，调整化肥施用比例，消除土壤障碍因子，就可以获得明显的增产效果。

2. **减肥增产** 在一些施肥量高或偏施肥严重的地区，农户缺乏科学施肥知识，往往以为高肥就能高产，结果经济效益很低。通过测土配方施肥技术，采取科学计量和合理施用方法，减少某种肥料用量，就可以获得平产或增产效果。

3. **增肥增产** 对化肥用量水平很低或单一施用某种养分肥料的地块或地区，作物产量未达到最大利润施肥点，或者土壤最小养分已成为限制产量的因子时，合理增加肥料用量或配施某一营养元素肥料，可使作物获得大幅度增产效果。

二、测土配方施肥技术的理论依据

（一）测土配方施肥技术的理论基础

测土配方施肥技术是一项科学性很强的综合性施肥技术，它涉及作物、土壤、肥料和环境条件，因此，它继承一般施肥理论的同时又有新的发展。其理论依据主要有：养分归还学说、最小养分律、报酬递减率、因子综合作用律、必需营养元素同等重要律和不可代替律、作物营养关键期等。

1. **养分归还学说** 养分归还学说认为："作物从土壤中吸收养分，每次收获必从土壤中带走某些养分，使土壤中养分减少，土壤贫化，要维持地力和作物产量，就要归还作物带走的养分。"用发展的观点看，主动补充从土壤中带走的养分，对恢复地力，保证作物持续增产有重要意义。但也不是要归还从土壤中取走的全部养分，而应该有重点地向土壤归还必要的养分就可以了。

2. **最小养分律** 最小养分律认为："作物产量受土壤中相对含量最小的养分所控制，作物产量的高低则随最小养分补充量的多少而变化。"作物为了生长发育需要吸收各种养分，但是决定产量的却是土壤中那个相对含量最小的养分因素，产量也在一定限度内随着这个因素的增减而相对地变化，如果无视这个限制因素的存在，即使继续增加其他营养成分也难以再提高作物产量。

应用最小养分律要注意以下几点：最小养分不是指土壤中绝对养分含量最小的养分；最小养分是限制作物生长发育和提高产量的关键，因此，在施肥时，必须首先补充这种养分；最小养分不是固定不变的，而是随条件变化而变化的。当土壤中某种最小养分增加到能够满足作物需要时，这种养分就不再是最小养分了，另一种元素又会成为新的最小养分。我国20世纪60年代氮、磷是最小养分，70年代北方部分地区出现钾或微量元素为最小养分。

总之，最小养分率指出了作物产量与养分供应上的矛盾，表明了施肥应有针对性。就是说，要因地制宜地、有针对性地选择肥料种类，缺什么养分，施什么肥料。

3. 报酬递减律　报酬递减律实际上是一个经济上的定律。该定律的一般表述是："从一定土壤上所得到的报酬随着向该土地投入的劳动资本量的增大而有所增加，但报酬的增加却在逐渐减小，即最初的劳力和投资所得到的报酬最高，以后递增的单位投资和劳力所得到的报酬是渐次递减的"。科学试验进一步证明，当施肥量（特别是氮）超过适量时，作物产量与施肥量之间的关系就不再是曲线模式，而呈抛物线模式。

综上所述，报酬递减律是以其他技术条件不变（相对稳定）为前提，反映了投入（施肥）与产出（产量）之间具有报酬递减的关系。在推荐施肥中，重视施肥技术的改进，在提高施肥水平的情况下，力争发挥肥料最大的增产作用获得较高的经济效益。

4. 因子综合作用律　因子综合作用律的中心意思是：作物产量是水分、养分、光照、温度、空气、品种以及耕作条件、栽培措施等因子综合作用的结果，但其中必有一个起主导作用的限制因子，产量在一定程度上受该种限制因子的制约。为了充分发挥肥料的增产作用和提高肥料的经济效益，一方面，施肥措施必须与其他农业技术措施密切配合；另一方面，各种养分之间的配合施用，能使养分平衡供应。

总之，在制定施肥方案时，利用因子之间的相互作用效应，其中包括养分之间以及施肥与生产技术措施（如灌溉、良种、防治病虫害等）之间的相互作用效应是提高农业生产水平的一项有效措施，也是经济合理施肥的重要原理之一。发挥因子的综合作用具有在不增加施肥量的前提下，提高肥料利用率、增进肥效的显著特点。

5. 营养元素同等重要和不可代替律　大量试验证实，各种必需营养元素对于作物所起的作用是同等重要的，它们各自所起的作用，不能被其他元素所代替。这是因为每一种元素在作物新陈代谢的过程中都各有独特的功能和生化作用。例如，棉花缺氮，叶片失绿，缺铁时，叶片也失绿。氮是叶绿素的主要成分，而铁不是叶绿素的成分，但铁对叶绿素的形成同样是必需的元素。没有氮不能形成叶绿素，没有铁同样不能形成叶绿素。所以说铁和氮对作物营养来说都是同等重要的。

6. **作物营养关键期**　作物在不同的生育时期，对养分吸收的数量是不同的，而有两个时期，如能及时满足作物对养分的要求，则能显著提高作物产量和改善产品品质。这两个时期即是作物营养的关键时期，也就是作物营养的临界期和作物营养最大效率期。

（1）作物营养的临界期　在作物生长发育过程中，有一时期虽对某种养分要求的绝对量不多，但要求迫切，不可缺少。如果此时缺少这种养分，就会明显影响作物的生长与发育，即使以后补施该种养分再多，也很难弥补由此而造成的损失。这个时期被称为作物营养的临界期。不同作物、不同营养元素的临界营养期是不同的。如水稻、小麦磷素营养临界期在三叶期，棉花在二、三叶期，油菜在五叶期以前。水稻氮素营养临界期是三叶期和幼穗分化期，棉花是现蕾初期，小麦和玉米一般在分蘖期、幼穗分化期。钾素营养临界期累积资料很少。

（2）作物营养的最大效率期　在作物生长发育过程中，有一个时期作物对养分的需要量最多，吸收速率最快，产生的肥效最大，增产效率最高，就是作物营养的最大效率期，也称强度营养期。不同作物的最大效率期是不同的，如玉米氮肥的最大效率期，一般在喇叭口至抽雄初期；棉花的氮、磷最大效率期在盛花始铃期。对于同一作物，不同营养元素的最大效率期也不一样，例如甘薯，氮素营养的最大效率期在生长初期，而磷、钾则在块根膨大期。

（二）测土配方施肥技术的基本原则

推广测土配方施肥技术在遵循养分归还学说、最小养分律、报酬递减率、因子综合作用律、必需营养元素同等重要律和不可代替律、作物营养关键期等基本原理基础上，还需要掌握以下基本原则。

1. **氮、磷、钾相配合**　氮、磷、钾相配合是测土配方施肥技术的重要内容。随着产量的不断提高，在土壤高强度消耗养分的情况下，必须强调氮、磷、钾相互配合，并补充必要的微量元素，才能获得高产稳产。

2. **有机与无机相结合**　实施测土配方施肥技术必须以有机肥料施用为基础。增施有机肥料可以增加土壤有机质含量，改善土壤理化性状，提高土壤保水保肥能力，增强土壤微生物的活性，促进化肥利用率的提高。因此，必须坚持多种形式的有机肥料投入，培肥地力，实现农业可持续发展。

3. **大、中、微量元素配合**　各种营养元素的配合是测土配方施肥技术的重要内容，随着产量的不断提高，在耕地高度集约利用的情况下，必须进一步强调氮、磷、钾肥的相互配合，并补充必要的中、微量元素，才能获得高产稳产。

4. **用地与养地相结合，投入与产出相平衡**　要使作物—土壤—肥料形成物质和能量的良性循环，必须坚持用养结合，投入产出相平衡，维持或提高土壤肥力，增强农业可持续发展能力。

三、作物测土配方施肥技术的工作内容

测土配方施肥技术包括"测土、配方、配肥、供应、施肥指导"5个核心环节和"野外调查、田间试验、土壤测试、配方设计、校正试验、配方加工、示范推广、宣传培训、数据库建设、效果评价、技术创新"11项重点内容。

（一）测土配方施肥技术的核心环节

1. **测土**　在广泛的资料收集整理、深入的野外调查和典型农户调查，掌握耕地的立地条件、土壤理化性质与施肥管理水平的基础上，按平均每100～200亩农田确定取样单元及取样农户地块，采集有代表的土样1个；对采集的土样进行有机质、全氮、碱解氮、有效磷、缓效钾、速效钾及中、微量元素等养分的化验，为制定配方和田间肥料试验提供基础数据。

2. **配方**　以开展田间肥料小区试验，摸清土壤养分校正系数、土壤供肥量、作物需肥规律和肥料利用率等基本参数，建立不同施肥分区主要作物的氮、磷、钾肥料效应模式和施肥指标体系为基础，再由专家分区域、分作物根据土壤养分测试数据、作物需肥规律、土壤供肥特点和肥料效应，在合理配施有机肥的基础上，提出氮、磷、钾及中、微量元素等肥料配方。

3. **配肥**　依据施肥配方，以各种单质或复混肥料为原料，配制配方肥料。目前，在推广上有两种模式：一是农民根据配方建议卡自行购买各种肥料配合施用；二是由配肥企业按配方加工配方肥，农民直接购买施用。

4. **供应**　测土配方施肥技术最具活力的供肥模式是通过肥料招投标，以市场化运作、工厂化生产和网络化经营将优质配方肥料供应到户、到田。

5. **施肥**　制定、发放测土配方施肥建议卡到户或供应配方肥到点，并建立测土配方施肥示范区，通过树立样板田的形式来展示测土配方施肥技术效

果，引导农民应用测土配方施肥技术。

（二）作物测土配方施肥技术的重点内容

作物测土配方施肥技术的实施是一个系统工程，整个实施过程需要农业教育、科研、技术推广部门与广大农户或农业合作社、农业企业等相结合，配方肥料的研制、销售、应用相结合，现代先进技术与传统实践经验相结合。从土样采集、养分分析、肥料配方制定、按配方施肥、田间试验示范监测到修订配方，形成一个完整的测土配方施肥技术体系。

1. **野外调查** 资料收集整理与野外定点采样调查相结合，典型农户调查与随机抽样调查相结合，通过广泛深入的野外调查和取样地块农户调查，掌握耕地地理位置、自然环境、土壤状况、生产条件、农户施肥情况以及耕作制度等基本信息进行调查，以便有的放矢地开展测土配方施肥技术工作。

2. **田间试验** 田间试验是获得各种作物最佳施肥量、施肥时期、施肥方法的根本途径，也是筛选、验证土壤养分测试技术、建立施肥指标体系的基本环节。通过田间试验，掌握各个施肥单元不同作物优化施肥量，基、追肥分配比例，施肥时期和施肥方法；摸清土壤养分校正系数、土壤供肥量、作物需肥参数和肥料利用率等基本参数；构建作物施肥模型，为施肥分区和肥料配方依据。

3. **土壤测试** 土壤测试是肥料配方的重要依据之一，随着我国种植业结构不断调整，高产作物品种不断涌现，施肥结构和数量发生了很大的变化，土壤养分库也发生了明显改变。通过开展土壤氮、磷、钾及中、微量元素养分测试，了解土壤供肥能力状况。

4. **配方设计** 肥料配方设计是测土配方施肥工作的核心。通过总结田间试验、土壤养分数据等，划分不同区域施肥分区。同时，根据气候、地貌、土壤、耕作制度等相似性和差异性，结合专家经验，提出不同作物的施肥配方。

5. **校正试验** 为保证肥料配方的准确性，最大限度地减少配方肥料批量生产和大面积应用的风险，在每个施肥分区单元设置配方施肥、农户习惯施肥、空白施肥3个处理，以当地主要作物及其主栽品种为研究对象，对比配方施肥的增产效果，校验施肥参数，验证并完善肥料施用配方，改进测土配方施肥技术参数。

6. **配方加工** 配方落实到农户田间是提高和普及测土配方施肥技术的最关键环节。目前不同地区有不同的模式，其中最主要的也是最具有市场前景和运作模式就是市场化运作、工厂化加工、网络化经营。这种模式适应我国农村农民科技水平低、土地经营规模小、技物分离的现状。

7. **示范推广**　为促进测土配方施肥技术能够落实到田间地点，既要解决测土配方施肥技术市场化运作的难题，又要让广大农民亲眼看到实际效果，这是限制测土配方施肥技术推广的"瓶颈"。建立测土配方施肥示范区，为农民创建窗口、树立样板，全面展示测土配方施肥技术效果。将测土配方施肥技术物化成产品，打破技术推广"最后一公里"的"坚冰"。

8. **宣传培训**　测土配方施肥技术宣传培训是提高农民科学施肥意识，普及技术的重要手段。农民是测土配方施肥技术的最终使用者，迫切需要向农民传授科学施肥方法和模式。同时，还要加强对各级技术人员、肥料生产企业、肥料经销商的系统培训，逐步建立技术人员和肥料经销持证上岗制度。

9. **数据库建设**　运用计算机技术、地理信息系统和全球卫星定位系统，按照规范化测土配方施肥数据字典，以野外调查、农户施肥状况调查、田间试验和分析化验数据为基础，实时整理历年土壤肥料田间试验和土壤监测数据资料，建立不同层次、不同区域的测土配方施肥数据库。

10. **效果评价**　农民是测土配方施肥技术的最终执行者和落实者，也是最终受益者。检验测土配方施肥的实际效果，及时获得农民的反馈信息，不断完善管理体系、技术体系和服务体系。同时，为科学地评价测土配方施肥的实际效果，必须对一定的区域进行动态调查。

11. **技术创新**　技术创新是保证测土配方施肥工作长效性的科技支撑。重点开展田间试验方法、土壤养分测试技术、肥料配制方法、数据处理方法等方面的创新研究工作，不断提升测土配方施肥技术水平。

四、粮经作物"3414"肥效试验

肥料效应试验是获得作物最佳施肥量、施肥比例、施肥时期、施肥方法的根本途径，即是确定肥料配方的基本环节。

（一）肥料效应试验

目前肥料效应试验设计，基本采用"3414"方案设计，在具体实施过程中可根据研究目的采用"3414"完全实施方案或部分实施方案。

1. **"3414"完全实施方案**　"3414"方案设计吸收了回归最优设计处理少、效率高的优点，是目前应用较为广泛的肥料效应试验方案（表2-1）。"3414"是指氮、磷、钾3个因素、4个水平、14个处理。4个水平的含义：0水平指不施肥，2水平指当地推荐施肥量，1水平（指施肥不足）=2水平×

0.5，3 水平（指过量施肥）＝2 水平×1.5。为便于汇总，同一作物、同一区域内施肥量要保持一致。如果需要研究有机肥料和中、微量元素肥料效应，可在此基础上增加处理。

表 2-1　"3414"试验方案处理（推荐方案）

试验编号	处理	N	P	K
1	$N_0P_0K_0$	0	0	0
2	$N_0P_2K_2$	0	2	2
3	$N_1P_2K_2$	1	2	2
4	$N_2P_0K_2$	2	0	2
5	$N_2P_1K_2$	2	1	2
6	$N_2P_2K_2$	2	2	2
7	$N_2P_3K_2$	2	3	2
8	$N_2P_2K_0$	2	2	0
9	$N_2P_2K_1$	2	2	1
10	$N_2P_2K_3$	2	2	3
11	$N_3P_2K_2$	3	2	2
12	$N_1P_1K_2$	1	1	2
13	$N_1P_2K_1$	1	2	1
14	$N_2P_1K_1$	2	1	1

　　该方案可应用14个处理进行氮、磷、钾三元二次效应方程拟合，还可分别进行氮、磷、钾中任意二元或一元效应方程拟合。例如：进行氮、磷二元效应方程拟合时，可选用处理2～7、11、12，求得在以 K_2 水平为基础的氮、磷二元二次效应方程；选用处理2、3、6、11可求得在 P_2K_2 水平为基础的氮肥效应方程；选用处理4、5、6、7可求得在 N_2K_2 水平为基础的磷肥效应方程；选用处理6、8、9、10可求得在 N_2P_2 水平为基础的钾肥效应方程。此外，通过处理1，可以获得基础地力产量，即空白区产量。

　　2. **"3414"部分实施方案**　试验氮、磷、钾某一个或两个养分的效应，或因其他原因无法实施"3414"完全实施方案，可在"3414"方案中选择相关处理，即"3414"的部分实施方案。这样既保持了测土配方施肥田间试验总体设计的完整性，又考虑到不同区域土壤养分特点和不同试验目的要求，满足不同层次的需要。如有些区域重点要试验氮、磷效果，可在 K_2 做肥底的基础上进行氮、磷二元肥料效应试验，但应设置3次重复。具体处理及其与"3414"方案处理编号对应列于表2-2。

表2-2　氮、磷二元二次肥料试验设计与"3414"方案处理编号对应表

处理编号	"3414"方案处理编号	处理	N	P	K
1	1	$N_0P_0K_0$	0	0	0
2	2	$N_0P_2K_2$	0	2	2
3	3	$N_1P_2K_2$	1	2	2
4	4	$N_2P_0K_2$	2	0	2
5	5	$N_2P_1K_2$	2	1	2
6	6	$N_2P_2K_2$	2	2	2
7	7	$N_2P_3K_2$	2	3	2
8	11	$N_3P_2K_2$	3	2	2
9	12	$N_1P_1K_2$	1	1	2

（二）肥料效应示范试验

在测土配方施肥技术推广过程中，常需要验证配方肥料的增产效果，一般需进行示范试验。示范设置常规施肥对照区和测土配方施肥区两个处理，另外加设一个不施肥的空白处理（图2-1），其中测土配方施肥、农民常规施肥处理面积不少于200米^2、空白对照（不施肥）处理不少于30米^2。其他参照一般肥料试验要求。通过田间示范，综合比较肥料投入、作物产量、经济效益、肥料利用率等指标，客观评价测土配方施肥效益，为测土配方施肥技术参数的校正及进一步优化肥料配方提供依据。田间示范应包括规范的田间记录档案和示范报告。

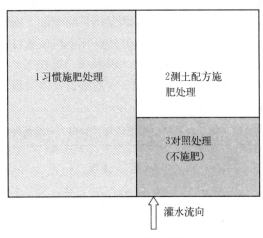

图 2-1　测土配方施肥技术示范示意图

注：1. 习惯施肥处理完全由农民按照当地习惯进行施肥管理；2. 测土配方施肥处理只是按照试验要求改变施肥数量和方式；3. 对照处理则不施任何化学肥料，其他管理与习惯处理相同。

处理间要筑田埂及排、灌沟，单灌单排，禁止串排串灌。

五、测土配方施肥技术的配方确定

根据当前我国测土配方施肥技术工作的经验，肥料配方设计的核心是肥料用量的确定。肥料配方设计首先确定氮、磷、钾养分的用量，然后确定相应的肥料组合，通过提供配方肥料或发放配肥通知单，指导农民使用。

（一）基于田块的肥料配方设计

肥料用量的确定方法主要包括土壤与植株测试推荐施肥方法、肥料效应函数法、土壤养分丰缺指标法和养分平衡法。

1. 土壤、植株测试推荐施肥方法　该技术综合了目标产量法、养分丰缺指标法和作物营养诊断法的优点。对于大田作物。在综合考虑有机肥、作物秸秆应用和管理措施的基础上，根据氮、磷、钾和中微量元素养分的不同特征，采取不同的养分优化调控与管理策略。其中，氮素推荐根据土壤供氮状况和作物需氮量，进行实时动态监测和精确调控，包括基肥和追肥的调控；磷、钾肥通过土壤测试和养分平衡进行监控；中微量元素采用因缺补缺的矫正施肥策略。该技术包括氮素实时监控、磷钾养分恒量监控和中微量元素养分矫正施肥技术。

（1）氮素实时监控施肥技术　根据目标产量确定作物需氮量，以需氮量的

30％～60％作为基肥用量。具体基施比例根据土壤全氮含量，同时参照当地丰缺指标来确定，一般在全氮含量偏低时，采用需氮量的 50％～60％作为基肥；在全氮含量居中时，采用需氮量的 40％～50％作为基肥；在全氮含量偏高时，采用需氮量的 30％～40％作为基肥。30％～60％基肥比例可根据上述方法确定，并通过"3414"田间试验进行校验，建立当地不同作物的施肥指标体系。

氮肥追肥用量推荐以作物关键生育期的营养状况诊断或土壤硝态氮的测试为依据。这是实现氮肥准确推荐的关键环节，也是控制过量施氮或施氮不足、提高氮肥利用率和减少损失的重要措施。测试项目主要是土壤全氮、土壤硝态氮。此外，小麦可以通过诊断拔节期茎基部硝酸盐浓度、玉米最新展开叶叶脉中部硝酸盐浓度来了解作物氮素情况，水稻则采用叶色卡或叶绿素仪进行叶色诊断。

（2）磷、钾养分恒量监控施肥技术　根据土壤有（速）效磷、钾含量水平，以土壤有（速）效磷、钾养分不成为实现目标产量的限制因子为前提，通过土壤测试和养分平衡监控，使土壤有（速）效磷、钾含量保持在一定范围内。对于磷肥，基本思路是根据土壤有效磷测试结果和养分丰缺指标进行分级，当有效磷水平处在中等偏上时，可以将目标产量需要量（只包括带出田块的收获物）的 100％～110％作为当季磷用量；随着有效磷含量的增加，需要减少磷用量，直至不施；而随着有效磷的降低，需要适当增加磷用量；在极缺磷的土壤上，可以施到需要量的 150％～200％。在 2～4 年后再次测土时，根据土壤有效磷和产量的变化再对磷肥用量进行调整。钾肥首先需要确定施用钾肥是否有效，再参照上面方法确定钾肥用量，但需要考虑有机肥和秸秆还田带入的钾量。一般大田作物磷、钾肥料全部作基肥。

（3）中、微量元素养分矫正施肥技术　中、微量元素养分的含量变幅大，作物对其需要量也各不相同。这主要与土壤特性（尤其是母质）、作物种类和产量水平等有关。通过土壤测试评价土壤中微量元素养分的丰缺状况，进行有针对性的、因缺补缺的矫正施肥。

2. 肥料效应函数法　肥料效应函数法是以田间试验为基础，采用先进的回归设计，将不同处理得到的产量进行数理统计，求得在供试条件下产量与施肥量之间的数量关系，即肥料效应函数或称肥料效应方程式。从肥料效应方程式中不仅可以直观地看出不同肥料的增产效应和两种肥料配合施用的交互效应，而且还可以计算最高产量施肥量（即量大施肥量）和经济施肥量（即最佳施肥量），以作为配方施肥决策的重要依据。

常以"3414"肥料试验为依据进行确定。根据"3414"方案田间试验结果建立当地主要作物的肥料效应函数，直接获得某一区域、某种作物的氮、磷肥料的最佳施用量，为肥料配方和施肥推荐提供依据。其具体操作参照有关试验设计与统计技术资料。

3. 土壤养分丰缺指标法　养分丰缺指标是土壤养分测定值与作物产量之间相关性的一种表达形式。确定土壤中某一养分含量的丰缺指标时，应先测定土壤速效养分，然后在不同肥力水平的土壤上进行多点试验，取得全肥区和缺素区的成对产量，用相对产量的高低来表达养分丰缺状况。例如，确定氮、磷、钾的丰缺指标时，可安排 NPK、PK、NK、NP 4 个处理。除施肥不同外，其他栽培管理措施与大田相同。确定磷的丰缺指标时，则用缺磷（NK）区的作物产量占全肥（NPK）区的作物产量的份额表示磷的相对产量，其余类推。从多点试验中，取得一系列不同含磷水平土壤的相对产量后，以相对产量为纵坐标，以土壤养分测定值为横坐标，制成相关曲线图。

在取得各试验土壤养分测定值和相对产量的成时数据后，以土壤速效养分测定值为横坐标（x），以相对产量为纵坐标（y）作图以表达两者的相关性[一般拟合 $y=a+b\lg x$ 或 $y=x/(b+ax)$ 方程]。为使回归方程达显著以上水平，需在 30 个以上不同土壤肥力水平（即不同土壤养分测得值）的地块上安排试验，且高、中、低的土壤肥力尽量分布均匀，其他栽管措施应一致。

不同的作物有各自的丰缺指标，在配方施肥中，最好能通过试验找出当地作物丰缺指标参数，这样指导施肥才科学有效。由于制订养分丰缺指标的试验设计只用了一个水平的施肥量，因此，此法基本上还是定性的。在丰缺指标确定后，尚需在施用这种肥料有效果的地区内，布置多水平的肥料田间试验，从而进一步确定在不同土壤测定值条件下的肥料适宜用量。

土壤养分丰缺指标田间试验也可采用"3414"部分实施方案。"3414"方案中的处理 1 为无肥区（CK），处理 6 为氮、磷、钾区（NPK），处理 2、4、8 为缺素区（即 PK、NK 和 NP），收获后计算产量，用缺素区产量占全肥区产量百分数即相对产量的高低来表达土壤养分的丰缺情况。相对产量低于 50% 的土壤养分为极低；50%～75% 为低；75%～95% 为中；大于 95% 为高。从而确定出适用于某一区域、某种作物的土壤养分丰缺指标及对应的施用肥料数量。对该区域其他田块，通过土壤养分测定，就可以了解土壤养分的丰缺状况，提出相应的推荐施肥量。

4. 养分平衡法　根据作物目标产量需肥量与土壤供肥量之差估算目标产量的施肥量，通过施肥实践土壤供应不足的那部分养分。施肥量的计算公式为：

$$施肥量（千克／亩）=\frac{（目标产量所需养分总量－土壤供肥量）}{肥料中养分含量\times 肥料当季利用量}$$

养分平衡法涉及目标产量、作物需肥量、土壤供肥量、肥料利用率和肥料中有效养分含量五大参数。土壤供肥量即为"3414"方案中处理1的作物养分吸收量。目标产量确定后因土壤供肥量的确定方法不同，形成了地力差减法和土壤有效养分校正系数法两种。

地力差减法是根据作物目标产量与基础产量之差来计算施肥量的一种方法。其计算公式为：

$$施肥量(千克／亩)=\frac{(目标产量-基础产量)\times 单位经济产量养分吸收量}{肥料中养分含量\times 肥料利用量}$$

基础产量即为"3414"方案中处理1的产量。

土壤有效养分校正系数法是通过测定土壤有效养分含量来计算施肥量。其计算公式为：

$$\frac{施肥量}{(千克／亩)}=\frac{(作物单位产量养分吸收量-目标测试值)\times 有效养分校正系数}{肥料中养分含量\times 肥料利用量}$$

（1）目标产量 目标产量可采用平均单产法来确定。平均单产法是利用施肥区前3年平均单产和年递增率为基础确定目标产量，其计算公式是：

$$目标产量(千克)=(1+递增率)\times 前3年平均单产$$

一般粮食作物的递增率以 10%～15% 为宜，经济作物的递增率以 15% 为宜。

（2）作物需肥量 通过对正常成熟的作物全株养分的化学分析，测定各种作物百千克经济产量所需养分量，即可获得作物需肥量。

$$\frac{作物目标产量所需}{养分量(千克)}=\frac{目标产量(千克)}{100}\times 百千克产量所需养分量(千克)$$

如果没有试验条件，常见作物平均百千克经济产量吸收的养分量也可参考表2-3进行确定。

（3）土壤供肥量 土壤供肥量可以通过测定基础产量、土壤有效养分校正系数两种方法估算。

通过基础产量估算（处理1产量）：不施养分区作物所吸收的养分量作为土壤供肥量。

$$\frac{土壤供肥量}{(千克)}=\frac{不施养分区农作物产量(千克)}{100}\times 百千克产量所需养分量(千克)$$

通过土壤有效养分校正系数估算：将土壤有效养分测定值乘一个校正系数，以表达土壤"真实"供肥量。该系数称为土壤有效养分校正系数。

$$土壤有效养分校正系数(\%)=\frac{缺素区作物地上部分吸收该元素量(千克／亩)}{该元素土壤测定值(毫克／千克)\times 0.15}$$

表2-3　不同作物形成百千克经济产量所需养分（千克）

作物名称		收获物	从土壤中吸收 N、P_2O_5、K_2O 数量		
			N	P_2O_5	K_2O
大田作物	水稻	稻谷	2.1～2.4	1.25	3.13
	冬小麦	籽粒	3.00	1.25	2.50
	春小麦	籽粒	3.00	1.00	2.50
	大麦	籽粒	2.70	0.90	2.20
	荞麦	籽粒	3.30	1.60	4.30
	玉米	籽粒	2.57	0.86	2.14
	谷子	籽粒	2.50	1.25	1.75
	高粱	籽粒	2.60	1.30	3.00
	甘薯	块根	0.35	0.18	0.55
	马铃薯	块茎	0.50	0.20	1.06
	大豆	豆粒	7.20	1.80	4.00
	豌豆	豆粒	3.09	0.86	2.86
	花生	荚果	6.80	1.30	3.80
	棉花	籽棉	5.00	1.80	4.00
	油菜	菜籽	5.80	2.50	4.30
	芝麻	籽粒	8.23	2.07	4.41
	烟草	鲜叶	4.10	0.70	1.10
	大麻	纤维	8.00	2.30	5.00
	甜菜	块根	0.40	0.15	0.60

（4）肥料利用率　一般通过差减法来计算：利用施肥区作物吸收的养分量减去不施肥区作物吸收的养分量，其差值视为肥料供应的养分量，再除以所用肥料养分量就是肥料利用率。

$$肥料利用率（\%）=\frac{施肥区作物吸收养分量（千克/亩）-缺素区作物吸收养分量（千克/亩）}{肥料施用量（千克/亩）\times肥料中养分含量（\%）}\times100\%$$

上述公式以计算氮肥利用率为例来进一步说明。施肥区（NPK 区）作物吸收养分量（千克/亩）："3414"方案中处理 6 的作物总吸氮量；缺氮区（PK 区）作物吸收养分量（千克/亩）："3414"方案中处理 2 的作物总吸氮量；肥料施用量（千克/亩）：施用的氮肥肥料用量；肥料中养分含量（％）：施用的氮肥肥料所标明的含氮量。如果同时使用了不同品种的氮肥，应计算所用的不同氮肥品种的总氮量。

如果没有试验条件，常见肥料的利用率也可参考表 2-4。

表 2-4　肥料当季利用率

肥料	利用率（%）	肥料	利用率（%）
堆肥	25～30	尿素	60
一般圈粪	20～30	过磷酸钙	25
硫酸铵	70	钙镁磷肥	25
硝酸铵	65	硫酸钾	50
氯化铵	60	氯化钾	50
碳酸氢铵	55	草木灰	30～40

（5）**肥料养分含量**　供施肥料包括无机肥料和有机肥料。无机肥料、商品有机肥料含量按其标明量，不明养分含量的有机肥料，其养分含量可参照当地不同类型有机肥养分平均含量获得。

（二）县域施肥分区与肥料配方设计

在 GPS 定位土壤采样与土壤测试的基础上，综合考虑行政区划、土壤类型、土壤质地、气象资料、种植结构、作物需肥规律等因素，借助信息技术生成区域性土壤养分空间变异图和县域施肥分区，优化设计不同分区的肥料配方。主要工作步骤如下。

1. **确定研究区域**　一般以县级行政区域为施肥分区和肥料配方设计的研究单元。

2. **GPS 定位指导下的土壤样品采集**　土壤样品采集要求使用 GPS 定位，采样点的空间分布应相对均匀，如每 100 亩采集一个土壤样品，先在土壤图上大致确定采样位置，然后要标记校园附近采集多点混合土样。

3. **土壤测试与土壤养分空间数据库的建立**　将土壤测试数据和空间位置建立对应关系，形成空间数据库，以便能在 GIS 中进行分析。

4. **土壤养分分区图的制作**　基于区域土壤养分分级指标，以 GIS 为操作平台，使用 Kriging 方法进行土壤养分空间插值，制作土壤养分分区图。

5. **施肥分区和肥料配方的生成**　针对土壤养分的空间分布特征，结合作物养分需求规律和施肥决策系统，生成县域施肥分区图和分区肥料配方（表 2-5）。

6. **肥料配方的校验**　在肥料配方区域内针对特定作物进行肥料配方验证。

表 2-5　测土配方施肥通知单

农户姓名＿＿＿＿＿＿＿　＿＿＿省＿＿＿县（市）＿＿＿乡（镇）＿＿＿村

编号＿＿＿＿

	测试项目	测试值	丰缺指标	养分水平评价		
				偏低	适宜	偏高
土壤测试数据	全氮（克/千克）					
	硝态氮（毫克/千克）					
	有效磷（毫克/千克）					
	速效钾（毫克/千克）					
	有效铁（毫克/千克）					
	有效锰（毫克/千克）					
	有效铜（毫克/千克）					
	有效硼（毫克/千克）					
	有效钼（毫克/千克）					
	有机质（克/千克）					

方案 　作物	目标产量（千克/亩）				
	肥料配方	用量（千克/亩）	施肥时间	施肥方式	施肥方法
推荐方案一	基肥				
	追肥				
推荐方案二	基肥				
	追肥				

测土施肥推荐单位：＿＿＿＿省＿＿＿县＿＿＿土壤肥料工作站（盖章）

责任人（签字）：

年　　月　　日

（三）测土配方施肥中的配方校正

1. **田间示范**　每县在主要作物上设 20～30 个测土配方施肥示范点，进行田间对比示范。示范设置常规施肥对照区和测土配方施肥区两个处理，另外加设一个不施肥的空白处理，其中测土配方施肥、农民常规施肥处理面积不少于 200 米^2、空白对照（不施肥）处理不少于 30 米^2。其他参照一般肥料试验要求。通过田间示范，综合比较肥料投入、作物产量、经济效益、肥料利用率等指标，客观评价测土配方施肥效益，为测土配方施肥技术参数的校正及进一步优化肥料配方提供依据。田间示范应包括规范的田间记录档案和示范报告。

2. **结果分析与数据汇总**　对于每一个示范点，可以利用三个处理之间产量、肥料成本、产值等方面的比较，从增产和增收等角度进行分析，同时也可以通过测土配方施肥产量结果与计划产量之间的比较，进行参数校验。有关增产增收的分析指标如下：

$$增产率\ A(\%) = (Y_p - Y_c)/Y_c$$

$$增收\ I(元/亩) = (Y_p - Y_c) \times P_y - \sum F_i \times P_i$$

$$产投比\ D = \left[(Y_p - Y_c) \times P_y - \sum F_i \times P_i\right]/\sum F_i \times P_i$$

式中：Y_p 代表测土施肥产量（千克/亩）；Y_c 代表常规施肥（或实施测土配方施肥前）产量（千克/亩）；F_i 代表肥料用量（千克/亩）；P_i 代表肥料价格（元/千克）。

3. **农户调查反馈**

（1）**农户（田块）测土配方施肥前后比较**　从农户执行测土配方施肥前后的养分投入量、产量、效益进行评价，并计算增产率、增收情况和产投比等进行比较。

（2）**测土配方施肥农户（田块）与常规施肥农户（田块）比较**　根据对测土配方施肥农户（田块）与常规施肥农户（田块）调查表的汇总分析，从农户执行测土配方施肥前后的养分投入量、产量、效益进行评价，并计算增产率、增收情况和产投比等进行比较。

（3）**测土配方施肥 5 年跟踪调查分析**　从农户执行测土配方施肥 5 年中的养分投入量、产量、效益进行评价，并计算增产率、增收情况和产投比等进行比较。

第二节　粮经作物营养套餐施肥技术

目前，在传统农业向现代农业转变的过程中，肥料施用量急剧增加，显著提高了作物产量，但也面临着土壤养分过量积累、肥料施用效率下降问题。同时，由于广大农村盲目施用化肥现象普遍存在，还造成了增肥不增产甚至减产、品质没有改善、农业生产成本增加、破坏土壤、污染环境等现象发生。近年来，农业部推广测土配方施肥技术采取"测土、试验、配方、配肥、供肥、施肥指导"一条龙服务的技术模式，因此，引入人体健康保健营养套餐理念，将在测土配方施肥技术基础上建立作物营养套餐施肥技术，在提高或稳定作物产量基础上，改善作物品质、保护生态环境，为农业可持续发展作出相应的贡献。

一、作物营养套餐施肥技术内涵

"吃出营养，促进健康"这一科学饮食观念已越来越受到人们的重视，目前开发营养套餐正逐渐成为社会关注的热点问题，快餐业、集体食堂、集体用餐配送单位等企业都在积极开发和生产营养套餐，以满足人们对科学饮食的需求。合理营养、平衡膳食、食物合理搭配、合理烹调等，保证营养、卫生、好吃，也成为家庭饮食的潮流。"肥料是作物的粮食"，已成为人们的共识，如何借鉴这一营养套餐理念，构建作物的营养套餐施肥技术，使作物营养平衡、品质优良、环境友好，也是一个新的课题。

（一）人体营养元素与作物营养元素的关系

1. 作物必需营养元素与人体必需营养元素 植物能吸收除惰性气体、铀后元素以外几乎包括化学元素周期表中的所有元素，其中不少化学元素对植物起直接或间接的营养作用，但植物的必需营养元素只有16种：即碳、氢、氧、氮、磷、钾、钙、镁、硫、铁、锰、锌、铜、钼、硼、氯。提供这些营养元素和改善这些营养元素的供应，都是以作物良好生长为中心的，都是围绕增加作物产量、提高作物品质为目标。

人体营养与植物营养在元素需要种类、数量和元素间的比例方面是有区别的，除了植物必需的16种必需营养元素外，还需要其他元素。世界卫生组织公布已经发现铁、碘、铜、锌、锰、钴、钼、硒、铬、镍、锡、硅、矾和氟是人体必需的14种微量元素。在有些地区土壤中缺乏像碘一类对人体健康影响较大的元素，整个生物链就会出现碘元素含量太低的情况。常以这些植物产品为食物的人就会产生营养不良甚至生病。

2. 作物营养的最终目的是营养人体 增加作物产量和提高作物产品的品质，并不是研究作物营养的最终目的，其最终目的是为了营养人体，满足人类自身生存以及强壮人体的需要。虽然利用作物产品营养人体的方法很多，但主要还是两个方面：一是直接利用作物产品营养人体；二是先通过微生物、植物和动物利用和转化后再营养人体。因此，围绕增加作物产量、提高作物品质（口感、卫生、安全、金属含量达标）为中心的施肥理念，扩展到以人体营养为中心的施肥理念上来具有重要意义。

　　3. 人体营养元素作为肥料加富作物的途径　人体营养元素通过动物加富已经成功应用。某些特殊的营养元素通过加富饲料，经过畜禽类的吸收转化，使无机元素转化成有机营养元素。禽蛋或牛奶中富集了这种营养元素，人们食用了这些禽蛋或牛奶，在增加蛋白质的同时，也增加了特殊营养元素，达到了既补身体又防疾病的效果。

　　肥料加富某些特殊元素，通过施肥使作物产品加富有利于人体健康特殊营养的施肥技术，也已经开始研究应用，如富硒水稻、富硒苹果、富硒葡萄、富硒灵芝等都已成功。

　　（1）环境营养元素施肥　对于像碘这种营养元素，由于某些地区土壤环境缺乏，整个食物链从低到高的系统缺乏，已经引起人体由于缺乏这个元素而感病的状况，可以通过肥料中添加这些元素，经过土壤施肥，改善该地区植物—动物—人类的食物链的营养状况。

　　（2）作物富营养化施肥　像碘、铜、锌、铁等营养元素，植物体内本身含有，只是含量低，植物性食物为主的人群容易缺乏。如果将这些营养元素通过植物体反应器有机化，那么加富的特殊营养元素可定量控制，且营养安全性更高。一般可通过根部或叶部施肥来满足。

　　（3）人体营养元素培养基加富　利用一些作物（如食用菌类）有奢侈吸收某些元素的特性，在培养基中加富人体营养元素；或者在水栽营养液中加富人体营养元素。这些技术都能使人体营养元素有机化生产达到安全、高效、规模化、规范化、标准化。

（二）作物营养套餐施肥技术的基本理念

　　1982年我国引入平衡施肥、配方施肥等科学施肥技术，使我国的施肥技术发生了根本变革。特别是2005年农业部开始在全国推行测土配方施肥技术春季行动，使我国的作物施肥技术得到有一次全面提升。2004年山东烟台众德集团首次提出"套餐施肥"理念，并在北方小麦、玉米、水稻、棉花、马铃薯、西瓜、大蒜、果树及大棚蔬菜上推广220万亩；随后云南金星化工有限公司、深圳市芭田生态工程公司、中化化肥有限公司、新疆慧尔农业科技有限公司、黑龙江省沃必达集团、金正大生态工程集团股份有限公司等开始致力于作物营养套餐肥的生产推广应用。

作物营养套餐施肥技术是借鉴人体营养保健营养套餐理念，考虑人体营养元素与作物必需营养元素的关系，在测土配方的基础上，在养分归还学说、最小养分律、因子综合作用律等施肥基本理论指导下，按照各种作物生长营养吸收规律，综合调控作物生长发育与环境的关系，对农用化学品投入进行科学选择、经济配置，要实现高产、高效、安全的栽培目标，要统筹考虑栽培管理因素，以最优的配置、最少的投入、最优的管理，达到最高的产量。

1. **作物营养套餐施肥技术的基本理念**　作物营养套餐施肥技术是在总结和借鉴国内外作物科学施肥技术和综合应用最新研究成果的基础上，根据作物的养分需求规律，针对各种作物主产区的土壤养分特点、结构性能差异、最佳栽培条件以及高产量、高质量、高效益的现代农业栽培目标，引入人体营养套餐理念，精心设计出的系统化的施肥方案。其核心理念是实现作物各种养分资源的科学配置及其高效综合利用，让作物"吃出营养"、"吃出健康"、"吃出高产高效"。

2. **作物营养套餐施肥技术的技术创新**　作物营养套餐施肥技术有两大方面创新。

（1）从测土配方施肥技术中走出了简单掺混的误区，不仅仅是在测土的基础上设计每种作物需要的大、中、微量元素的数量组合，更重要的是为了满足各种作物养分需求中有机营养和矿质营养的定性配置。

（2）在营养套餐施肥方案中，除了传统的根部施肥配方外，还强调配合施用高效专用或通用的配方叶面肥，使两种施肥方式互相补充，相互完善，起到施肥增效作用。

3. **作物营养套餐施肥技术与测土配方施肥技术的区别**

（1）作物测土配方施肥技术是以土壤为中心，作物营养套餐施肥技术是以作物为中心　营养套餐施肥技术强调作物与养分的关系，因此，要针对不同的土壤理化性质、作物特性，制定多种配方，真正做到按土壤、按作物科学施肥。

（2）作物测土配方施肥技术施肥方式单一，作物营养套餐施肥技术施肥方式多样　营养套餐施肥技术实行配方化基肥、配方化追肥和配方化叶面肥三者结合，属于系统工程，要做到不同的配方肥料产品之间和不同的施肥方式之间的有机配合，才能做到增产提效，做到科学施肥。

（三）作物营养套餐施肥技术的技术内涵

作物营养套餐施肥技术是通过引进和吸收国内外有关作物营养科学的最新

技术成果，融肥料效应田间试验、土壤养分测试、营养套餐配方、农用化学品加工、示范推广服务、效果校核评估为一体，组装技物结合连锁配送、技术服务到位的测土配方营养套餐系列化平台，逐步实现测土配方与营养套餐施肥技术的规范化、标准化。其技术内涵主要表现在以下方面。

1. **提高作物对养分的吸收能力**　众所周知，大多数作物生长所需要的养分主要通过根系吸收；但也能通过茎、叶等根外器官吸收养分。因此，促进作物根系生长就能够大大提高养分的吸收利用率。

（1）**影响根系对养分吸收的空间有效因素**　主要是根系的形态结构、根系的分布密度、根系密度、总根长、根系面积、根表面积、根毛密度和长度、根际环境、灌溉等，都是影响根系对养分吸收的空间有效因素。根系的形态结构影响根系吸收养分，一般有侧根、根系粗、根毛多的作物比无侧根、根系细、根毛少的作物吸收养分多；根系分布深度说明作物不仅能从表土而且可以从深层土壤中吸收养分；根系密度大养分的有效空间就大；作物总根愈长、根系的面积与根表的面积也越大，吸收的养分也愈多；根毛在增强作物吸收养分与水分的作用是很突出的；根际微生物有利于作物对养分的吸收。

（2）**重茬栽培容易引起根系生长不良**　作物连年种植，易导致土壤板结，通透性差；易造成营养元素亏缺或失衡；易导致某些病原微生物大量繁殖，作物易于感病，作物根系发育不良，从而影响作物对养分的吸收。

（3）**促进作物根系生长的有效手段**　通过合理施肥、植物生长调节剂、菌肥菌药，以及适宜的农事管理措施，均能有效促进根系生长。常用的促根生长物质如德国康朴集团的"凯普克"、华南农业大学的"根得肥"、云南金星化工有限公司的"高活性有机酸水溶肥"、新疆慧尔农业有限公司的氨基酸生物复混肥、云南金星化工有限公司的 PPF 等。

2. **解决养分的科学供给问题**

（1）**有机肥与无机肥并重**　在作物营养套餐肥中一个极为重要的原则就是有机肥与无机肥并重，才能极大地提高的肥效及经济效益，实现农业的"高产、优质、高效、生态和安全"5 大战略目标。有机肥料是耕地土壤有机质的主要来源，也是作物养分的直接供应者。大量的实践表明，有机肥料在供应作物有效营养成分和增肥改良土壤等方面的独特作用是化学肥料根本无法代替的。有机肥料是完全肥料；补给和更新土壤有机质；改善土壤理化性状；提高土壤微生物活性和酶的活性；提高化肥的利用率；刺激生长，改善品质，提高作物的质量。作物营养套餐施肥技术的一个重要内容就是在基肥中配置一定数量的生态有机肥、生物有机肥等精制商品有机肥，实施有机肥与无机肥并重的施肥原则，实现补给土壤有机质、改良土壤结构、提高化肥利用率的目的。

（2）**保证大量元素和中微量元素的平衡供应**　只有在大、中、微量养分平衡供应的情况下，才能大幅度提高养分的利用率，增进肥效。然而，随着农业的发展，微量元素的缺乏问题日益突出。其主要原因是：作物产量越高，微量元素养分的消耗越多；氮、磷、钾化肥用量的增加，加剧了养分平衡供应的矛盾；有机肥料用量减少，微量元素养分难以得到补充。

微量元素肥料的补充坚持根部补充与叶面补充相结合，充分重视叶面补充的重要性，喷施复合型微量元素肥料增产效果显著。复合型多元微量元素肥料含有农作物所需的各种微量元素养分，它不仅能全面补充微量元素养分，而且还体现了养分的平衡供给。对于微量营养元素的铁、硼、锰、锌、钼来说，由于作物对他们的需要量很少，叶面施肥对于满足作物对微量营养元素的需要有着特别重要的意义。总之，从养分平衡和平衡施肥的角度出发，在作物营养套餐施肥技术中，十分重视在科学施用氮、磷、钾化肥的基础上，合理施用微肥和有益元素肥，将是提高作物产量的一项重要的施肥措施。

3. **灵活运用多各施肥技术是作物营养套餐技术的重要内容**

（1）**养套餐施肥技术是肥料种类（品种）、施肥量、养分配比、施肥时期、施肥方法和施肥位置等项技术的总称**　其中第一项技术均与施肥效果密切有关。只有在平衡施肥的前提下，各种施肥技术之间相互配合，互相促进，才能发挥肥料的最大效果。

（2）**大量元素肥料因为作物需求量大，应以基肥和追肥为主，基肥应以有机肥料为主和追肥应以氮、磷、钾肥为主**　肥效长且土壤中不易损失的肥料品种可以作为基肥施肥。在北方地区，磷肥可以在基肥中一次性施足，钾肥可以在基肥和追肥中各安排一半，氮肥根据肥料品种的肥效长短和作物的生长周期的长短来确定。基肥中，一般要选用肥效长的肥料，如大颗粒尿素或以大颗粒尿素为原料制成的复混肥料。硝态氮肥和碳酸氢铵就不宜在基肥中大量施用。追肥可以选用速效性肥料（特别是硝态氮肥）。

（3）**微量元素因为作物的需求量小，坚持根部补充与叶面补充相结合**　充分重视叶面补充的重要性。

（4）**在氮肥的施用上，提倡深施覆土，反对撒施肥料**　对于密植作物来说，先撒肥后浇水只是一种折中的补救措施。

（5）**化肥的施用量是个核心问题，要根据具体作物的营养需求和各个时期的需肥规律，确定合理的化肥用量**　真正做到因作物施肥，按需施肥。

（6）**在考虑基肥的呼呼施用量时，要统筹考虑到追肥和叶面肥选用的品种和作用量**　应做到各品种间的互相配合，互相促进，真正起到 $1+1+1>3$ 的效果。

4. **坚持技术集成的原则，简化施肥程序与成本**　农业生产是一个多种元素综合影响的生态系统，农业的高产、优质、高效只能是各种生产要素综合作用和最佳组合的结果。施肥技术在不断创新，新的肥料产品在不断涌现，源源不断地为农业生产提供了增产增收的条件。要实现新产品、新技术的集成运用，相容互补，需要一个最佳的物化载体。农化人员在长期、大量的工作实践中发现，作物套餐专用肥是实施作物营养套餐施肥的最佳物化载体。

作物套餐专用肥是根据耕地土壤养分实际含量和作物的需肥规律，有针对性地配置生产出来的一种多元素掺混肥料。具有以下几个特点：一是配方灵活，可以满足营养套餐配方的需要。二是生产设备投资小，生产成本低，竞争力强。年产 10 万吨的复合肥生产造粒设备需要 500 万元，同样年产 10 万吨作物套餐专用肥设备仅需 50 余万元，复合肥造粒成本达 120～150 元/吨，而作物套餐专用肥仅为 20～50 元/吨，而且能源消耗少，每产 1 吨肥仅耗电 15 度。在能源日趋紧张的今天，这无疑是一条降低成本的有效途径，同时还减少了肥料中养分的损耗。三是作物套餐专用肥养分利用率高，并有利于保护环境。由于这种产品的颗粒大，养分释放较慢，肥效稳长，利于作物吸收，因而损失较少，可以减少肥料养分淋失，减少污染。四是添加各种新产品比较容易。作物套餐专用肥的生产工艺属于一种纯物理性质的搅拌（掺混）过程，只要解决了共容性问题，就可以容易地添加各种中微量元素、各种控释尿素、硝态氮肥、各种有机物质，能够实现新产品的集成运用，形成相容互补的有利局面，能够真正帮助农民实现"只用一袋子肥料种地，也能实现增产增收"的梦想。

二、作物营养套餐施肥的技术环节

作物营养套餐施肥的重点技术环节主要包括：土壤样品的采集、制备与养分测试；肥料效应田间试验；测土配方营养套餐施肥的效果评价方法；县域施肥分区与营养套餐设计；作物营养套餐施肥技术的推广普及等。

（一）土壤样品的采集、制备与养分测试

1. 混合土样的采集
（1）采样时间　在作物收获后或播种施肥前采集，一般在秋后；果园在果实采摘后第一次施肥前采集。进行氮肥追肥推荐时，应在追肥前或作物生长的关键时期采集。

土壤中有效养分的含量，随着季节的改变而有很大的变化，以速效磷、速效钾为例，最大差异可达 1～2 倍。土壤中有效养分含量随着季节而变化的原

因是比较复杂的，土壤温度和水分是重要因素。温度和水分还有其间接影响，表土比底土明显，因为表土冷热变化和干温变化较大，例如冬季土壤中有效磷、速效钾含量均增加，在一定程度上是由于温度降低，土壤中有机酸有所积累，由于有机酸能与铁、铝、钙等离子络合，降低了这些阳离子的活性，增加了磷的活性，同时也有一部分非交换态钾成交换态钾。分析土壤养分供应时，一般都在晚秋或早春采集土样。总之，采取土样时要注意时间因素，同一时间内采取的土样分析结果才能相互比较。

（2）**采样前的田间基本情况调查** 调查记录内容：在田间取样的同时，调查田间基本情况。主要调查记录内容包括取样地块前茬作物种类、产量水平和施肥水平等。调查方法：询问陪同取样调查的村组人员和地块所属农户。

（3）**采样数量** 平均采样单元为 100 亩（平原区，大田作物每 100~500 亩采一个混合样；丘陵区、大田作物、大田园艺作物每 30~80 亩采一个混合样）。为便于田间示范追踪和施肥分区需要，采样集中在位于每个采样单元相对中心位置的典型农户，面积为 1~10 亩的典型地块为主。

采样时间：粮食作物及蔬菜在收获后或播种前采集（上茬作物已经基本完成生育进程，下茬作物还没有施肥），一般在秋后。进行氮肥追肥推荐时，应在追肥前（或作物生长的关键时期）采用土壤无机氮测试或植株氮营养诊断方法。同一采样单元，无机氮每季或每年采集 1 次，或进行植株氮营养快速诊断；土壤有效磷、速效钾 2~4 年，中、微量元素 3~5 年，采集 1 次。

要保证足够的采样点，使之能代表采样单元的土壤特性。采样点的多少，取决于采样单元的大小、土壤肥力的一致性等，一般以 10~20 个点为宜。

2. **水田土样的采集** 在水稻生长期间地表淹水情况下采集土样，要注意选择地面平坦的地方，这样采样尝试才能一致，否则会因为土层深浅的不同而使表土速效养分含量产生差异。一般可用具有刻度的管形取土器采集土样。将管形取土器钻入一定深度的土层，取出土钻时，上层水即流走，剩下潮湿土壤，装入塑料袋中，多点取样，组成混合样品，其采样原则与混合样品采集相同。

3. **样品的风干、制备和保存**

（1）**将采回的土样，放在木盘中或塑料布上，摊成薄薄的一层，置于室内通风阴干** 为防止样品在干燥过程中发生成分与性质的改变，不能以太阳暴晒或烘箱烘干，即使因急需而使用烘箱，也只能限于低温鼓风干燥。在土样半干时，需将大土块捏碎（尤其是黏性土壤），以免完全干后结成硬块，难以磨细。风干场所力求干燥通风，并要防止酸蒸汽、氨气和灰尘的污染。必要时应使用干净薄纸覆盖土面，避免尘埃、异物等落入。

样品风干后，应拣去动植物残体如根、茎、虫体等和石块、结构（石灰、铁、锰）。如果石子过多，应当将拣出的石子称重，记下所占的百分数。

（2）粉碎过筛风干后的土样，用木棍研细，使之全部通过 2 毫米孔径的筛子，有条件时，可用土壤样品粉碎机粉碎　充分混匀后用四分法分成 2 份，1份作为物理分析用；1 份作为化学分析用，即土壤 pH、交换性能、有效养分等测定之用。同时要注意，土壤不宜研得太细，而破坏单个的矿物晶粒。因此，研碎土样时，不能用榔头锤打，因为矿物晶粒破坏后，暴露出新的表面，增加了有效养分的溶解。

为了保证样品不受到污染，必须注意制样的工具、窗口与存储方法等。磨制样品的工具应取未上过漆的木盘、木棒或木杵。对于坚硬的、必须通过很细筛孔的土粒，应用玛瑙乳钵和玛瑙杵研磨，因玛瑙（SiO_2）可使任何土粒研细通过 100 目的筛孔。但不可敲击玛瑙制品，以免损坏。在筛分样品时，应取尼龙网眼的筛子，不用金属筛，以免过筛时因摩擦而使金属成分进入样品。

全量分析的样品包括有机质、全氮等的测定不受磨碎的影响，而且为了减少称样误差和使样品容易分解，需要将样品磨得更细。方法是取部分已混匀的 2 毫米或 1 毫米的样品铺开，划成许多小方格，用骨匙多点取出土壤样品约 20克，磨细，使之全部通过 100 目筛子。

（3）样品的保存　一般样品用磨口塞的广口瓶或塑料瓶保存半年至一年，以备必要时查核之用。样品瓶上标签需注明样号、采样地点、土类名称、试验区号、深度、采样日期、筛孔、采集人等项目。

用于控制分析质量的标样叫标准物，可从国家标准物质中心购买。标准样品需长期保存，不能混杂，样品瓶贴上标签后，应以石蜡涂封，以保证不变。每份标准样品附各项分析结果的记录。

4. 土壤样品的养分测试　应按照测土配方施肥技术规范中的"土壤与养分测试"中提供的方法测试。

（二）肥料效应田间试验

1. 示范方案　每万亩测土配方营养套餐施肥田设 2～3 示范点，进行田间对比示范。示范设置常规施肥对照区和测土配方营养套餐施肥区两个处理，另外，加设一个不施肥的空白处理。其中测土配方营养套餐施肥、农民常规施肥处理不少于 200 米，空白（不施肥）处理不少于 30 米。其他参照一般肥料试验要求。通过田间示范，综合比较肥料投入、作物产量、经济效益、肥料利用率等指标，客观评价测土配方营养套餐施肥效益，为测土配方营养套餐施肥技术参数的校正及进一步优化肥料配方提供依据。田间示范应包括规范的田间记录档案和示范报告。

2. **结果分析与数据汇总**　对于每一个示范点，可以利用 3 个处理之间产量、肥料成本、产值等方面的比较从增产和增收等角度进行分析，同时也可以通过测土配方营养套餐施肥产量结果与计划产量之间的比较进行参数校验。

3. **农户调查反馈**　农户是营养套餐施肥的具体应用者，通过收集农户施肥数据进行分析是评价营养套餐肥效效果与技术准确度的重要手段，也是反馈修正肥料配方的基本途径。因此，需要进行农户测土配方施肥的反馈与评价工作。该项工作可以由各级配方施肥管理机构组织进行独立调查，结果可以作为营养套餐配方施肥执行情况评价的依据之一，也是社会监督和社会宣传的重要途径，甚至可以作为配方技术人员工作水平考核的依据。调查内容数据。

（1）**测土样点农户的调查与跟踪每县主要作物选择 30～50 个农户，填写农户测土配方施肥田块管理记载反馈表，留作测土配方施肥反馈分析**　主要目的是评价测土农户执行配方施肥推荐的情况和效果，建议配方的准确度。具体分析方法见下节测土配方施肥的效果评价方法。

（2）**农户施肥调查每县选择 100 户左右的农户，开展农户施肥调查，最好包括测土配方农户和常规施肥农户，调查内容略**　主要目的是评价配方施肥与常规施肥相比的效益，具体方法见下节测土配方施肥的效果评价方法。

（三）营养套餐施肥的效果评价方法

1. **测土配方营养套餐施肥农户与常规施肥农户比较**　从养分投入量、作物产量、效益方面进行评价。通过比较两类农户氮、磷、钾养分投入量来检验测土营养套餐肥的节肥效果，也可利用结果分析与数据汇总的方法计算测土配方施肥的增产率、增收情况和投入产出效率。

2. **农户测土配方营养套餐施肥前后的比较**　从农民执行测土配方施肥前后的养分投入量、作物产量、效益方面进行评价。通过比较农户采用测土配方施肥前后氮、磷、钾养分投入量来检验测土配方营养套餐施肥的节肥效果，也可利用结果分析与数据汇总中的方法计算测土配方营养套餐施肥的增产率、增收情况和投入产出效率。

3. **配方营养套餐施肥准确度的评价**　从农户和作物两方面对测土配方营养套餐施肥技术准确度进行评价。主要比较测土推荐的目标产量和实践执行测土配方施肥后获得的产量来判断技术的准确度，找出存在的问题和需要改进的地方，包括推荐施肥方法是否合适、采用的配方参数是否合理、丰缺指标是否需要调整等。也可以作为配方人员技术水平的评价指标。

（四）县域施肥分区与营养套餐设计

1. **收集与分析研究有关资料**　作物测土配方营养套餐施肥技术的涉及面极广，诸如土壤类型及其养分供应特点、当地的种植业结构、各种农作物的养分需求规律、主要作物的产量状况及发展目标、现阶段的土壤养分含量、农民的习惯施肥做法等，无不关系到技术推广的成败。要搞好测土配方与营养套餐施肥，就必须大量收集与分析研究这些有关资料，才能做出正确的科学施肥方案。例如，当地的第二次土壤普查资料、主要作物的种植生产技术现状、农民现有施肥特点、作物养分需求状况、肥料施用及作物技术的田间试验数据等，尤其是当地的土地利用现状图、土壤养分图等更应关注，可作为县城肥分区制定的重要参考资料。

2. **确定研究区域**　所谓确定研究区域，就是按照本区域的主栽作物及土壤肥力状况，分成若干县域施肥区域，根据各类施肥区内的测土化验资料（没有当时的测试资料也可参照第二次土壤普查的数据）和肥料田间试验结果，结合当地农民的实践经验，确定该区域的营养套餐施肥技术方案。具体应用时，一般以县为单位，按其自然区域及主栽作物分为几个套餐配方施肥区域，每个区又按土壤肥力水平分成若干个施肥分区，并分别制定分区内（主栽作物）的营养套餐施肥技术方案。

3. **县级土壤养分分区图的制作**　县级土壤养分分区图的编制的基础资料便是分区区域内的土壤采样分析测试资料。如资料不够完整，亦可参照第二次土壤普查资料及肥料田间试验资料编制。即首先将该分区内的土壤采样点标在施肥区域的土壤图上，并综合大、中、微量元素含量制定出整个分区的土壤养分含量的标准。例如，某县东部（或东北部）中氮高磷低钾缺锌，西部（或西北部）低氮中磷低钾缺锌、硼，北部（西北部）中氮中磷中钾缺锌等，并大致勾画出主要大部分元素变化分区界限，形成完整的县域养分分区图。原则上，每个施肥分区可以形成2~3个推荐施肥单元，用不同颜色分界。

4. **施肥分区和营养套餐方案的形成**　根据当地的作物栽培目标及养分丰缺现状，并认真考虑影响该作物产量、品质、安全的主要限制因子等，就可以科学制定当地的施肥分区的营养套餐施肥技术方案了。

作物测土配方与营养套餐施肥技术方案应根据如下内容：①当地主栽作物的养分需求特点；②当地农民的现行施肥的误区；③当地土壤的养分丰缺现状与主要增产限制因子；④营养套餐施肥技术方案。

营养套餐施肥技术方案：①基肥的种类及推荐用量；②追肥的种类及推荐用量；③叶面肥的喷施时期与种类、用量推荐；④主要病虫草害的有效农用化学品投入时间、种类、用量及用法；⑤其他集成配套技术。

（五）作物营养套餐施肥技术的推广普及

1. 组织实施 以县、镇农技推广部门为主，企业积极参与，成立作物营养套餐施肥专家技术服务队伍；以点带面，推广作物营养套餐施肥技术；建立作物营养套餐施肥技物结合、连锁配送的生产、供应体系；按照"讲给农民听、做给农民看、带着农民干"的方式，开展农作物营养套餐施肥技术的推广普及工作。

2. 宣传发动 广泛利用多媒体宣传；层层动员和认真落实，让作物套餐施肥技术进村入户；召开现场会，扩大农作物营养套餐技术影响。

3. 技术服务 培训作物营养套餐施肥专业技术队伍；培训农民科技示范户；培训广大农民；强化产中服务，提高技术服务到位率。

三、作物营养套餐肥料的生产

作物营养套餐肥料是一种肥料组合，往往包括作物营养套餐专用基肥、专用追肥、专用根外追肥等。

（一）作物营养套餐肥概述

1. 作物营养套餐肥料定义 作物营养套餐肥料是根据作物营养需求特点，考虑到最终为人体营养服务，在增加作物产量的基础上，能够改善农产品品质，确保农产品安全，减少环境污染，减少农业生产环节，并能提供多种营养需求的组合肥料。属于多功能肥料，不仅具有提供作物养分的功能，往往还具有一些附加功能；也属于新型肥料范畴，不仅含有氮、磷、钾、中微量元素，往往还有有机生长素、增效剂、添加剂等功能性物质。

2. 作物营养套餐肥料的特点 作物营养套餐肥料是测土配方施肥技术与营养套餐理念相结合的产物，是大量营养元素与中微量营养元素相结合、有机营养元素与无机营养元素相结合、肥料与其他功能物质相结合、根部营养与叶部营养相结合、基肥种肥追肥相结合的产物。通过试验应用证明，对现代农业生产具有重要的作用。

（1）提高耕地质量 由于作物营养套餐肥料产品中含有有机物质或活性有机物物质和作物需要的多种营养元素，具有一定的保水性和改善土壤理化性状，改善作物根系生态环境作用，施用后可增加作物的经济产量和生物产量，增加了留在土壤中的残留有机物，上述诸多因素对提高土壤有机质含量、增加土壤养分供应能力、提高土壤保水性、改善土壤宜耕性等方面都有良好作用。

（**2**）**提高作物产量**　在测土配方施肥技术的基础上，根据某个地区、某种作物的需要生产的一个组合肥料，考虑到作物根部营养和后期叶部营养，营养全面，功能多样化，因此，施用后在改良土壤的基础上优化作物根系生态环境，能使作物健壮生长发育，促进作物提高产量。

（**3**）**改善作物品质**　作物品质主要是指农产品的营养成分、安全品质和商品品质。营养成分是指蛋白质、氨基酸、维生素等营养成分的含量；安全品质是指化肥、农药的有害残留多少；商品品质是指外观与耐贮性等。这些都与施肥有密切关系。施用作物营养套餐肥料，可促进作物品质的改善，如增加蛋白质、维生素、脂肪等营养成分；肥料中的有机物质或活性微生物能够减少化肥、农药等有害物质的残留，提高农产品的外观色泽和耐贮性等。

（**4**）**确保农产品安全，减少环境污染**　作物营养套餐肥料考虑了土壤、肥料、作物等多方面关系，考虑了有机营养与无机营养、营养物质与其他功能性物质、根际营养与叶面营养等配合施用，因此肥料利用率高，减少肥料的损失和残留；同时肥料中的有机物质或活性微生物能够减少化肥、农药等有害物质的残留，减少污染，确保农产品安全和保护农业生态环境。

（**5**）**多功能性**　作物营养套餐肥料考虑了大量营养元素与中微量营养元素相结合、肥料与其他功能物质相结合，可做到一品多用，施用一次肥料发挥多种功效，肥料利用率高，可减少肥料施用次数和数量，减少了农业生产环节，降低了农事劳动强度，从而降低农业生产费用，使农民增产增收。

（**6**）**实用性、针对性强**　作物营养套餐肥料可根据作物的需肥特点和土壤供给养分情况及种植作物的情况，灵活确定氮、磷、钾、中量元素、微量元素、功能性物质的配方，从而形成系列多功能肥料配方。当条件发生变化时，又可以及时加以调整。对于某一具体产品，用于特定的土壤和作物的施用量、施用期、施用方法等都有明确具体的要求，产品施用方便，施用安全，促进农业优质高产，使农户增产增收。

3. **作物营养套餐肥料的类型**　目前没有一个公认的分类方法，可以根据肥料用途、性质、生产工艺等进行分类。

（**1**）**按用肥对象分类**　可分为粮食作物营养套餐肥、经济作物营养套餐肥、果树营养套餐肥、蔬菜营养套餐肥、草坪营养套餐肥、花卉营养套餐肥、中草药营养套餐肥、林木营养套餐肥等。每一类营养套餐肥又可分为若干品种，如粮食作物营养套餐肥可分为小麦、玉米、水稻、大豆等营养套餐肥。

（**2**）**按性质分类**　可分为无机营养套餐肥、有机营养套餐肥、微生物营养套餐肥、有机无机营养套餐肥、缓释型营养套餐肥等。

（3）按生产工艺分类 可分为颗粒掺混型、干粉混合造粒型、包裹型、流体型、熔体造粒型、叶面喷施型等。叶面喷施型又可分为液体型和固体型。

（二）作物营养套餐肥的生产原料

1. 作物营养套餐肥的主要原料

（1）大量营养元素肥料 氮素肥料主要有尿素、氯化铵、硝酸铵、硫酸铵、碳酸氢铵等可作为营养套餐肥的生产原料。磷素原料主要有过磷酸钙、重过磷酸钙、钙镁磷肥、磷酸一铵、磷酸二铵等。钾素原料主要是硫酸钾、氯化钾、硫酸钾镁肥和磷酸二氢钾等。

（2）中量营养元素肥料 钙肥主要采用磷肥中含钙磷肥，如过磷酸钙、重过磷酸钙、钙镁磷肥进行补充，不足的可用石膏等进行添加。镁肥主要是硫酸镁、氯化镁、硫酸钾镁、钾镁肥、钙镁磷肥等。硫肥主要硫酸铵、过磷酸钙、硫酸钾、硫酸镁、硫酸钾镁、石膏、硫黄、硫酸亚铁等。硅肥主要是硅酸钠、硅钙钾肥、钙镁磷肥、钾钙肥等。

（3）微量营养元素肥料 微量元素肥料主要是一些含硼、锌、钼、锰、铁、铜等营养元素的无机盐类和氧化物。肥源有无机微肥、有机微肥和有机螯合态微肥，由于价格原因，一般选用无机微肥。

（4）有机活性原料 主要是指含某种功能性的有机物经加工处理后成为具有某种活性的有机物质，也可用作作物营养套餐肥的原料。有机活性原料具有高效有机肥的诸多功能：含有杀虫活性物质、杀菌活性物质、调节生长活性物质等，主要种类见表 2-6。

表 2-6 含有功能性有机原料的种类

类别	物料名称
有机酸类	氨基酸及其衍生物、螯合物，腐殖酸类物质，柠檬酸等有机物
楝素类	苦楝树和川楝树的种子、枝、叶、根
野生植物	鸡脚骨草、苦豆子、苦参、除虫菊、羊角扭、百部、黄连、天南星、雷公藤、狼毒、鱼藤、苦皮藤、茼蒿、皂角、闹羊花等
饼粕类	菜籽饼、棉籽饼、蓖麻籽饼、豆饼等
作物秸秆	辣椒秸秆、烟草秸秆、棉花秸秆、番茄秸秆等

这些有机物要经过粉碎、润湿、调碳氮比、调酸碱度、加入菌剂、干燥后即可作为备用原料待用。

（5）微生物肥料 主要有固氮菌肥料、根瘤菌肥料、磷细菌肥料、硅酸盐细菌肥料、抗生菌肥料、复合微生物肥料、生物有机肥等。

（6）**农用稀土**　目前我国定点生产和使用的农用稀土制品称为"农乐"益植素 NL 系列，简称"农乐"或"常乐"，是混合稀土元素的硝酸盐，主要成分为硝酸镧、硝酸铈等。含稀土氧化物含量 37%～40%、氧化镧 25%～28%、氧化铈 49%～51%、氧化铵 14%～16%，其他稀土元素小于 1%。

（7）**有关添加剂**　主要是生物制剂、调理剂、增效剂等。

生物制剂可用植物提取物、有益菌代谢物、发酵提取物等，具有防止病虫害、促进植物健壮生长、提高作物抗逆、抗寒和抗旱能力等功效。

调理剂，也称黏结剂，是指营养套餐肥生产中加入的功能性物质，是营养套餐肥生产中加入的有助于减少造粒难度，在干燥后得到比较紧实通常也比较坚硬的一类具有黏结性的物质。如沸石、硅藻土、凹凸棒粉、石膏粉、海泡石、高岭土等。

增效剂是由天然物质经生化处理提取的活性物质，可提高肥料利用率，促进作物提高产量和改善品质。

2. 作物营养套餐肥配料的原则

（1）**确保产品具有良好的物理性状**　固体型营养套餐肥生产时多种肥料、功能性物质混配后应确保产品不产生不良的物理性状，如不能结块等。液体型营养套餐肥生产时应保证产品沉淀物小于 5%，产品呈清液或乳状液体。

（2）**原料的"可配性"及"塑性"**　多种肥料、功能性物质的合理配伍是保证营养套餐肥产品质量的关键。营养套餐肥生产时必须了解所选原料的组成成分及共存性，要求多种肥料、功能性物质之间不产生化学反应，肥效不能低于单质肥料。

各种营养元素之间的配伍性有三类：可混配型、不可混配型和有限混配型。可混配型的原料在混配时，有效养分不发生损失或退化，其物理性质可得到改善。不可混配型的原料在混配时可能会出现：吸湿性增强，物理性状变坏；发生化学反应，造成养分挥发损失；养分由有效性向难溶性转变，导致有效成分降低。有限混配型是指在一定条件下可以混配的肥料类型。具体可参考复混肥料相关内容。

生产中使用的原料应注意其"可配性"，避免不相配伍的原料同时配伍。微量元素和稀土应尽量采用氨基酸螯合，避免某些元素间相互拮抗，如稀土元素与有效 P_2O_5 间拮抗。当需要两种不相配伍的原料来配伍成营养套餐肥料时，应尽量将该两种原料分别进行预处理，使用某几种惰性物质将其隔离，不相互直接接触，便于预处理，或将其分别包裹粒化制成掺混型营养套餐肥料。当配伍的原料都不具塑性时，除采用能带入营养元素并能与原料中一种或几种发生化学反应而有益于团粒外，黏结剂要选用能改良土壤的酸胺类，或采用在土壤内经微生物细菌作用能完全降解的聚乙烯醇之类的高分子化合物。

（3）提高肥效　多种肥料之间及与其他功能性物质之间合理混配后，能表现出良好的相互增效效应。

（三）作物营养套餐肥料的生产工艺

营养套餐肥料的生产方法很多，其生产工艺也有所不同，根据对营养套餐肥料的研究开发和生产经验，介绍两种剂型的营养套餐肥料的生产工艺流程。

1. 喷施、冲施型营养套餐肥料生产工艺流程　参见图2-2。

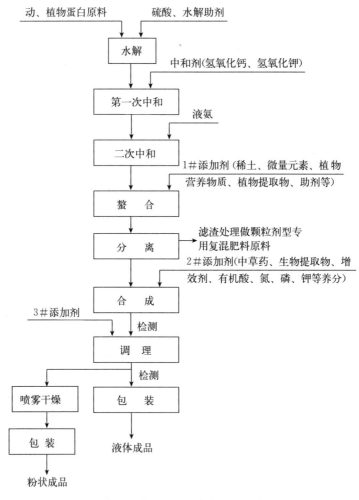

图2-2　喷施、冲施型营养套餐肥料生产工艺流程

2. 基施、追施颗粒剂营养套餐肥料生产工艺流程　参见图2-3。

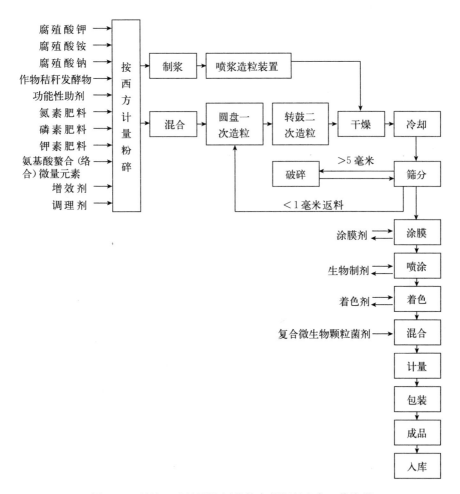

图2-3　基施、追施颗粒剂营养套餐肥料生产工艺流程

四、主要作物营养套餐肥料

目前我国各大肥料生产厂家生产的作物营养套餐肥料品种主要有以下类型：一是根际施肥用的增效肥料、有机型作物专用肥、有机型缓释复混肥、功能性生物有机肥等；二是叶面喷施用的螯合态高活性水溶肥；三是其他一些专用营养套餐肥，如滴灌用的长效水溶性滴灌肥、水稻育秧用的保健型壮秧剂等。

（一）增效肥料

一些化学肥料等，在基本不改变其生产工艺的基础上，增加简单设备，向肥料中直接添加增效剂所生产的增值产品。增效剂是指利用海藻、腐殖酸和氨基酸等天然物质经改性获得的、可以提高肥料利用率的物质。经过包裹、腐殖酸化等可提高单质肥料的利用率，减少肥料损失，作为营养套餐肥的追肥品种。

1. 包裹型长效腐殖酸尿素 包裹型长效腐殖酸尿素是用腐殖酸经过活化在少量介质参与下，与尿素包裹反应生成腐脲络合物及包裹层。产品核心为尿素，尿素的表层为活性腐殖酸与尿素反应形成络合层，外层为活性腐殖酸包裹层，包裹层量占产品的 $10\%\sim20\%$（不同型号含量不同）。产品含氮$\geqslant30\%$，有机质含量$\geqslant10\%$，中量元素含量$\geqslant1\%$，微量元素含量$\geqslant1\%$。

包裹型长效腐殖酸尿素是用风化煤、尿素与少量介质，在常温常压下，通过化学物理反应实现腐殖酸与尿素反应包裹制备包裹型长效腐殖酸尿素。包裹型长效腐殖酸尿素同时充分发挥了腐殖酸对氮素增效作用、生物活性及其他生态效应。产品为有机复合尿素，氮素速效和缓效兼备，属缓释型尿素，可用于做制备各种缓释型专用复混肥基质。连续使用包裹型长效腐殖酸尿素，土壤有机质比使用尿素高，土壤容重比使用尿素低，能培肥土壤，增强农业发展后劲。包裹型长效腐殖酸尿素肥效长，氮素利用率高，增产效果明显。试验结果统计：包裹型长效腐殖酸尿素肥效比尿素长 $30\sim35$ 天，施肥 35 天后在土壤中保留的氮比尿素多 $40\%\sim50\%$；氮素利用率比尿素平均提高 10.4%（相对提高 38.1%），与等重量的尿素相比增产为：粮食 7.5%，棉花 7.9%，油菜 6.4%，蔬菜 13.5%。

2. 硅包缓释尿素 硅包缓释尿素以硅肥包裹尿素，消除化肥对农产品质量的不良影响，同时提高化肥利用率，减少尿素的淋失，提高土壤肥力，方便农民使用。肥料中加入中微量营养元素，可以平衡作物营养。硅包缓释尿素减缓氮的释放速度，有利于减少尿素的流失。硅包缓释尿素使用高分子化合物作为包裹造粒黏合剂，使粉状硅肥与尿素紧密包裹，延长了尿素的肥效，消除了尿素的副作用，使产品具有"抗倒伏、抗干旱、抗病虫，促进光合作用、促进根系生长发育、促进养分利用"的"三抗三促"功能。目前该产品技术指标如表 2-7。该产品施用方法同尿素。

硅包缓释尿素与单质尿素相比较，具有以下作用：提高植物对硅素的利用，有利于植物光合作用进行；增强植物对病虫害的抵抗能力，增强植物的抗倒伏能力；减少土壤对磷的固定，改良土壤酸性，消除重金属污染；对根治水稻的烂根病有良好效果；改善作物品质，使色香味俱佳。

表 2-7　硅包尿素产品技术指标

成分	高浓度	中浓度	低浓度
氮含量（%）≥	30	20	10
活性硅（%）≥	6	10	15
中量元素（%）≥	6	10	15
微量元素（%）≥	1	1	1
水分（%）	5	5	5

3. 树脂包膜的尿素　树脂包膜的尿素是采用各种不同的树脂材料，主要由于释放慢，起到长效和缓效的作用，可以减少一些作物追肥的次数，玉米采用长效尿素可实现一次性施用基肥，改变以往在小喇叭口期或大喇叭口期追肥的不便，在水稻田可以在插秧时一次施足肥料即可以减少多次作用的进行。蔬菜上，特别是一些地膜覆盖栽培的蔬菜使用长效（缓效）肥可以减少施肥的次数提高肥料的利用率节省肥料。试验结果表明使用包衣尿素可以节省常规用量的 50%。

树脂包膜尿素的关键是包膜的均匀性和可控性以及包层的稳定性，有一些包膜尿素包层很脆甚至在运输过程中就容易脱落影响包衣的效果，包衣的薄厚不均匀，释放速率不一样也是影响包膜尿素应用效果的一个因素。目前包膜尿素还存在一个问题，有的包膜过程比较复杂、包衣材料价格比较高，经过包衣后使成本增加过高。影响肥料的应用范围，有些包膜材料在土壤中不容易降解，长期连续使用也会造成对土壤环境的污染，破坏土壤的物理性状。目前很多人都在进行包衣尿素的研究通过新工艺，新材料的挖掘使得包衣尿素更完整。

4. 腐殖酸型过磷酸钙　该肥料是应用优质的腐殖酸与过磷酸钙，在促释剂和螯合剂的作用下，经过化学反应形成的 HA-P 复合物，能够有效地抑制肥料成品中有效磷的固定，减缓磷肥从速效性向迟效和无效的转化，可以使土壤对磷的固定减少 16% 以上，磷肥肥效提高 10%～20%。该产品有效磷含量≥10%。

腐殖酸型过磷酸钙能够为作物提供充足养分，刺激农作物生理代谢，促进作物生长发育；能够提高氮肥的利用率，促进作物根系对磷的吸收，使钾缓慢分解；能够改良土壤结构，提高土壤保肥水能力；能够增强作物的抗逆性，减少病虫害；能够改善作物品质，促进各种养分向果实、籽粒输送，使农产品质量好、营养高。

5. 增效磷酸二铵 增效磷酸二铵是应用 NAM 长效缓释技术研发的一种新型长效缓释肥，总养分量 53%（14－39－0）。产品特有的保氮、控氨、解磷 HLS 集成动力系统，改变了养分释放模式，解除磷的固定，促进磷的扩散吸收，比常规磷酸二胺养分利用率提高一倍左右，磷提高 50%左右，并可使追肥中施用的普通尿素提高利用率，延长肥效期，做到基肥长效、追肥减量。施用方法与普通磷酸二铵相同，施肥量可减少 20%左右。

（二）有机酸型专用肥及复混肥

1. 有机酸型作物专用肥 有机酸型作物专用肥是根据不同作物的需肥特性和土壤特点，在测土配方施肥基础上，在传统作物专用肥基础上添加腐殖酸、氨基酸、生物制剂、螯合态微量元素、中量元素、生物制剂、增效剂、调理剂等，进行科学配方设计生产的一类有机无机复混肥料。其剂型有粉粒状、颗粒状和液体三种剂型，可用于基肥、种肥和追肥。

根据有关厂家在全国 22 省试验结果表明，有机酸型作物专用肥肥效持续时间长、针对性强，养分之间有联应效果，能把物化的科学施肥技术与产品融为一体，可获得明显的增产、增收效果。与传统作物专用肥相比，如水稻增产 16.2%～21.4%，水稻吸氮量增加 8.5%、吸磷量增加 7.7%、吸钾量增加 4.9%，水稻植株生长均匀稳健，稻丛紧凑而不披叶，病虫害及倒伏减轻，有效穗数、成穗率、千粒重提高，空秕率降低。

2. 腐殖酸型高效缓释复混肥 腐殖酸型高效缓释复混肥是在复混肥产品中配置了腐殖酸等有机成分，采用先进生产工艺与制造技术，实现化肥与腐殖酸肥的有机结合，大、中、微量元素、有益元素的结合。如云南金星化工有限公司生产的品种有三个：15－5－20 含量的腐殖酸型高效缓释复混肥是针对需钾较高的作物设计，18－8－4 含量的腐殖酸型高效缓释复混肥是针对需氮较高的作物设计，13－4－13 含量的腐殖酸型高效缓释复混肥是针对水稻、甘蔗等作物设计。

腐殖酸型高效缓释复混肥具有以下特点：一是有效成分利用率高。腐殖酸型高效缓释复混肥中氮的有效成分利用率可达 50%左右，比尿素提高 20%；有效磷的利用率可达 30%以上，比普通过磷酸钙高出 10%～16%。二是肥料中的腐殖酸成分，能显著促进作物根系生长，有效地协调作物营养生长和生殖生长的关系。腐殖酸能有效地促进作物的光合作用，调节生理，增强作物对不良环境的抵抗力。腐殖酸可促进作物对营养元素的吸收利用，提高作物体内酶的活性，改善和提高作物产品的品质。

3. 腐殖酸涂层缓释肥　腐殖酸涂层缓释肥，有的也称腐殖酸涂层长效肥、腐殖酸涂层缓释 BB 肥等。它是应用涂层肥料专利技术，配合氨酸造粒工艺生产的多效螯合缓释肥料。目前主要配方类型有 15 - 10 - 15、15 - 5 - 20、20 - 4 -16、18 - 5 - 13、23 - 15 - 7、15 - 5 - 10、17 - 5 - 8 等多种。

腐殖酸涂层缓释肥与以塑料（树脂）为包膜材料的缓控释肥不同，腐殖酸涂层缓释肥料选择的缓释材料都可当季转化为作物可吸收的养分或成为土壤有机质成分，具有改善土壤结构，提升可持续生产能力的作用。同时，促控分离的缓释增效模式，是目前市场唯一对氮、磷、钾养分分别进行增效处理的多元素肥料，具有"省肥、省水、省工、增产增收"的特点，比一般复合肥利用率提高 10 个百分点，作物平均增产 15%、省肥 20%、省水 30%、省工 30%，与习惯施肥对照，小麦亩产 50 千克、玉米亩增产 70 千克、籽棉亩增产 30 千克，每亩节本增效 200 元以上。

腐殖酸涂层缓释肥具有以下特点：一是突破了传统技术框框，全新的"膜反应与团絮结构"缓释高效理论。二是腐殖酸涂层缓释肥的涂膜薄而轻，不会降低肥料中有效养分含量；涂膜是一种亲水性的有机无机复合胶体，可减少有效养分的淋溶、渗透或挥发损失，减少水分蒸发，提高作物抗旱性。三是腐殖酸涂层缓释肥含有多种中微量营养元素，是一种高效、长效、多效的新型缓释肥，施用技术简单，多为一次性施用。

4. 含促生真菌有机无机复混肥　含促生真菌有机无机复混肥是在有机无机复混肥生产中，采用最新的生物、化学、物理综合技术，添加促生真菌孢子粉——PPF 生产的一种新型肥料。目前主要配方类型有 17 - 5 - 8、20 - 0 - 10 等类型。

促生真菌具有四大特殊功能：一是能够分泌各种生理活性物质，提高作物发根力，提高作物的抗旱性、抗盐性等；二是能够产生大量的纤维素酶，加速土壤有机质的分解，增加作物的可吸收养分；三是能够分泌的代谢产物，可抑制土壤病原菌、病毒的生长与繁殖，净化土壤；四是可促进土壤中难溶性磷的分解，增加作物对磷的吸收。

经试验证明，含促生真菌有机无机复混肥能够使肥料有效成分利用率提高 10%～20%，并减少养分流失导致的环境污染；该肥料为通用型肥料，不含任何有毒有害成分，不产生毒性残留；长期施用该肥料可以补给与更新土壤有机质，提高土壤肥力；该肥料含有具有卓越功能和明显增产、提质、抗逆效果的 PPF 促生真菌孢子粉，充分发挥其四大特殊功能。

（三）功能性生物有机肥

生物有机肥是指特定功能微生物与主要以动植物残体（如畜禽粪便、农作物秸秆等）为来源并经无害化处理、腐熟的有机物料复合而成的一类兼具微生物肥料和有机肥效应的肥料。

1. 生态生物有机肥　生态生物有机肥是选用优质有机原料（如木薯渣、糖渣、玉米淀粉渣、烟草废弃物等生物有机工厂的废弃物），采用生物高氮源发酵技术、好氧堆肥快速腐熟技术、复合有益微生物技术等高新生物技术，生产的含有生物菌的一种生物有机肥。一般要求产品中生物菌数 0.2 亿个/克或 0.5 亿个/克，有机质含量≥20%。

生态生物有机肥营养元素齐全，能够改良土壤，改善使用化肥造成的土壤板结。改善土壤理化性状，增强土壤保水、保肥、供肥的能力。生物有机肥中的有益微生物进入土壤后与土壤中微生物形成相互间的共生增殖关系，抑制有害菌生长并转化为有益菌，相互作用。相互促进，起到群体的协同作用。有益菌在生长繁殖过程中产生大量的代谢产物，促使有机物的分解转化，能直接或间接为作物提供多种营养和刺激性物质，促进和调控作物生长，提高土壤孔隙度、通透交换性及植物成活率，增加有益菌和土壤微生物及种群。同时，在作物根系形成的优势有益菌群能抑制有害病原菌繁衍，增强作物抗逆抗病能力，降低重茬作物的病情指数，连年施用可大大缓解连作障碍。减少环境污染，对人、畜、环境安全、无毒，是一种环保型肥料。

2. 抗旱促生高效缓释功能肥　抗旱促生高效缓释功能肥是新疆慧尔农业科技股份有限公司针对新疆干旱、少雨情况，在生产含促生真菌有机无机复混肥基础上添加腐殖酸、TE（稀有元素）生产的一种新型肥料。目前产品有小麦抗旱促生高效缓释功能肥（23－0－12－TE）、棉花抗旱促生高效缓释功能肥（20－0－15－TE）、玉米抗旱促生高效缓释功能肥（21－0－14－TE）、甜菜抗旱促生高效缓释功能肥（15－0－20－TE）等类型，产品中腐殖酸含量≥3%。

抗旱促生高效缓释功能肥是一种新型的具有多种功能的功能性有机肥料：一是抗旱保水，应用该肥料可减少灌水次数和提高作物抗旱能力 40～60 天；二是解磷溶磷，促进土壤中难溶性磷的分解，增加作物对磷的吸收；三是抑病净土，肥料中的腐殖酸能够提高作物抗旱、抗盐碱、抗病虫作用，肥料中的 PPF 的代谢产物可抑制土壤病原菌、病毒的生长与繁殖，净化土壤；四是促进作物生长发育，肥料中的腐殖酸能够强大作物的根系、茎叶和花果的生长发育，PPF 菌根能分泌大量的生理活性物质，如细胞分裂素、吲哚乙酸、赤霉素等，明显提高作物的发根力。

3. 高效微生物功能菌肥　高效微生物功能菌肥是在生物有机肥生产中添加氨基酸或腐殖酸、腐熟菌、解磷菌、解钾菌等而生产的一种生物有机肥。一般要求产品中生物菌数 0.2 亿个/克，有机质含量≥40％，氨基酸含量≥10％。

高效微生物功能菌肥的功能有：一是以菌治菌、防病抗虫：一些有益菌快速繁殖、优先占领并可产生抗生素、抑制杀死有害病菌，达到抗重茬、不死棵、不烂根的目的。可有效预防根腐病、枯萎病、青枯病疫病等土传病害的发生。二是改良土壤、修复盐碱地：使土壤形成良好的团粒结构降低盐碱含量，有利于保肥、保水、通气、增温使根系发达、健壮生长。三是培肥地力，增加养分含量：解磷、解钾、固氮，将迟效养分转化为速效养分，并可快进多种养分的吸收，提高肥料利用率，减少缺素症的发生。四是提高作物免疫力和抗逆性，使作物生长健壮、抗旱、抗涝、抗寒、抗虫，有利于高产稳产。五是多种放线菌，产生吲多乙酸、细胞分裂素、赤霉素等，促进作物快速生长，并可协调营养生长和生殖生长的关系，使作物根多、棵壮、果丰、高产、优质。六是分解土壤中的化肥和农药残留及多种有害物质，使产品无残留、无公害、环保优质。

（四）螯合态高活性水溶肥

1. **高活性有机酸水溶肥**　高活性有机酸水溶肥是利用当代最新生物技术精心研制开发的一种高效特效腐殖酸类、氨基酸类、海藻酸类等有机活性水溶肥，产品中 N≥80 克/升、P_2O_5≥50 克/升、K_2O≥克/升、腐殖酸（或氨基酸、海藻酸）≥50 克/升。

该肥料具有多种功能：一是多种营养功能：含有作物需要的各种大量和微量营养成分，且容易吸收利用，有效成分利用率比普通叶面肥高出 20％～30％，可以有效解决农作物因缺素而引起的各种生理性病害。例如：西瓜的裂口、果树的畸形果、裂果等生理缺素病害。二是促进根系生长：新型高活性有机酸能显着促进作物根系生长，增强根毛的亲水性，大大增强作物根系吸收水分和养分的能力，打下作物高产优质的基础。三是促进生殖生长：本产品具有高度生物活性，能有效调控农作物营养生长与生殖生长的关系，促进花芽分化，促进果实发育，减少花果脱落，提高坐果率，促进果实膨大，减少畸形花、畸形果的发生，改善果实的外观品质和内在品质，果靓味甜，提前果品上市。四是提高抗病性能：叶面喷施能改变作物表面微生物的生长环境，抑制病菌、菌落的形成和发生，减轻各种病害的发生。例如：能预防番茄霜霉病、辣椒疫病、炭疽病、花叶病的发展，还可缓解除草剂药害，降低农药残留，无毒无害。

2. **螯合型微量元素水溶肥**　螯合型微量元素水溶肥是将氨基酸、柠檬酸、EDTA 等螯合剂与微量元素有机结合起来，并可添加有益微生物生产的一种新型水溶肥料。一般产品要求微量元素含量≥8％。

这类肥料溶解迅速，溶解度高，渗透力极强，内含螯合态微量元素，能迅速被植物吸收，促进光合作用，提高碳水化合物的含量，修复叶片阶段性失绿。增加作物抵抗力，能迅速缓解各种作物因缺素所引起的倒伏、脐腐、空心开裂、软化病、黑斑、褐斑等众多生理性症状。作物施用螯合型微量元素水溶肥后，增加叶绿素含量及促进糖水化合物的形成，使水果蔬菜的贮运期延长，可使果品贮藏期延长增加果实硬度，明显增加果实外观色泽与光洁度，改善品质，提高产量，提升果品等级。

3. 活力钾、钙、硼水溶肥 该类肥料是利用高活性生化黄腐酸（黄腐酸属腐殖酸中分子量最小、活性最大的组分）添加钾、钙、硼等营养元素生产的一类新型水溶肥料。要求黄腐酸含量≥30％，其他元素含量达到水溶标准要求，如有效钙180克/升、有效硼100克/升。

该类肥料有六大功能：一是具有高生物活性功能的未知的促长因子，对植物的生长发育起着全面的调节作用。二是科学组合新的营养链，全面平衡植物需求，除高含量的黄腐酸外，还富含植物生长过程中所需的几乎全部氨基酸、氮、磷、钾、多种酶类、糖类（低聚糖、果糖等）蛋白质、核酸、胡敏酸和维生素C、维生素E以及大量的B族维生素等营养成分。三是抗絮凝、具缓冲，溶解性能好，与金属离子相互作用能力强，增强了植物株内氧化酶活性及其他代谢活动；促进植物根系生长和提高根系活动，有利于植株对水分和营养元素的吸收，以及提高叶绿素含量，增强光合作用，以提高植物的抗逆能力。四是络合能力强，提高植物营养元素的吸收与运转。五是具有黄腐酸盐的抗寒抗旱的显著功能。六是改善品质，提高产量。黄腐酸钾叶面肥平均分子量为300，高生物活性对植物细胞膜这道屏障极具通透性，通过其吸附、传导、转运、架桥、缓释、活化等多种功能，使植物细胞能够吸收到更多原本无法获取的水分、养分，同时将光合作用所积累，合成的碳水化合物、蛋白质、糖分等营养物质向果实部位输送，以改善质量，提高产量。

（五）其他营养套餐肥

除了上述介绍的作物基肥、种肥、追肥、根外追肥施用的营养套餐肥外，在一些滴灌栽培区还应用长效水溶性滴灌肥、水稻育秧中还应用保健型壮秧剂等，也有良好施用效果。

1. 长效水溶性滴灌肥 长效水溶性滴灌肥是将脲酶抑制剂、硝化抑制剂、磷活化剂与营养成分有机组合，利用抑制剂的协同作用比单一抑制剂具有更长作用时间，达到供肥期延长和更高利用率的效果。利用抑制剂调控土壤中的铵态氮和硝态氮的转化，达到增铵营养效果，为作物提供适宜的 NH_4^+、NO_3^- 比例，从而加快作物对养分的吸收、利用与转化，促进作物生长，增产效果显著。目前主要品种有：棉花长效水溶性滴灌肥（15 - 25 - 10＋B＋Zn）、果菜类长效水溶性滴灌肥（17 - 15 - 18＋B＋Zn）、果树长效水溶性滴灌肥（10 - 15 - 25＋B＋Zn）等。

长效水溶性滴灌肥的性能主要体现在：一是肥效长，具有一定可调性。该肥料在磷肥用量减少 1/3 时仍可获得正常产量，养分有效期可达 120 天以上。二是养分利用率高，氮肥利用率提高到 38.7％～43.7％，磷肥利用率达到 19％～28％。三是增产幅度大，生产成本低。施用长效水溶性滴灌肥可使作物活秆成熟，增产幅度大，平均增产 10％以上。由于节肥、免追肥、省工及减少磷肥施用量，能降低农民的生产投入，增产增收。四是环境友好，可降低施肥造成的面源污染。低碳、低毒，对人畜安全，在土壤及作物中无残留。试验表明，施用该肥料可减少淋失 48.2％，降低 N_2O 排放 64.7％，显著降低氮肥施用带来的环境污染。

2. **保健型壮秧剂**　保健型壮秧剂，又称育苗母乳肥，主要用于水稻育秧壮秧肥。采用 DSK 核心技术、国外先进技术和工艺，经多年试验示范研发出适宜水稻育苗、移栽的高科技填补国内空白的新产品，属于药肥混合多功能产品，具有高效、低毒、安全、营养、环保、无污染、无毒副作用等特点。该产品具有增肥保养和调节稻苗平衡生育的综合性能，有抗水稻苗期立枯病的效果。用于水稻旱、水育苗，育出秧苗苗壮，假茎宽，根系发达，带蘗率高；插秧后扎根、返青快、分蘗多、植株健壮，抗倒伏、丰产性能强。此外，本产品还可做苗期追肥和移栽前的送嫁肥使用。保健型壮秧剂使用方法如下。

（1）**旱育秧**　把制成的营养基质均匀地撒施在 100 米^2 厢面上，浇好水后播种，再盖上 1～2 厘米的覆盖土、盖膜（施用本品基肥可减半）。

（2）**机插秧**　将制成的营养基质加可育 100 个抛秧盘（规格：长 55.5 厘米，宽 27.5 厘米）用的过筛细土混拌均匀制成营养土，装盘播种育苗、盖膜。

（3）**软盘抛秧**　将制成的营养基质加可育 200 个抛秧盘（规格：434 孔）用的过筛细土重量，混拌均匀制成营养土，装盘播种育苗、盖膜，不用营养土的，可将制成的营养基质加 20 千克的过筛细土混拌均匀后均匀撒铺好的泥土的软盘（200 个）上，播种，盖膜。（施用本品不再施基肥）。

（4）**水育秧**　每亩用本品三袋加 50 千克的过筛细土混拌后均匀撒在整好的厢面上，播种（施用本品不再施基肥）。

（5）**苗期追肥**　可在秧苗 1 叶 1 心期后，每亩用本品一袋加 10 千克细土混拌均匀，分两次，间隔 5～7 天，均匀地撒在苗床上，用清水粗点喷雾洗苗，可起到壮秧防病作用。

（6）**移栽前用出嫁肥**　为缓解稻苗移栽时对秧苗各种伤害，确保移栽后植株尽快地恢复创伤，使植株健壮生长。在移栽前 4～5 天，每亩用本品一袋加 5 千克细土混拌均匀在露水干后，均匀在撒施，用清水粗点喷雾洗苗。

第三章

禾谷类作物测土配方与营养套餐施肥技术

粮食作物主要有禾谷类作物、豆类作物、薯类作物等，而禾谷类作物主要有水稻、小麦、玉米、高粱、谷子等。

第一节 水稻测土配方与营养套餐施肥技术

水稻是我国的主要粮食作物，种植面积平均占谷物播种面积的 1/4 以上，稻谷总产占粮食总产的 40% 以上。我国的水稻产区划分为 6 个稻作带：华南双季稻稻作区、华中双单季稻稻作区、西南高原单双季稻稻作区、华北单季稻稻作区、东北早稻单季稻稻作区和西北干燥区单季稻稻作区。

一、水稻营养需求特点

1. **单季稻营养需求特点** 我国单季稻主要分布在北方，以粳型水稻为主。我国单季稻主要有 4 个种植区：东北四省（自治区）单季早粳稻（黑龙江、吉林、辽宁、内蒙古东部）、华北五省（直辖市）单季中晚熟粳稻（北京、天津、河北、山东、河南）、西北单季早中熟粳稻（山西、陕西、宁夏、甘肃、新疆）、苏皖北部单季粳稻（江苏和安徽两省北部）。

水稻从播种，种子发育为幼苗，经过移栽后，逐渐成长直到成熟。一般可分为生育前期、生育中期和生育后期，各时期营养供求关系和对养分的需求是不相同的。

（1）单季稻秧苗期营养需求 水稻播种至 3 叶期，可以依靠自身的养分发芽、生根、长叶，成为幼苗。从 3 叶期开始，必须利用根系从土壤中吸收养分，供给幼苗继续生长，直到 4～5 叶期。水稻秧苗期大约 35～45 天，对肥料需求较少但很敏感，最适于施用硫酸铵，不宜施用尿素和氯化铵，而且要施足磷肥。

（2）**单季稻生育前期营养需求** 水稻生育前期是指移栽后由返青期到分蘖结束。这个时期主要是长叶、长蘖、长茎，以营养为中心。从移栽至分蘖末期，水稻生长迅速，是水稻一生中氮素营养要求最多，氮的代谢最旺盛时期，氮和钾的吸收量约占全生育期吸收总量的50％，磷占40％。所以对肥料的需求是很多的，应该在施足基肥基础上，适当施给分蘖所需的肥料。

（3）**单季稻生育中期营养需求** 水稻分蘖停止到幼穗形成期，由营养生长向生殖生长过渡，是水稻生育转换期。从栽培管理角度把这个时期划分为水稻生育中期，是水稻生育全过程中承前启后的关键时期。在幼穗形成期，穗中的氮含量几乎比茎秆高一倍，磷的含量高4倍，钾、钙、镁、锰、硅等含量也高得多。因此，此期施用氮肥可以增加叶片的叶绿素含量和蛋白质含量，施用磷肥可以增加水稻幼穗，尤其是花器官中核酸的含量，使花粉母细胞形成和减数分裂正常。单季稻生育中期是决定单位面积有效穗数能否达到适宜的时期，施肥上应掌握：不能采取大水大肥猛促，也不能施用太少的肥料，要掌握恰到好处。

（4）**单季稻生育后期营养需求** 单季稻生育后期以生殖生长为中心，也是水稻一生最后一个生长阶段，是决定水稻的穗粒数和粒重的关键时期。

水稻孕穗期是养分敏感期或营养临界期，应注意：防止过量施肥引起穗颈稻瘟的发生；也不能缺肥引起空秕粒增加，颖花退化，穗粒数减少。水稻穗肥施用应坚持：根据水稻长相长势，宁早勿晚，宁少勿多，可施可不施则不施，特别是稻瘟病重发区更应严格掌握。

水稻抽穗扬花期要求确保养分供应，才能籽粒饱满。此期如果不明显脱肥就不进行施肥，如果明显脱肥可以采用叶面喷施或少量施用粒肥。

水稻扬花后至成熟为止，在栽培技术上应考虑如何延长冠层上部三片叶的寿命，以及提高其光合能力，增加同化产物供应稻穗和充实谷粒灌浆。

2. **双季稻营养需求特点** 我国双季稻主要分布在长江中下游地区（湖南、湖北、江西、安徽、浙江）、华南地区（广东、广西、云南、福建、海南）、四川、重庆、贵州等。

双季常规早稻与双季杂交早稻、双季常规晚稻与双季杂交晚稻比较，对氮、磷的吸收量相近。而钾的吸收量按每500千克稻谷吸收的K_2O量计算，双季杂交早稻为21.6千克，比双季常规早稻多吸收3千克，增长16.1％；双季杂交晚稻为18.5千克，比双季常规晚稻多吸收2.1千克，增长12.8％（表3-1）。

表 3-1　双季常规稻与双季杂交稻对氮、磷、钾积累吸收量

类型	产量（千克/亩）	吸收养分量（千克/亩）			折合500千克稻谷吸收量（千克）		
		N	P_2O_5	K_2O	N	P_2O_5	K_2O
常规早稻	489.4	12.3	4.3	18.2	12.7	4.4	18.6
杂交早稻	541.3	12.2	4.8	23.4	11.3	4.4	21.6
常规晚稻	445.0	12.2	6.4	14.6	13.7	7.2	16.4
杂交晚稻	534.0	14.9	8.2	14.7	13.9	7.6	18.5

（1）双季常规稻的营养需求特点

① 双季常规早稻的营养需求特点。双季常规早稻移栽大田后至幼穗分化前的营养生长期十分短，并很快转入生殖生长阶段，基本上移栽后15天左右时间即大量分蘖并开始幼穗分化，分蘖吸肥高峰和幼穗分化吸肥高峰相重叠，整个生育期只有一个吸肥高峰期。中山大学试验表明，双季常规早稻在移栽至分蘖期对氮、磷、钾的吸收量分别为35.5%、18.7%和21.9%，幼穗分化至抽穗期对氮、磷、钾的吸收量分别为48.6%、57.0%和61.9%，结实成熟期对氮、磷、钾的吸收量分别为15.9%、24.3%和16.2%。

② 双季常规晚稻的营养需求特点。双季常规晚稻一般在移栽后10天左右开始迅速吸收氮，移栽后20天时，每天每亩吸收氮0.2～0.3千克。中山大学试验表明，双季常规晚稻在移栽至分蘖期对氮、磷、钾的吸收量分别为22.3%、15.9%和20.5%，幼穗分化至抽穗期对氮、磷、钾的吸收量分别为58.7%、47.4%和51.8%，结实成熟期对氮、磷、钾的吸收量分别为19.0%、36.7%和27.72%。

（2）双季杂交稻的营养需求特点

① 双季杂交早稻的营养需求特点。湖南农业大学试验结果表明，双季杂交早稻植株氮、磷、钾含量均以分蘖期最高，茎鞘分别为25.02克/千克、4.45克/千克、36.43克/千克，叶片分别为46.19克/千克、3.59克/千克、24.013克/千克；其余依次为孕穗期和齐穗期，氮素在叶片中含量高于茎鞘，磷素和钾素则是茎鞘高于叶片；成熟期氮素的60%和磷素的80%转移到籽粒，而钾素则90%以上留在茎叶。成熟期地上部植株氮、磷、钾的积累分别为10.27千克/亩、1.94千克/亩、10.87千克/亩，平均生产1 000千克稻谷需纯氮17.9～19.0千克、五氧化二磷7.91～8.14千克、氧化钾22.40～25.78千克。

② 双季杂交晚稻的营养需求特点。双季杂交晚稻植株氮素和磷素含量均以分蘖期最高，茎鞘和叶片中含氮量分别为 18.78 克/千克和 39.10 克/千克，含磷量分别为 3.69 克/千克和 2.96 克/千克，分蘖后期至成熟期逐渐降低。钾素含量以分蘖期最高，茎鞘和叶片中含钾量分别为 37.66 克/千克和 23.32 克/千克；齐穗期最低，茎鞘和叶片中含钾量分别为 17.16 克/千克和 15.94 克/千克。磷素和钾素在抽穗前茎鞘中含量高于叶片含量，抽穗后茎鞘和叶片中含量大致相等，到成熟期氮素和磷素主要转移到籽粒中，而钾素主要分布在茎鞘中。平均生产 1 000 千克稻谷需纯氮 21 千克、五氧化二磷 11.46 千克、氧化钾 30.11 千克。

二、水稻测土施肥配方

1. 单季稻的测土施肥量

（1）华北单季中晚熟粳稻测土施肥配方　华北地区单季稻，不同产量施肥配方如下。

① 每亩产量为 500～550 千克，施氮（N）9～12 千克，磷（P_2O_5）2～3 千克，钾（K_2O）4～5 千克。缺锌土壤施用硫酸锌 1 千克，适当基施含硅肥料。

② 每亩产量为 550～600 千克，施氮（N）14～16 千克，磷（P_2O_5）3.5～5 千克，钾（K_2O）4.5～6 千克。缺锌土壤施用硫酸锌 1 千克，适当基施含硅肥料。

氮肥基肥占 40%～50%，蘖肥占 20%～30%，穗肥占 20%～30%；磷肥全部作基肥；钾肥基肥占 60%～70%，穗肥占 30%～40%。

以河南省沿黄稻区、山东省为例，考虑到土壤肥力因素和产区施肥习惯，水稻专用复混肥料配方如表 3-2、表 3-3。

表 3-2　河南省沿黄稻区水稻专用复混肥农艺配方

土壤肥力	每亩施肥量（千克）N-P_2O_5-K_2O	每亩基肥量（千克）N-P_2O_5-K_2O	每亩追肥量（千克）N-P_2O_5-K_2O
大配方	14-8-4	10-8-4	4-0-0
高产田	14-8-4	10-8-4	4-0-0
中产田	13-8-4	9-8-4	4-0-0
低产田	12-8-4	8-8-4	4-0-0

表 3-3　山东省水稻专用复混肥农艺配方

土壤肥力	每亩施肥量（千克） N-P$_2$O$_5$-K$_2$O	每亩基肥量（千克） N-P$_2$O$_5$-K$_2$O	每亩追肥量（千克） N-P$_2$O$_5$-K$_2$O
大配方	16-7-6	8-7-6	8-0-0
高产田	16-7-6	8-7-6	8-0-0
中产田	15-7-5	7-7-5	8-0-0
低产田	14-6-6	7-6-6	84-0-0

（2）东北单季中晚熟粳稻测土施肥配方　不同产量水平，施肥量推荐如下。

① 每亩产量在 700 千克，氮肥（N）8～9 千克、磷肥（P$_2$O$_5$）3～4 千克、钾肥（K$_2$O）4～6 千克。缺锌土壤施用硫酸锌 1～1.5 千克，适当基施含硫、硅肥料。

② 每亩产量在 600 千克，氮肥（N）6～7 千克、磷肥（P$_2$O$_5$）2～3 千克、钾肥（K$_2$O）3～5 千克。缺锌土壤施用硫酸锌 1～1.5 千克，适当基施含硫、硅肥料。

③ 每亩产量在 500 千克，氮肥（N）5～6 千克、磷肥（P$_2$O$_5$）0～3 千克、钾肥（K$_2$O）2～4 千克。缺锌土壤施用硫酸锌 1～1.5 千克，适当基施含硫、硅肥料。

氮肥总量的 45% 作基肥施用，插秧后 5～7 天施 20% 氮肥为分蘖肥，穗分化期施 15% 氮肥作促花肥，减数分裂期施 20% 氮肥作保花肥。或者氮肥总量的 45% 作基肥施用，插秧后 5～7 天施 25% 氮肥为分蘖肥，拔节期 30% 作穗肥。

以吉林省为例，考虑到土壤肥力因素和产区施肥习惯，水稻专用复混肥料配方如表 3-4。

表 3-4　吉林省水稻专用复混肥农艺配方

地区	每亩施肥量（千克） N-P$_2$O$_5$-K$_2$O	每亩基肥量（千克） N-P$_2$O$_5$-K$_2$O	每亩追肥量（千克） N-P$_2$O$_5$-K$_2$O
吉林东部	12-6-8	4-6-8	5-0-0、3-0-0
吉林中部	14-6-8	5-6-8	5-0-0、4-0-0
吉林西部	14-8-8	5-8-8	5-0-0、4-0-0

（3）苏皖淮北地区单季稻测土施肥配方　不同产量水平，施肥量推荐如下。

① 每亩产量在 700 千克以上，氮肥（N）15～18 千克、磷肥（P_2O_5）5～6 千克、钾肥（K_2O）6～8 千克、硫酸锌 1～2 千克。

② 每亩产量在 600～700 千克，氮肥（N）12～15 千克、磷肥（P_2O_5）4～5 千克、钾肥（K_2O）5～6 千克。

③ 每亩产量在 500～600 千克，氮肥（N）10～12 千克、磷肥（P_2O_5）3～4 千克、钾肥（K_2O）4～5 千克。

④ 每亩产量在 500 千克以下，氮肥（N）8～10 千克、磷肥（P_2O_5）2～3 千克、钾肥（K_2O）3～4 千克。

氮肥总量的 40% 作基肥，20% 作分蘖肥，40% 作穗肥；钾肥 60% 作基肥，40% 作拔节肥；磷肥全部作基肥。

2. 双季稻的测土施肥量

（1）湖南省双季稻的测土施肥量

① 双季稻氮素推荐用量。基于目标产量和地力产量的双季早稻氮肥用量如表 3-5、双季晚稻氮肥用量如表 3-6。

表 3-5　基于目标产量和地力产量的双季早稻氮肥用量（N）

地力产量（千克/亩）	双季早稻目标产量（千克/亩）			
	300	350	400	450
280	2	7.2	8.1	9.2
240	6.5	8.7	9.6	10.7
200	8.5	9.5	10.4	11.7

表 3-6　基于目标产量和地力产量的双季晚稻氮肥用量（N）

地力产量（千克/亩）	双季早稻目标产量（千克/亩）			
	350	400	450	500
350	0	7.6	8.5	9.6
290	6.5	9.1	10.0	11.1
220	8.8	9.9	10.4	11.9

② 双季稻磷素推荐用量。基于目标产量和土壤速效磷含量的双季早稻磷肥用量如表 3-7、双季晚稻磷肥用量如表 3-8。

③ 双季稻钾素推荐用量。基于目标产量和土壤速效钾含量的双季早稻钾肥用量如表 3-9、双季晚稻钾肥用量如表 3-10。

表 3-7　基于目标产量和土壤速效磷含量的双季早稻磷肥用量（P_2O_5）

土壤速效磷（毫克/千克）	肥力等级	双季早稻目标产量（千克/亩）			
		300	350	400	450
>20	极高	0	0	1.5	2
15~20	高	1.5	2	3	4.5
10~15	中	2	3	4	5
5~10	低	3	4	5	6
<5	极低	4	4.5	5.5	6.5

表 3-8　基于目标产量和土壤速效磷含量的双季晚稻磷肥用量（P_2O_5）

土壤速效磷（毫克/千克）	肥力等级	双季早稻目标产量（千克/亩）			
		350	400	450	500
>20	极高	0	0	0	0
15~20	高	0	0	1	1.5
10~15	中	1.5	2	2.5	3
5~10	低	2	2.5	3.5	4.2
<5	极低	2.5	3.1	3.8	4.5

表 3-9　基于目标产量和土壤速效钾含量的双季早稻钾肥用量（K_2O）

土壤速效磷（毫克/千克）	肥力等级	双季早稻目标产量（千克/亩）			
		300	350	400	450
>140	极高	0	2	3.5	4
110~140	高	2	3.3	4	4.3
80~110	中	4	4.3	4.7	5.3
50~80	低	5	5.3	5.7	6
<50	极低	5.3	5.7	6	6.3

表 3-10　基于目标产量和土壤速效钾含量的双季晚稻钾肥用量（K_2O）

土壤速效磷（毫克/千克）	肥力等级	双季早稻目标产量（千克/亩）			
		350	400	450	500
>140	极高	0	2.7	3.3	4
110~140	高	2	3.3	4.7	5
80~110	中	3.7	4.3	5	5.3

（续）

土壤速效磷 （毫克/千克）	肥力 等级	双季早稻目标产量（千克/亩）			
		350	400	450	500
50～80	低	4	5	5.3	6
<50	极低	4.7	5.3	5.7	6.3

④ 微量元素推荐用量。锌肥推荐用量如表 3 - 11。

表 3 - 11　土壤微量元素丰缺指标及对应施肥量

元素	提取方法	临界指标（毫克/千克）	基肥用量（千克/亩）
Zn	DTPA	0.5	0.5～1

（2）湖北省双季稻的测土施肥量

① 双季稻氮素推荐用量。基于目标产量和地力产量，氮肥用量推荐见表 3 - 12，基、追肥比例确定见表 3 - 13。

表 3 - 12　早、晚稻推荐氮肥施用总量

地力产量 （千克/亩）	水稻目标产量（千克/亩）		
	400	500	600
233	10	—	—
300	6	10	—
366	2	8	15
433	—	5	12

表 3 - 13　不同时期氮肥施用比例

氮肥施用时期	早稻（%）	晚稻（%）
基肥	40	45
分蘖肥	25±10	25±10
幼穗分化肥	35±10	30±10
全生育期	80～120	80～120

注：如果叶色卡（LCC）或 SPAD 测定值大于最大临界值，在施肥基数上减去 10%；若低于最小临界值，则在施肥基数上增加 10%；介于最小临界值与最大临界值之间时，按表中列出的基数。叶色卡（LCC）的最小临界值为 3.5，最大临界值为 4；SPAD 的最小临界值为 35，最大临界值为 39

② 双季稻磷、钾肥恒量监控技术。双季稻磷肥用量的确定表为 3 - 14，钾肥用量的确定表为 3 - 15。

表 3-14　双季稻土壤磷分级及磷肥用量

产量水平（千克/亩）	肥力等级	Olsen-P（毫克/千克）	磷肥用量（千克/亩）
300	低	<7	4
	较低	7～15	3
	较高	15～20	2
	高	>20	—
450	低	<7	5
	较低	7～15	4
	较高	15～20	3
	高	>20	2
500	低	<7	6
	较低	7～15	4
	较高	15～20	2
	高	>20	—
600	低	<7	7
	较低	7～15	5.5
	较高	15～20	4
	高	>20	—

表 3-15　双季稻土壤钾分级机钾肥用量

产量水平（千克/亩）	肥力等级	速效钾（毫克/千克）	钾肥用量（千克/亩）
300	低	<70	3
	中	70～100	2
	高	>100	0
400	低	<70	4
	中	70～100	3
	高	>100	2
500	低	<70	6
	中	70～100	4
	高	>100	3
600	低	<70	7
	中	70～100	6
	高	>100	5

③ 微量元素推荐用量。缺锌、缺硼地区，在基肥上每亩补施 1 千克硫酸锌和 1 千克硼砂。

（3）江西省双季稻的测土施肥量

① 早稻施肥量推荐。早稻在每亩产量 400～450 千克条件下，根据测土结果，施肥量控制在：氮肥（N）8～10 千克、磷肥（P_2O_5）4～5 千克、钾肥（K_2O）5～6 千克。缺锌、缺硫地区，每亩补施 1 千克硫酸锌和 2 千克硫黄。提倡施用有机肥料。施用有机肥料或种植绿肥翻压的田块，化肥用量可适当减少。常年秸秆还田的地块，钾肥用量可适当减少 1～2 千克/亩。

② 晚稻施肥量推荐。晚稻在每亩产量 400～450 千克条件下，根据测土结果，在早稻秸秆还田 200 千克的基础上，施肥量控制在：氮肥（N）9～12 千克、磷肥（P_2O_5）3～4 千克、钾肥（K_2O）6～7 千克。

（4）安徽省双季稻的测土施肥量

① 双季稻氮肥施用量确定。主要依据目标产量和空白产量，早稻氮肥施用量参考表 3-16、晚稻氮肥施用量参考表 3-17。

表 3-16 不同产量水平早稻氮肥的推荐用量（千克/亩）

目标产量	空白产量	基肥用量	追肥用量
300	＜260	4	5
	＞260	3	4
400	＜260	5	6
	＞260	4	5
500	＜260	6	7
	＞260	5	6

表 3-17 不同产量水平晚稻氮肥的推荐用量（千克/亩）

目标产量	空白产量	基肥用量	追肥用量
400	＜300	4	5
	＞300	3	5
500	＜300	5	7
	＞300	4	6
600	＜300	6	7
	＞300	5	7

② 双季稻磷素用量推荐，早稻磷肥用量见表 3-18、晚稻磷肥用量见表 3-19。

表3-18　土壤磷分级及早稻磷肥用量

产量水平（千克/亩）	肥力等级	Olsen-P（毫克/千克）	磷肥用量（千克/亩）
300	极低	<5	6
	低	5～10	4.5
	中	10～20	3
	高	20～30	1.5
	极高	>30	0
400	极低	<5	8
	低	5～10	6
	中	10～20	4
	高	20～30	2
	极高	>30	0
500	极低	<5	10
	低	5～10	7.5
	中	10～20	5
	高	20～30	2.5
	极高	>30	0

表3-19　土壤磷分级及晚稻磷肥用量

产量水平（千克/亩）	肥力等级	Olsen-P（毫克/千克）	磷肥用量（千克/亩）
400	极低	<5	6.5
	低	5～10	4
	中	10～20	2.5
	高	20～30	1.5
	极高	>30	0
500	极低	<5	6
	低	5～10	5
	中	10～20	3.5
	高	20～30	2.5
	极高	>30	0

（续）

产量水平 （千克/亩）	肥力等级	Olsen-P（毫克/千克）	磷肥用量（千克/亩）
600	极低	<5	8
	低	5～10	6
	中	10～20	4
	高	20～30	2
	极高	>30	0

③ 双季稻钾素用量推荐。早稻钾肥用量见表 3-20、晚稻钾肥用量见表 3-21。

表 3-20　土壤钾分级及早稻钾肥用量

肥力等级	速效钾（毫克/千克）	钾肥用量（千克/亩）
极低	<60	9.5
低	60～80	7.5
中	80～120	5
高	120～160	2.5
极高	>160	0

表 3-21　土壤钾分级及晚稻钾肥用量

肥力等级	速效钾（毫克/千克）	钾肥用量（千克/亩）
极低	<60	10
低	60～80	7
中	80～120	5
高	120～160	2.5
极高	>160	0

④ 中微量元素推荐用量。安徽省双季稻中、微量元素肥料施用方法及用量参考表 3-22。

（5）广东省双季稻的测土施肥量

① 双季稻氮肥施用量确定。氮肥施用量根据目标产量和无氮区产量来确定，见表 3-23。

表 3 - 22　中、微量元素肥料施用方法及用量

元素	浸种浓度（%）	临界指标（毫克/千克）	施用量（千克/亩）
锌	硫酸锌：0.02～0.1	0.1～0.3	硫酸锌：1～2
硼	硼砂：0.02～0.1	0.1～0.3	硼砂：0.5～0.8
锰	硫酸锰：0.02～0.1	0.1～0.2	硫酸锰：1～2
硅			硅酸钠：8～10

表 3 - 23　不同目标产量和无氮区产量下的氮肥施用量

目标产量（千克/亩）	无氮区产量（千克/亩）				
	200	250	300	350	400
300	5	2.5	—	—	—
350	7.5	5	2.5	—	—
400	10	7.5	5	2.5	—
450	12.5	10	7.5	5	2.5
500	—	12.5	10	7.5	5

②双季稻磷、钾肥恒量监控技术。根据土壤磷、钾养分含量分级和目标产量确定。磷肥施用量见表 3 - 24、钾肥施用量见表 3 - 25。

表 3 - 24　土壤磷分级和双季稻磷肥用量

产量水平（千克/亩）	肥力等级	Olsen - P（毫克/千克）	早稻施磷量（P_2O_5，千克/亩）	晚稻施磷量（P_2O_5，千克/亩）
300	低	<10	3	2
	中	10～20	2	1
	高	>20	1	0
400	低	<10	4	2.5
	中	10～20	3	2
	高	>20	2	1.5
500	低	<10	5.5	3.5
	中	10～20	4	2.5
	高	>20	3	2

表 3-25 土壤钾分级和双季稻钾肥用量

产量水平 （千克/亩）	肥力等级	交换性钾 （毫克/千克）	早稻施磷量 （P_2O_5，千克/亩）
300	低	<50	4
	中	50~80	2
	高	>80	1
400	低	<50	6
	中	50~80	4
	高	>80	2
500	低	<50	8
	中	50~80	6
	高	>80	4

（6）广西壮族自治区双季稻的测土施肥量

① 早稻施肥量推荐。早稻根据测土结果，施肥量控制在：每亩产量 400~450 千克，氮肥（N）8~9 千克、磷肥（P_2O_5）2~3 千克、钾肥（K_2O）5~6 千克。每亩产量 450~500 千克，氮肥（N）9~11 千克、磷肥（P_2O_5）3~3.5 千克、钾肥（K_2O）6~8 千克。每亩产量 500~550 千克，氮肥（N）11~13 千克、磷肥（P_2O_5）3~4 千克、钾肥（K_2O）8~10 千克。超级稻每亩产量 600~650 千克，氮肥（N）14~16 千克、磷肥（P_2O_5）4~5 千克、钾肥（K_2O）12~14 千克。常年秸秆还田的地块，钾肥用量可适当减少 20%~30%。缺锌土壤每亩补施 1 千克硫酸锌。

② 晚稻施肥量推荐。晚稻根据测土结果，施肥量控制在：每亩产量 400~450 千克，氮肥（N）8~9 千克、磷肥（P_2O_5）2~2.5 千克、钾肥（K_2O）5~6 千克。每亩产量 450~500 千克，氮肥（N）9~11 千克、磷肥（P_2O_5）3 千克、钾肥（K_2O）6~8 千克。每亩产量 500~550 千克，氮肥（N）11~13 千克、磷肥（P_2O_5）3~3.5 千克、钾肥（K_2O）8~10 千克。超级稻每亩产量 600~650 千克，氮肥（N）14~16 千克、磷肥（P_2O_5）4~4.5 千克、钾肥（K_2O）12~14 千克。常年秸秆还田的地块，钾肥用量可适当减少 20%~30%。缺锌土壤每亩补施 1 千克硫酸锌。

三、水稻常规施肥模式

1. 一次性全层施肥模式 将水稻全生育期所需全部肥料于整田时一次施下，使土肥充分混合的全层施肥法。一般先施用有机肥料或专用肥的 70%，再将土壤耕翻整平，上水泡田，然后将化肥或专用肥的 30％撒施于整平带水的土面上，边撒施边旋耕，深度在 10 厘米左右，使肥料入土，均匀分布于耕层中，待耕后田面呈泥浆状，无明显水层即可插秧。适用于东北三省黏土、重壤土等保肥力强的稻田。

2. **前促、中控、后补施肥模式**　施基肥与施分蘖肥并重，酌施穗肥。基肥占总施肥量的 50％以上，达到前期轰得起，中期稳得住，后期健壮的要求。基肥中施用 50％氮肥、全部磷肥和 70％钾肥，分蘖期施 30％氮肥，穗期施20％氮肥和 30％钾肥，生长后期适当补施粒肥。适用于水稻中晚熟品种地区，如辽宁、华北等稻区。

3. **前后分期施肥模式**　前期施肥是指营养阶段施肥，主要是基肥和分蘖肥；后期施肥是指生殖生长阶段施肥，主要是保蘖攻穗肥。前期施肥：有机肥、磷肥全部，钾肥 50％，氮肥 30％～40％可采用面施、全层或深层深施。分蘖肥一般占氮肥的 20％～30％。后期适时施用穗肥。穗肥施用要根据水稻生长发育情况决定时间。北方稻区一般幼穗分化与基部节间伸长同时进行，此时施肥，有增加枝梗和颖花分化的作用，但也可能会助长节间伸长过度而引起倒伏，施肥时要注意。正常穗肥施用时期以减数分裂期为宜。巧施破口肥和齐穗肥。齐穗肥和破口肥要以水稻长势和长相来确定，一般高温年效果大于低温年。

4. **水稻节水栽培施肥模式**　适应于稻田经常处于无水层或浅干湿交替间断灌溉要求的施肥模式。一是坚持以基肥为主，追肥为辅。将氮肥的 70％～80％和全部磷、钾、硅、锌肥作为基肥进行全层施用。20％～30％的氮肥作为中后期追肥施用。二是坚持一次性全层深施和侧深施追肥。三是坚持采用长效缓释性肥料，如长效尿素、涂层尿素、硅包尿素等。四是坚持重视增施硅肥，抗病抗倒伏。五是坚持注重叶面肥施用，如黄腐酸类叶面肥。六是坚持采用以水带肥法。

5. **氮肥实地管理（SSNM）技术**　由国际水稻研究所近年来研究提出的施肥技术。根据不同地点的土壤供肥能力与目标产量需要量的差值，决定总的施肥量范围，在水稻的主要生长期应用叶绿素仪或叶色卡诊断水稻氮素营养状况，调整实际氮用量，以达到适时适地供给养分，促进水稻健壮生长，减少病虫害，提高产量和施肥效益，增加农民收入（表 3-26）。

表 3-26　利用叶绿素仪或叶色卡进行氮肥追施的临界值和施氮量（千克/亩）

种植类型	临界值		分蘖肥	穗肥	粒肥	
	SPAD	LCC			临界值	追肥量
华北单季稻	<2.40	<0.23	5.13	5.13	<2.53（SPAD）或<0.33（LCC）	0.93
	2.40～2.53	0.23～0.33	4.20	4.20		
	>2.53	>0.33	3.27	3.27		

四、无公害水稻营养套餐肥料组合

1. 育秧肥　水稻保健型壮秧剂，又称育苗母乳肥，是由药、肥、有机质组成，采用高科技生物技术精制而成，高效、低毒、安全、营养、环保、无污染、无毒副作用的绿色生态肥料，由黑龙江沃必达农业科技有限公司开发生产。该肥料能有效防治立枯病、青枯病、绵腐病、根腐病等，营养全肥效持久，能使秧苗苗壮挺拔，根系发达，高矮适中，带蘖率高，移栽后返青快，植株健壮，丰产性强。

2. 基肥　以氮肥、磷肥、钾肥为基础，添加腐殖酸、硅肥、有机型螯合微量元素、增效剂、调理剂等，生产含硅、锌、锰、硼的氨基酸型水稻专用肥，作为基肥施用。

（1）配方1，适宜南方水稻　综合各地资料，建议氮、磷、钾总养分量为30％，氮磷钾比例为1∶0.4∶0.9。为平衡水稻各种养分需要，基础肥料选用及用量（1吨产品）如下：硫酸铵100千克、尿素225千克、磷酸一铵48千克、过磷酸钙150千克、钙镁磷肥20千克、氯化钾197千克、硅肥183千克、氨基酸螯合锌锰硼15千克、生物制剂25千克、增效剂12千克、调理剂25千克。

（2）配方2，适宜北方水稻　综合各地资料，建议氮、磷、钾总养分量为30％，氮磷钾比例为1∶0.4∶0.9。为平衡水稻各种养分需要，基础肥料选用及用量（1吨产品）如下：硫酸铵100千克、尿素258千克、磷酸一铵93千克、过磷酸钙150千克、钙镁磷肥20千克、氯化钾125千克、硅肥137千克、氨基酸螯合锌锰硼15千克、氨基酸40千克、生物制剂25千克、增效剂12千克、调理剂25千克。

也可选用含硅、锌腐殖酸型水稻专用肥（13-4-13-5Si-1Zn），腐殖酸涂层长效肥（20-14-6）、腐殖酸高效缓释复混肥（22-16-7）、有机无机复混肥、生物有机肥＋包裹型尿素＋腐殖酸型过磷酸钙等肥料组合。

3. 生育期追肥　追肥可采用腐殖酸包裹尿素或硅包尿素。

4. 根外追肥　秧苗期、分蘖期、孕穗期、灌浆期等可叶面喷施含氨基酸、腐殖酸、壳聚糖、海藻酸等有机活性叶面肥、复合微生物制剂叶面肥、活性硅叶面肥、生物钾叶面肥，也可喷施微量元素水溶肥料。

五、无公害水稻营养套餐施肥技术规程

1. 水稻保健型壮秧剂育秧

（1）营养土法旱育秧　苗床初整好后，先将每袋（5千克）中的杀菌剂袋

（D 袋）与营养剂及调理剂袋（SK 袋）先行拌和，充分拌匀后，掺拌过筛选的细干土 1 500 千克，再充分混拌均匀后，平铺在 50 米^2 苗床上，厚度约 2.5 厘米左右，摊平，浇透水，然后拌种、压种、覆土。

（2）软盘和底垫旱育秧　整细整平床面面后，浇透水，摆放好软盘或平铺垫底。将每袋（5 千克）中的杀菌剂袋（D 袋）与营养剂及调理剂袋（SK 袋）先行拌和，充分拌匀后，掺拌过筛选的细干土 1 500 千克，再充分混拌均匀后，倒入 300 个软盘或平铺在 50 米^2 底垫上。然后浇透水，然后拌种、压种、覆土。

（3）抛秧盘育秧　苗床经浅翻、耙碎和整平后，浇足底水，摆放钵盘，并将盘底压入泥中。每袋（5 千克）能育秧 50 米^2 水稻钵盘苗床。先计算出秧盘数及用土量，将营养剂、调理剂和杀菌剂三样及土充分混拌均匀，然后装入盘中，浇透水，然后拌种、压种、覆土。

（4）机插盘旱育秧　将每袋（5 千克）内的 D 袋和 SK 袋先行混拌均匀，加备好的过筛旱田土 900 千克充分混拌成营养土，装入 300 个软盘（机插盘，约 50 米^2）或平铺在 500 米^2 的隔离层上，然后浇透水，拌种、压种、覆土。

（5）育秧期施用水稻保健型壮秧剂　如果没有用水稻保健型壮秧剂作苗床基肥，如发现秧苗长势弱，或开始发现有病，可将每袋水稻保健型壮秧剂中的 D 袋和 SK 袋先行混拌均匀后，分两次（间隔 5～7 天），在土壤稍旱时露水干后均匀撒在 80～100 米^2 苗床上。轻扫后，喷透水洗苗。

（6）移栽前施用水稻保健型壮秧剂作送嫁肥　为缓解秧苗移栽后对秧苗的各种伤害，可在移栽前 4～5 天，将一袋水稻保健型壮秧剂混拌均匀后，在露水干后均匀撒在 100 米^2 苗床上。轻扫后，喷透水洗苗。

2. 北方无公害水稻营养套餐施肥技术规程　本规程各种肥料用量以高产、优质、无公害、环境友好为目标，选用有机无机复合肥料、长效缓释肥料、有机活性水溶肥料进行施用，各地在具体应用时，可根据当地水稻测土配方推荐用量进行调整。

（1）大田基肥　水稻基肥可根据当地水稻测土配方施肥情况及肥源情况，选择以下不同组合。

① 每亩可施生物有机肥 150～200 千克或无害化处理过优质有机肥 1 500～2 000 千克、适宜北方水稻的专用肥 40～50 千克、包裹型尿素 10～12 千克。

② 每亩可施生物有机肥 150～200 千克或无害化处理过优质有机肥 1 500～2 000 千克、含硅锌腐殖酸型水稻专用肥（13 - 4 - 13 - 5Si - 1Zn）40～50 千克、包裹型尿素 5～7.5 千克。

③ 每亩可施生物有机肥 150～200 千克或无害化处理过优质有机肥 1 500～

2 000 千克、腐殖酸涂层长效肥（20-14-6）40 千克、大粒钾肥 10 千克。

④ 每亩可施生物有机肥 150～200 千克或无害化处理过优质有机肥 1 500～2 000 千克、腐殖酸高效缓释复混肥（22-16-7）40 千克、大粒钾肥 10 千克。

⑤ 每亩可用生物有机肥 100 千克、包裹型尿素 20～30 千克、腐殖酸型过磷酸钙 50 千克、硫酸钾 15 千克。

（2）生育期追肥 可根据水稻生育期生长情况，选择分蘖期、拔节期、孕穗期等追肥。

① 分蘖肥。每亩追施含硅、锌腐殖酸型水稻专用肥（13-4-13-5Si-1Zn）20～25 千克。

② 拔节肥。每亩追施 20 千克腐殖酸包裹尿素或硅包尿素、5～10 千克硫酸钾等。

③ 孕穗肥。每亩追施 15～20 千克腐殖酸包裹尿素或硅包尿素。

（3）根外追肥

① 拔秧前 1～2 天，在秧苗上喷施 500 倍的含氨基酸或腐殖酸，或壳聚糖，或海藻酸等有机活性叶面肥，每亩喷 50 千克液。

② 水稻进入分蘖盛期后，可叶面喷施 500 倍的含氨基酸或腐殖酸，或壳聚糖，或海藻酸等有机活性叶面肥和 1 000 倍活性硅叶面肥。

③ 水稻进入孕穗灌浆期，可连续两次喷施 500 倍生物活性钾叶面肥，间隔期 14 天。

3. 南方无公害双季早稻营养套餐施肥技术规程 本规程各种肥料用量以高产、优质、无公害、环境友好为目标，选用有机无机复合肥料、长效缓释肥料、有机活性水溶肥料进行施用，各地在具体应用时，可根据当地水稻测土配方推荐用量进行调整。

（1）大田基肥 水稻基肥可根据当地水稻测土配方施肥情况及肥源情况，选择以下不同组合。

① 每亩可施生物有机肥 150～200 千克或无害化处理过优质有机肥 1 500～2 000 千克、适宜南方水稻的氨基酸型专用肥 50～60 千克、包裹型尿素 10～12.5 千克。

② 每亩可施生物有机肥 150～200 千克或无害化处理过优质有机肥 1 500～2 000 千克、含硅锌腐殖酸型水稻专用肥（13-4-13-5Si-1Zn）50～60 千克、包裹型尿素 5～7.5 千克。

③ 每亩可施生物有机肥 150～200 千克或无害化处理过优质有机肥 1 500～2 000 千克、腐殖酸涂层长效肥（20-14-6）40 千克、大粒钾肥 10 千克。

④ 每亩可施生物有机肥 150～200 千克或无害化处理过优质有机肥 1 500～

2 000 千克、腐殖酸高效缓释复混肥（22 - 16 - 7）40～50 千克、大粒钾肥 10～15 千克。

⑤ 每亩可用生物有机肥 100 千克、包裹型尿素 20～25 千克、腐殖酸型过磷酸钙 50～60 千克、硫酸钾 10～15 千克。

（2）生育期追肥 可根据水稻生育期生长情况，选择分蘖期、拔节期、孕穗期等追肥。

① 分蘖肥。每亩追施含硅、锌腐殖酸型水稻专用肥（13 - 4 - 13 - 5Si - 1Zn）20～30 千克。

② 拔节肥。每亩追施 15～20 千克腐殖酸包裹尿素或硅包尿素、7.5～10 千克硫酸钾等。

③ 孕穗肥。每亩追施 15～20 千克腐殖酸包裹尿素或硅包尿素。

（3）根外追肥

① 拔秧前 1～2 天，在秧苗上喷施 500 倍的含氨基酸或腐殖酸、壳聚糖、海藻酸等有机活性叶面肥，每亩喷 50 千克液。

② 水稻进入分蘖盛期后，可叶面喷施 500 倍的含氨基酸或腐殖酸、壳聚糖、海藻酸等有机活性叶面肥和 1 000 倍活性硅叶面肥。

③ 水稻进入孕穗灌浆期，可连续两次喷施 500 倍生物活性钾叶面肥，间隔期 14 天。

4. 南方双季晚稻营养套餐施肥技术规程 本规程各种肥料用量以高产、优质、无公害、环境友好为目标，选用有机无机复合肥料、长效缓释肥料、有机活性水溶肥料进行施用，各地在具体应用时，可根据当地水稻测土配方推荐用量进行调整。

（1）大田基肥 水稻基肥可根据当地水稻测土配方施肥情况及肥源情况，选择以下不同组合。

① 每亩可施生物有机肥 150～200 千克或无害化处理过优质有机肥 1 500～2 000 千克、适宜南方水稻的氨基酸型专用肥 55～65 千克、包裹型尿素 12.5～15 千克。

② 每亩可施生物有机肥 150～200 千克或无害化处理过优质有机肥 1 500～2 000 千克、含硅锌腐殖酸型水稻专用肥（13 - 4 - 13 - 5Si - 1Zn）60 千克、包裹型尿素 5～7.5 千克。

③ 每亩可施生物有机肥 150～200 千克或无害化处理过优质有机肥 1 500～2 000 千克、腐殖酸涂层长效肥（20 - 14 - 6）40～50 千克、大粒钾肥 10～15 千克。

④ 每亩可施生物有机肥 150～200 千克或无害化处理过优质有机肥 1 500～

2 000 千克、腐殖酸高效缓释复混肥（22－16－7）40～45 千克、大粒钾肥10～15 千克。

⑤ 每亩可用生物有机肥 150 千克、包裹型尿素 20～25 千克、腐殖酸型过磷酸钙 50 千克、硫酸钾 10～15 千克。

（2）生育期追肥　可根据水稻生育期生长情况，选择分蘖期、孕穗期等追肥。

① 分蘖肥。每亩追施含硅、锌腐殖酸型水稻专用肥（13－4－13－5Si－1Zn）20～30 千克。

② 穗肥。每亩追施 20～25 千克腐殖酸包裹尿素或硅包尿素。

（3）根外追肥

① 拔秧前 1～2 天，在秧苗上喷施 500 倍的含氨基酸或腐殖酸、壳聚糖、海藻酸等有机活性叶面肥，每亩喷 50 千克液。

② 水稻进入分蘖盛期后，可叶面喷施 500 倍的含氨基酸或腐殖酸、壳聚糖、海藻酸等有机活性叶面肥和 1 000 倍活性硅叶面肥。

③ 水稻进入孕穗灌浆期，可连续两次喷施 500 倍生物活性钾叶面肥，间隔期 14 天。

第二节　小麦测土配方与营养套餐施肥技术

小麦在我国的主要产区集中在豫、鲁、冀、皖、甘、新、苏、陕、川、晋、蒙及鄂等省，种植面积占全国小麦种植面积 4/5 以上，总产量占我国小麦总产量的 90％以上，以山东、河南种植面积最大。我国冬、春小麦兼种，但以冬小麦为主，冬小麦面积占我国小麦总面积的 85％，总产量占全国小麦总产量的 90％以上。

一、小麦的营养需求特点

1. **冬小麦的营养需求特点**　冬小麦一生要经历出苗、分蘖、越冬、起身、拔节、孕穗、抽穗、开花、灌浆和成熟等生育期，生育期时间长，不同生育阶段对养分的吸收表现也不同。

（1）冬小麦不同时期对养分的吸收　总的规律是：小麦返青前因生长量小，故吸肥少，到拔节期吸收养分量急剧增加，直到开花后才趋于缓和。

小麦不同生育期吸收氮、磷、钾养分的吸收率不同。氮的吸收有 2 个高峰期：一个是从分蘖到越冬，吸氮量占总吸收量的 13.5％，是群体发展较快时期；另一个是从拔节到孕穗，吸氮量占总吸收量的37.3%，是吸氮最多的时期。对磷、钾的吸收，一般随小麦生长的推移而逐渐增多，拔节后吸收率急剧增长，40%以上的磷、钾养分是在孕穗以后吸收的。

小麦吸收锌、硼、锰、铜、钼的等微量元素的绝对数量少，但微量元素对小麦的生长发育却起着十分重要的作用。在不同的生育期，吸收的大致趋势是：越冬前较多，返青、拔节期吸收量缓慢上升，抽穗成熟期吸收量达到最高，占整个生育期吸收量的43.2%。

（2）不同品质冬小麦对养分的吸收 不同类型的专用小麦对养分的吸收不同，总的情况是对磷、钾的吸收在不同类型间差异不大，不同类型间的差别主要表现在对氮的吸收上。

不同品质冬小麦不同生育阶段吸氮量及吸收比例存在差异，出苗到拔节期弱筋小麦吸氮量和吸收比例高于其他类型小麦品种，在拔节至开花期，中筋、强筋小麦的吸氮量及吸收比例上升，开花至成熟期强筋小麦吸氮量和吸收比例高于中筋和弱筋小麦品种（表3-27）。

表3-27 不同类型小麦生育期吸氮量和比例

类型	出苗至拔节		拔节至开花		开花至成熟		100千克籽粒吸氮量（千克）
	吸收量（千克/亩）	比例（%）	吸收量（千克/亩）	比例（%）	吸收量（千克/亩）	比例（%）	
强筋	1.68±0.28	11.57	9.10±0.40	65.87	4.05±1.79	26.44	3.05~3.23
中筋	2.11±0.20	14.75	9.36±1.60	61.99	2.92±0.73	20.37	2.65~2.94
弱筋	4.81±1.04	35.63	6.83±1.72	49.76	2.01±0.68	14.61	2.34~2.96

2. 春小麦的营养需求特点 春小麦随着幼苗的生长，干物质积累增加，吸肥量不断增加，至孕穗、开花期达到高峰，以后逐渐下降，成熟期停止吸收。氮素单位面积日吸收量有拔节至孕穗、开花至成熟两个吸肥高峰。磷素的含量比较平稳，并从返青以后至成熟，吸收量稳步增长。钾在拔节期含量达到最高，以后迅速降低，而日吸收量以孕穗、开花期最高，后期需钾较少。

二、小麦测土施肥配方

1. 华北平原地区灌溉冬小麦测土施肥配方

（1）氮肥总量控制，分期调控 平原灌溉区不同产量水平冬小麦氮肥推荐用量可参考表3-28。

表 3 - 28 不同产量水平下冬小麦氮肥推荐用量

目标产量（千克/亩）	土壤肥力	氮肥用量（千克/亩）	基/追比例（%）
<300	极低	11～13	70/30
	低	10～11	70/30
	中	8～10	60/40
	高	6～8	60/40
300～400	极低	13～15	70/30
	低	11～13	70/30
	中	10～11	60/40
	高	8～10	50/50
400～500	低	14～16	60/40
	中	12～14	50/50
	高	10～12	40/60
	极高	8～10	30/40/30
500～600	低	16～18	60/40
	中	14～16	50/50
	高	12～14	40/60
	极高	10～12	30/40/30
>600	中	16～18	50/50
	高	14～16	40/60
	极高	12～14	30/40/30

（2）磷、钾恒量监控技术 该地区多以冬小麦/夏玉米轮作为主，因此，磷、钾管理要将整个轮作体系统筹考虑，将 2/3 的磷肥施在冬小麦季，1/3 的磷肥施在玉米季；将 1/3 的钾肥施在冬小麦季，2/3 的磷肥施在玉米季。磷、钾分级机推荐用量参考表 3 - 29、表 3 - 30。

表 3 - 29 土壤磷素分级及冬小麦磷肥（P_2O_5）推荐用量

产量水平（千克/亩）	肥力等级	Olsen - P（毫克/千克）	磷肥用量（千克/亩）
<300	极低	<7	6～8
	低	7～14	4～6
	中	14～30	2～4
	高	30～40	0～2
	极高	>40	0

（续）

产量水平（千克/亩）	肥力等级	Olsen-P（毫克/千克）	磷肥用量（千克/亩）
300～400	极低	<7	7～9
	低	7～14	5～7
	中	14～30	3～5
	高	30～40	1～3
	极高	>40	0
400～500	极低	<7	8～10
	低	7～14	6～8
	中	14～30	4～6
	高	30～40	2～4
	极高	>40	0～2
500～600	低	<14	8～10
	中	14～30	7～9
	高	30～40	5～7
	极高	>40	2～5
>600	低	<14	9～11
	中	14～30	8～10
	高	30～40	6～8
	极高	>40	3～6

表 3-30　土壤钾素分级及钾肥（K_2O）推荐用量

肥力等级	速效钾（毫克/千克）	钾肥用量（千克/亩）	备注
低	50～90	5～8	连续 3 年以上实行秸秆还田的可酌减；没有实行秸秆还田的适当增加
中	90～120	4～6	
高	120～150	2～5	
极高	>150	0～3	

（3）**微量元素因缺补缺**　该地区微量元素丰缺指标及推荐用量见表 3-31。

2. 北方旱作冬小麦测土施肥配方

（1）**氮肥总量控制，分期调控**　北方旱作区不同产量水平冬小麦氮肥推荐用量可参考表 3-32。

表 3 - 31　微量元素丰缺指标及推荐用量

元素	提取方法	临界指标（毫克/千克）	基施用量（千克/亩）
锌	DTPA	0.5	硫酸锌 1～2
锰	DTPA	10	硫酸锰 1～2
硼	沸水	0.5	硼砂 0.5～0.75

表 3 - 32　不同产量水平下冬小麦氮肥推荐用量

目标产量（千克/亩）	土壤肥力	氮肥用量（千克/亩）	基/追比例（%）
<150	极低	9～10	100/0
	低	7～9	100/0
	中	6～8	100/0
	高	5～6	80/20
150～250	极低	9～11	100/0
	低	8～10	100/0
	中	7～9	100/0
	高	6～8	70/30
250～350	低	10～12	100/0
	中	8～10	100/0
	高	7～9	80/20
	极高	6～8	70/30
350～450	低	12～14	100/0
	中	10～12	100/0
	高	8～10	70/30
	极高	6～8	70/30
>450	低	13～15	80/20
	中	12～14	80/20
	高	10～12	70/30
	极高	8～10	70/30

　　（2）磷、钾恒量监控技术　该地区多以冬小麦/夏玉米轮作为主，因此，磷、钾管理要将整个轮作体系统筹考虑，将 2/3 的磷肥施在冬小麦季，1/3 的磷肥施在玉米季；将 1/3 的钾肥施在冬小麦季，2/3 的磷肥施在玉米季。磷、钾分级推荐用量参考表 3 - 33、表 3 - 34。

表 3-33　土壤磷素分级及冬小麦磷肥（P_2O_5）推荐用量

产量水平（千克/亩）	肥力等级	Olsen-P（毫克/千克）	磷肥用量（千克/亩）
<150	极低	<5	5～6
	低	5～10	4～5
	中	10～15	2～4
	高	15～20	0～2
	极高	>20	0
150～250	极低	<5	7～8
	低	5～10	5～7
	中	10～15	3～5
	高	15～20	1～3
	极高	>20	0
250～350	极低	<5	7～9
	低	5～10	5～7
	中	10～15	4～5
	高	15～20	2～4
	极高	>20	0～3
350～450	低	5～10	6～8
	中	10～15	4～6
	高	15～20	2～4
	极高	>20	0～2
>450	低	5～10	8～10
	中	10～15	6～8
	高	15～20	4～6
	极高	>20	1～4

表 3-34　土壤钾素分级及钾肥（K_2O）推荐用量

肥力等级	速效钾（毫克/千克）	钾肥用量（千克/亩）	备注
低	<90	5～7	
中	90～120	3～5	
高	120～150	1～3	
极高	>150	0	

（3）微量元素因缺补缺 该地区微量元素丰缺指标及推荐用量见表3-35。

表3-35 微量元素丰缺指标及推荐用量

元素	提取方法	临界指标（毫克/千克）	基施用量（千克/亩）
锌	DTPA	0.5	硫酸锌1~2
锰	DTPA	<10	硫酸锰1~2
硼	沸水	0.5	硼砂0.5~0.75

3. 长江流域冬小麦测土施肥配方

（1）氮肥总量控制，分期调控 长江流域不同产量水平冬小麦氮肥推荐用量可参考表3-36。

表3-36 不同产量水平下冬小麦氮肥推荐用量

目标产量（千克/亩）	土壤肥力	氮肥用量（千克/亩）	基/追比例（%）
<200	极低	9~12	80/20
	低	7~11	70/30
	中	6~9	60/40
	高	5~8	60/40
200~300	极低	10~14	80/20
	低	8~12	70/30
	中	6~10	60/40
	高	5~9	70/30
300~400	极低	12~16	70/30
	低	10~14	60/40
	中	8~12	50/50
	高	7~11	40/60
	极高	6~10	30/70
400~500	低	12~16	60/40
	中	10~14	50/50
	高	8~12	70/30
	极高	7~11	30/70
>500	低	14~18	60/40
	中	12~16	50/50
	高	10~14	40/60
	极高	8~12	30/70

（2）磷、钾恒量监控技术　该地区冬小麦磷、钾分级推荐用量参考表 3-37、表 3-38。

表 3-37　土壤磷素分级及冬小麦磷肥（P_2O_5）推荐用量

产量水平（千克/亩）	肥力等级	Olsen-P（毫克/千克）	磷肥用量（千克/亩）
<200	极低	<5	5～7
	低	5～10	3～5
	中	10～20	1～3
	高	20～30	0
	极高	>30	0
200～300	极低	<5	6～8
	低	5～10	4～6
	中	10～20	2～4
	高	20～30	0～2
	极高	>30	0
300～400	极低	<5	7～9
	低	5～10	5～7
	中	10～20	3～5
	高	20～30	1～3
	极高	>30	0～2
400～500	极低	<5	8～10
	低	5～10	6～8
	中	10～20	4～6
	高	20～30	2～4
	极高	>30	0～2
>500	极低	<5	10～12
	低	5～10	8～10
	中	10～20	6～8
	高	20～30	4～6
	极高	>30	2～4

表 3-38 土壤钾素分级及钾肥（K_2O）推荐用量

产量水平（千克/亩）	肥力等级	速效钾（毫克/千克）	钾肥用量（千克/亩）
<200	极低	<50	5～7
	低	50～100	3～5
	中	100～130	1～3
	高	130～160	0
	极高	>160	0
200～300	极低	<50	6～8
	低	50～100	4～6
	中	100～130	2～4
	高	130～160	0～2
	极高	>160	0
300～400	极低	<50	7～9
	低	50～100	5～7
	中	100～130	3～5
	高	130～160	1～3
	极高	>160	0～2
400～500	极低	<50	8～10
	低	50～100	6～8
	中	100～130	4～6
	高	130～160	2～4
	极高	>160	0～2
>500	极低	<50	10～12
	低	50～100	8～10
	中	100～130	6～8
	高	130～160	4～6
	极高	>160	2～4

（3）微量元素因缺补缺 该地区微量元素丰缺指标及推荐用量见表 3-39。

4. 优质小麦测土施肥配方 优质小麦是指具有专门用途的小麦，可分为强筋小麦、中筋小麦和弱筋小麦。

（1）强筋小麦测土施肥配方 依据目标产量水平，其推荐施肥量如下。

① 产量水平大于 500 千克/亩，每亩施纯氮（N）16～20 千克，磷

（P_2O_5）8～10 千克，钾（K_2O）8～10 千克。

表 3-39　微量元素丰缺指标及推荐用量

元素	提取方法	临界指标（毫克/千克）	基施用量（千克/亩）
锌	DTPA	0.5	硫酸锌 1～2
锰	DTPA	5.0	硫酸锰 1～2
硼	沸水	0.5	硼砂 0.5～0.75

②产量水平为 400～500 千克/亩，每亩施纯氮（N）15～18 千克，磷（P_2O_5）6～8 千克，钾（K_2O）6～8 千克。

③产量水平为 300～400 千克/亩，每亩施纯氮（N）12～15 千克，磷（P_2O_5）4～6 千克，钾（K_2O）4～6 千克。

④产量水平小于 300 千克/亩，每亩施纯氮（N）10～12 千克，磷（P_2O_5）2～5 千克，钾（K_2O）2～5 千克。

有条件的地区可在小麦拔节期、孕穗期各喷一次 0.2% 的硫酸锌或 0.05% 的钼酸铵。

（2）弱筋小麦测土施肥配方　依据目标产量水平，其推荐施肥量如下。

①产量水平大于 500 千克/亩，每亩施纯氮（N）12～14 千克，磷（P_2O_5）6～9 千克，钾（K_2O）5～7 千克。

②产量水平为 400～500 千克/亩，每亩施纯氮（N）10～12 千克，磷（P_2O_5）5～7 千克，钾（K_2O）4～6 千克。

③产量水平为 300～400 千克/亩，每亩施纯氮（N）8～10 千克，磷（P_2O_5）3～5 千克，钾（K_2O）3～5 千克。

④产量水平小于 300 千克/亩，每亩施纯氮（N）6～8 千克，磷（P_2O_5）3～5 千克，钾（K_2O）3～5 千克。

（3）中筋小麦测土施肥配方　依据目标产量水平，其推荐施肥量如下。

①产量水平大于 500 千克/亩，每亩施纯氮（N）14～16 千克，磷（P_2O_5）6～9 千克，钾（K_2O）6～8 千克。

②产量水平为 400～500 千克/亩，每亩施纯氮（N）12～14 千克，磷（P_2O_5）5～7 千克，钾（K_2O）6～8 千克。

③产量水平为 300～400 千克/亩，每亩施纯氮（N）10～120 千克，磷（P_2O_5）3～6 千克，钾（K_2O）4～6 千克。

④产量水平小于 300 千克/亩，每亩施纯氮（N）8～10 千克，磷（P_2O_5）2～5 千克，钾（K_2O）2～5 千克。

5. 春小麦测土施肥配方 春小麦一般 3 月上中旬播种，7 月中下旬收获，生育期 95～125 天。通常将其生育期分为出苗、三叶、拔节、挑旗、抽穗、开花、灌浆和成熟等生育期。其氮肥采用实时实地精确监控技术，磷、钾采用恒量监控技术，中微量元素做到因缺补缺。

（1）氮素实时实地监控技术 基肥推荐用量如表 3-40、追肥推荐用量如表 3-41。

表 3-40 春小麦氮肥基肥推荐用量

0～30 厘米土壤硝态氮含量（毫克/千克）	小麦目标产量（千克/亩）		
	200	300	400
30	7.7	10.9	13.9
45	6.7	9.9	12.9
60	5.7	8.9	11.9
75	4.7	7.9	10.9
90	3.7	6.9	9.9
105	2.7	5.9	8.9
120	1.5	4.9	7.9

表 3-41 春小麦氮肥追肥（小麦三叶期）推荐用量

0～30 厘米土壤硝态氮含量（毫克/千克）	小麦目标产量（千克/亩）		
	200	300	400
30	3.2	4.2	5.2
45	2.2	2.2	4.2
60	1.2	1.2	2.2
75	0.2	0.2	1.2
90	—	—	0.2
105	—	—	—
120	—	—	—

（2）春小麦磷肥推荐用量 基于目标产量和土壤速效磷含量的春小麦磷肥推荐用量如表 3-42。

表 3 - 42　土壤磷素分级及春小麦磷肥（P_2O_5）推荐用量

产量水平（千克/亩）	肥力等级	Olsen - P（毫克/千克）	磷肥用量（千克/亩）
200	极低	<8	3.5
	低	8～15	2.5
	中	15～30	1.7
	高	30～40	1
	极高	>40	0
300	极低	<8	5.2
	低	8～15	3.9
	中	15～30	1.7
	高	30～40	1.3
	极高	>40	0
400	极低	<8	7
	低	8～15	5.3
	中	15～30	3.5
	高	30～40	1.7
	极高	>40	0

（3）春小麦钾肥推荐用量　基于土壤交换性钾含量的春小麦钾肥推荐用量如表 3 - 43。

表 3 - 43　土壤交换性钾含量的春小麦钾肥（K_2O）推荐用量

肥力等级	土壤交换性钾含量（毫克/千克）	肥用量（千克/亩）
低	<90	6
中	90～120	4
高	120～150	2
极高	>150	0

三、不同产区小麦常规施肥模式

1. 华北平原地区灌溉冬小麦施肥模式

（1）作物特性　该地区小麦一般在 10 月上、中旬播种，第二年 5 月下旬至 6 月上旬收获，全生育期 230～270 天。通常将小麦生育期划分为出苗、分蘖、越冬、起身、拔节、孕穗、抽穗、开花、灌浆和成熟。生产中基本苗数一般为每亩 10 万～30 万，多穗性品种亩穗数为 50 万穗，大穗型品种为 30 万穗左右。

（2）**施肥原则**　针对该地区氮、磷化肥用量普遍偏高，肥料增产效率下降，而有机肥施用不足，微量元素锌和硼缺乏时有发生等问题，提出以下施肥原则：依据土壤肥力条件，适当调减氮、磷化肥用量；增施有机肥，提倡有机无机配合，实施秸秆还田；依据土壤钾素状况，高效施用钾肥，并注意硼和锌的配合施用；氮肥分期施用，适当增加生育中、后期的氮肥比例；肥料施用应与高产、优质栽培技术相结合。

（3）**肥料运筹**　若基肥施用了有机肥，可酌情减少化肥用量。单产水平在 400 千克/亩以下时，氮肥作基肥、追肥可各占一半。单产超过 500 千克/亩时，氮肥总量的 1/3 作基肥施用，2/3 为追肥在拔节期施用。磷肥、钾肥和微量元素肥料全部作基肥施用。

2. 北方旱作冬小麦施肥模式

（1）**作物特性**　该地区小麦一般在 9 月上、中旬播种，第二年 5 月下旬至 6 月上、中旬收获，全生育期 230～280 天。通常将小麦生育期划分为出苗、分蘖、越冬、起身、拔节、孕穗、抽穗、开花、灌浆和成熟。生产中基本苗数一般为每亩 15 万～20 万，亩成穗数 30 万～40 万。

（2）**施肥原则**　针对该地区降水量偏低，有机肥施用不足，提出以下施肥原则：依据土壤肥力条件，坚持"适氮、稳磷、补微"；增施有机肥，提倡有机无机配合，实施秸秆还田；注意锰和锌的配合施用；氮肥以基肥为主，追肥为辅；肥料施用应与高产、优质栽培技术相结合。

（3）**肥料运筹**　氮肥 70%～80% 作基肥，20%～30% 作追肥。磷肥、钾肥和微量元素肥料全部作基肥施用。

3. 长江流域冬小麦施肥模式

（1）**作物特性**　该地区冬小麦一般在 10 月中、下旬播种，第二年 6 月上、中旬收获。当前生产基本苗数 10 万～20 万/亩，有效穗数 30 万～50 万亩，每穗粒数 30～40 粒，千粒重 30～50 克。

（2）**施肥原则**　增施有机肥，提倡有机无机配合，实施秸秆还田；适当调减少氮肥用量，调整基肥、追肥比例，减少基肥用量；缺磷土壤应适当增施磷肥或稳施磷肥，有效磷丰富的地区可适当减少磷肥用量；优先选择中、低浓度肥料品种，磷肥可选择钙镁磷肥和过磷酸钙，钾肥可选择氯化钾。

（3）**肥料运筹**　氮肥的 30%～50% 作基肥，其余作追肥。磷肥、钾肥和微量元素肥料全部作基肥施用。

4. 优质小麦施肥模式

（1）强筋小麦施肥模式

① 施肥原则。增施有机肥，强调有机无机配合；氮肥要总量控制，分期调控，根据土壤肥力状况，减少基肥氮肥用量，增加追肥氮肥施用比例；根据土壤磷、钾供应状况确定磷、钾肥用量；注意硼、锌、硫、钼等中、微量元素的补充。

② 肥料运筹。一般亩产小麦 350～400 千克的地块，春季追肥应在起身期；亩产在 400～500 千克的地块，春季追肥应在起身后期至拔节初期；亩产在 500 千克以上的地块，春季追肥应在拔节中后期。

在亩施氮量 12～16 千克条件下，氮肥施用比例宜采用基肥∶壮蘖肥∶拔节肥∶孕穗肥为 3∶1∶3∶3 或 5∶1∶2∶2 的运筹方式；若亩施氮量大于 18 千克，宜采用 5∶1∶2∶2 的运筹方式。磷肥以基追比为 7∶3 或 5∶5 较好，钾肥以 5∶5 较好。中、微量元素肥料全部作基肥施用，有条件的地区可在小麦拔节期、孕穗期各喷一次 0.2% 的硫酸锌或 0.05% 的钼酸铵。

（2）弱筋小麦施肥模式

① 施肥原则。增施有机肥，强调有机无机配合；适当降低氮肥总量，施足基肥，减少生育后期氮肥用量；根据土壤磷、钾供应状况，合理增加磷、钾肥用量；注意硼、锌、硫、钼等中、微量元素的补充。

② 肥料运筹。氮肥总量的 60%～70% 作基肥施用，其余作追肥。一般基肥∶壮蘖肥∶拔节肥比例为 7∶1∶2。磷肥、钾肥全部作基肥施用，对于高产田也可采用基肥∶拔节肥为 7∶3 运筹方式较好。追肥时间提前到返青期，拔节以后不再追肥；对于早衰田块，叶面喷施磷酸二氢钾等叶面肥料。

（3）中筋小麦施肥模式

① 施肥原则。增施有机肥，强调有机无机配合；氮肥要总量控制，分期调控，根据土壤肥力状况，减少基肥氮肥用量，增加追肥氮肥施用比例；根据土壤磷、钾供应状况，合理增加磷、钾肥用量；注意硼、锌、硫、钼等中、微量元素的补充。

② 肥料运筹。氮肥基肥∶壮蘖肥∶拔节肥∶孕穗肥为 5∶1∶2∶2 的运筹方式；土壤肥力较高地区，可采用 3∶1∶3∶3 的运筹方式。磷、钾肥采用基肥∶拔节肥为 5∶5 运筹方式较好。

5. 春小麦施肥模式 根据春小麦生育规律和营养特点，应重施基肥和早施追肥。近年来，有些春小麦产区采用一次施肥法，全部肥料均作基肥和种肥，以后不再施追肥。一般做法是在施足农家肥的基础上，每亩施氨水 40～50 千克或碳酸氢铵 40 千克左右，施过磷酸钙 50 千克。这个方法适合于旱地春小麦，对于有灌溉条件的麦田，还是应考虑配合浇水分期施肥。

由于春小麦在早春土壤刚化冻5～7厘米时，顶凌播种，地温很低，应特别重施基肥。基肥每亩施用农家肥2～4吨、碳酸氢铵25～40千克、过磷酸钙30～40千克。根据地力情况，也可以在播种时加一些种肥，由于肥料集中在种子附近，小麦发芽长根后即可利用。一般每亩施碳酸氢铵10千克，过磷酸钙15～25千克，与优质农家肥100千克混合施用，或者施二元复合肥10～20千克。

春小麦是属于"胎里富"的作物，发育较早，多数品种在三叶期就开始生长锥的伸长并进行穗轴分化。因此，第一次追肥应在三叶期或三叶一心时进行，并要重施，大约占追肥量的2/3。每亩施尿素15～20千克，主要是提高分蘖成穗率，促壮苗早发，为穗大粒多奠定基础，追肥量的1/3用于拔节期，此为第二次追肥，每亩施尿素7～10千克。

四、无公害小麦营养套餐肥料组合

1. **基肥**　根据测土施肥配方，以氮肥、磷肥、钾肥为基础，添加腐殖酸、硅肥、有机型螯合微量元素、增效剂、调理剂等，生产含锌、锰、硼、铁等腐殖酸型小麦专用肥，作为基肥施用。

如综合各地小麦配方肥配制资料，建议氮、磷、钾总养分量为30%，氮、磷、钾比例为1∶0.53∶0.47。基础肥料选用及用量（1吨产品）如下：硫酸铵100千克、尿素263千克、磷酸一铵69千克、过磷酸钙250千克、钙镁磷肥25千克、氯化钾116千克、氨基酸螯合锌锰硼铁20千克、生物磷钾肥50千克、腐殖酸40千克、生物制剂25千克、增效剂12千克、调理剂30千克。

也可选用腐殖酸涂层长效肥（23-15-7）、腐殖酸高效缓释复混肥（22-16-7）、有机无机复混肥、生物有机肥＋包裹型尿素＋腐殖酸型过磷酸钙＋硫酸钾等肥料组合。

2. **生育期追肥**　追肥可采用腐殖酸包裹尿素、硅包尿素、增效尿素、腐殖酸型过磷酸钙、缓释磷酸二铵等。

3. **根外追肥**　可根据小麦生育情况，酌情选用含腐殖酸水溶肥、含氨基酸水溶肥、含海藻酸水溶肥、微量元素水溶肥、大量元素水溶肥、螯合态高活性叶面肥、生物活性钾肥等。

五、无公害小麦营养套餐施肥技术规程

1. **冬小麦营养套餐施肥技术规程**　本规程各种肥料用量以高产、优质、

无公害、环境友好为目标，选用有机无机复合肥料、长效缓释肥料、有机活性水溶肥料进行施用，各地在具体应用时，可根据当地冬小麦测土配方推荐用量进行调整。

（1）基肥 冬小麦基肥可根据当地小麦测土配方施肥情况及肥源情况，选择以下不同组合。

① 每亩可施生物有机肥100～150千克或无害化处理过优质有机肥1 000～1 500千克、腐殖酸型小麦专用肥50～55千克、包裹型尿素15～20千克，作基肥采用面肥、全层或深层深施施用。

② 每亩可施生物有机肥100～150千克或无害化处理过优质有机肥1 000～1 500千克、腐殖酸涂层长效肥（23 - 15 - 7）40～50千克。

③ 每亩可施生物有机肥100～150千克或无害化处理过优质有机肥1 000～1 500千克、腐殖酸高效缓释复混肥（22 - 16 - 7）40～50千克。

④ 每亩可用生物有机肥100～150千克、包裹型尿素20～30千克、腐殖酸型过磷酸钙50千克、硫酸钾15千克。

（2）生育期追肥 可根据小麦生育期生长情况，返青期、拔节期或孕穗期进行追肥。

① 返青肥。选择返青后追施腐殖酸型小麦专用肥20～25千克，或包裹型尿素15～20千克，或增效尿素15千克。

② 拔节肥。拔节期再结合灌水每亩追施腐殖酸涂层长效肥（23 - 15 - 7）20～25千克，或包裹型尿素15千克，或增效尿素10千克。

③ 孕穗肥。如果是高产田可将拔节期的追肥推迟到孕穗期结合灌水每亩追施施腐殖酸涂层长效肥（23 - 15 - 7）20～25千克，或包裹型尿素15千克，或增效尿素10千克。

（3）根外追肥 可根据小麦长势，选择在苗期、返青至拔节期、孕穗抽穗期、灌浆期等进行根外追肥。

① 苗期。小麦苗期要经历一个严寒的冬季，如果管理不好，会形成畸形苗、冻苗、黄苗、死苗，可酌情选用含腐殖酸水溶肥、含氨基酸水溶肥、含海藻酸水溶肥、大量元素水溶肥、螯合态高活性叶面肥等其中一种或两种稀释500～1 000倍进行叶面喷施。

② 返青至拔节期。可酌情选择微量元素水溶肥、大量元素水溶肥、螯合态高活性叶面肥、生物活性钾肥等其中一种或两种稀释500～1 000倍进行叶面喷施。

③ 小麦孕穗抽穗期。4月中下旬至5月上旬，此时气温高、湿度大，是病虫害高发期，可结合第一次"一喷三防"同时喷施大量元素水溶肥、微量元素

水溶肥、生物活性钾肥等其中一种或两种叶面喷施。

④ 小麦灌浆期。5月中下旬，此时是产量形成的关键时期，结合病虫害防治喷施螯合态高活性叶面肥、含腐殖酸水溶肥、含氨基酸水溶肥、大量元素水溶肥、微量元素水溶肥等其中一种或两种，可以预防干热风、增加粒重。

2. 春小麦营养套餐施肥技术规程 本规程各种肥料用量以高产、优质、无公害、环境友好为目标，选用有机无机复合肥料、长效缓释肥料、有机活性水溶肥料进行施用，各地在具体应用时，可根据当地春小麦测土配方推荐用量进行调整。

（1）基肥 春小麦基肥可根据当地小麦测土配方施肥情况及肥源情况，选择以下不同组合。

① 每亩可施生物有机肥100～150千克或无害化处理过优质有机肥1 000～1 500千克、腐殖酸型小麦专用肥30千克、包裹型尿素10～15千克。

② 每亩可施生物有机肥100～150千克或无害化处理过优质有机肥1 000～1 500千克、腐殖酸涂层长效肥（23-15-7）30～40千克。

③ 每亩可施生物有机肥100～150千克或无害化处理过优质有机肥1 000～1 500千克、腐殖酸高效缓释复混肥（22-16-7）30～40千克。

（2）生育期追肥 春小麦可在二叶一心期、拔节至抽穗期等时期进行追肥。

① 春小麦二叶一心期，每亩追施腐殖酸型小麦专用肥20～25千克，腐殖酸涂层长效肥（23-15-7）15～20千克或缓释磷酸二铵15～20千克。

② 拔节至抽穗期再结合灌水每亩追施包裹型尿素10千克，或增效尿素5～10千克。

（3）根外追肥 可根据小麦生长情况，在苗期、分蘖期、抽穗期进行根外追肥。

① 春小麦苗期可酌情选用含腐殖酸水溶肥、含氨基酸水溶肥、含海藻酸水溶肥、螯合态高活性叶面肥等其中一种或两种稀释500～1 000倍进行叶面喷施。

② 分蘖期可酌情选择大量元素水溶肥、螯合态高活性叶面肥、生物活性钾肥等其中一种或两种稀释500～1 000倍进行叶面喷施。

③ 抽穗期可酌情选用大量元素水溶肥、微量元素水溶肥、生物活性钾肥等其中一种或两种500～1 000倍进行叶面喷施。

3. 春小麦膜下滴灌营养套餐施肥技术规程 本规程各种肥料用量以高产、优质、无公害、环境友好为目标，选用有机无机复合肥料、长效缓释肥料、有机活性水溶肥料进行施用，各地在具体应用时，可根据当地春小麦测土配方推荐用量进行调整。

（1）基肥　春小麦基肥可根据当地小麦测土配方施肥情况及肥源情况，选择以下不同组合。

① 每亩可施生物有机肥100～150千克或无害化处理过优质有机肥1 000～1 500千克、腐殖酸型小麦专用肥30千克、包裹型尿素10～15千克。

② 每亩可施生物有机肥100～150千克或无害化处理过优质有机肥1 000～1 500千克、腐殖酸涂层长效肥（23-15-7）30～40千克。

③ 每亩可施生物有机肥100～150千克或无害化处理过优质有机肥1 000～1 500千克、腐殖酸高效缓释复混肥（22-16-7）30～40千克。

（2）生育期追肥　可结合滴灌进行四次追肥。

① 一水每亩追施长效水溶滴灌肥（如新疆慧尔农业科技股份有限公司生产的慧尔长效水溶滴灌肥，15-25-10-B、Zn）5千克。

② 二水每亩追施长效水溶滴灌肥7千克。

③ 四水每亩追施长效水溶滴灌肥10千克。

④ 六水每亩追施长效水溶滴灌肥3千克。

（3）根外追肥　可根据小麦生长情况，在苗期、分蘖期、抽穗期进行根外追肥。

① 春小麦苗期可酌情选用含腐殖酸水溶肥、含氨基酸水溶肥、含海藻酸水溶肥、螯合态高活性叶面肥等其中一种或两种稀释500～1 000倍进行叶面喷施。

② 分蘖期可酌情选择大量元素水溶肥、螯合态高活性叶面肥、生物活性钾肥等其中一种或两种稀释500～1 000倍进行叶面喷施。

③ 抽穗期可酌情选用大量元素水溶肥、微量元素水溶肥、生物活性钾肥等其中一种或两种500～1 000倍进行叶面喷施。

第三节　玉米测土配方与营养套餐施肥技术

我国玉米种植面积和产量，在世界上居第二位，占世界总产量的1/5左右。玉米主产区在东北、华北和西北地区，以吉林、山东、河南等省种植面积最大。依据分布范围、自然条件和种植制度，我国玉米可划分为6个产区：北方春播玉米区、黄淮海夏播玉米区、西南山地丘陵玉米区、南方丘陵玉米区、西北灌溉玉米区和青藏高原玉米区。

一、玉米的营养需求特点

1. 夏玉米的营养需求特点 夏玉米是需肥水较多的高产作物，一般随着产量提高，所需营养元素也增加。玉米全生育期吸收的主要养分中，以氮为多、钾次之、磷较少。综合国内外研究资料，夏玉米吸收 N、P_2O_5、K_2O 分别为 2.59 千克、1.09 千克和 2.62 千克，N：P_2O_5：K_2O 为 2.4：1：2.4。

玉米不同生育期吸收氮、磷、钾的数量不同。一般来说，苗期生长慢，植株小，吸收的养分少，拔节期至开花期生长快，吸收养分的速度快，数量多，是玉米需要营养的关键时期，生育后期吸收养分速度缓慢，吸收量也少。

夏玉米由于生育期短，生长速度快，因此对氮、磷、钾的吸收数量更集中，吸收高峰提前。夏玉米从拔节期至抽雄期的 21 天中的吸氮量占全生育期的总氮量的 76.19%，吸磷量占全生育期的总磷量的 62.95%，吸钾量占全生育期的总钾量的 63.38%。

一般玉米苗期到拔节期吸收氮素很少，吸收速度慢，吸氮量占总量的 1.18%～6.6%；拔节以后氮素吸收明显增多，吐丝前后达到高峰，吸氮量占总量的 50%～60%；吐丝至籽粒形成期吸收氮素仍较快，吸氮量占总量的 40%～50%。

玉米苗期对磷的吸收量很小，一般吸磷量占总量的 0.6%～1.1%，是玉米磷敏感时期；拔节期以后磷的吸收速度显著加快，吸收高峰在抽雄期和吐丝期，吸磷量占总量的 50%～60%；吐丝至籽粒形成期吸收磷素减慢快，吸磷量占总量的 40%～50%。

玉米对钾的吸收速度在生育前期比氮和磷快，苗期钾素吸收量占总吸收量的 0.7%～4%；拔节后迅速增加，到抽雄期和吐丝期累计吸钾量占总量的 60%～80%，吸收高峰出现在雄穗小花分化期至抽雄期；在灌浆至成熟期，钾的吸收量缓慢下降。

2. 春玉米的营养需求特点 综合国内外研究资料，春玉米每生产 100 千克籽料吸收 N、P_2O_5、K_2O 分别为 3.47 千克、1.14 千克和 3.02 千克，N：P_2O_5：K_2O 为 3：1：2.7；套种春玉米吸收 N、P_2O_5、K_2O 分别为 2.45 千克、1.41 千克和 1.92 千克，N：P_2O_5：K_2O 为 1.7：1：1.4。吸收量常受播种季节、土壤肥力、肥料种类和品种特性的影响。

春玉米需肥的高峰比夏玉米来得晚，到拔节、孕穗时对养分吸收开始加快，直到抽雄开花达到高峰，在后期灌浆过程中吸收数量减少。春玉米需肥可分为 2 个关键时期，一是拔节至孕穗期，二是抽雄至开花期。

玉米不同生育阶段,对养分的吸收数量和比例变化很大。春玉米苗期吸氮占总吸收量的 2.1%,中期(拔节至抽穗开花)占 51.2%,后期占 46.7%。春玉米吸磷量,苗期占 1.1%,中期占 63.9%,后期占 35.0%。,春玉米吸收钾素以苗期占干物重的百分比最高,以后随植株生长逐渐下降,其累进吸钾量,均在拔节后迅速上升,至开花期已达顶峰,以后吸收很少。

二、玉米测土施肥配方

1. **夏玉米测土施肥配方**　我国夏玉米主要集中在黄淮海地区,包括河南全部、山东全部、河北中南部、陕西中部、山西南部、江苏北部、安徽北部等,另外西南地区、西北地区、南方丘陵区等也有广泛种植。

(1)河南省夏玉米测土施肥配方

① 河南省夏玉米氮素推荐用量。基于目标产量和不同生产区域的氮肥用量如表 3-44。

表 3-44　河南省夏玉米分区氮肥推荐用量

生产区域	产量水平(千克/亩)				
	<400	400~600	600~700	700~800	>800
豫北	8~12	12~14	14~16	16~18	20~22
豫东	10~12	12~14	14~16	18~21	22~24
豫中南	8~10	10~12	12~14	15~18	18~20
豫西南	7~9	9~12	12~14	13~16	16~18
豫西水浇地	8~10	10~12	12~14	16~18	18~20
豫西旱地	7~8	8~10			

② 河南省夏玉米磷素推荐用量。基于目标产量和土壤速效磷的磷肥用量如表 3-45。

表 3-45　河南省夏玉米分区磷肥推荐用量

速效磷 (毫克/千克)	产量水平(千克/亩)				
	<400	400~600	600~700	700~800	>800
<7	2~3	3~5	—	—	—
7~14	1~2	2~3	4~5	—	—
15~20	0	0~2	3~4	4~6	5~8
>20	0	0	0~3	2~4	3~5

③ 河南省夏玉米钾素推荐用量。基于目标产量和土壤速效钾的钾肥用量如表 3-46。

表 3-46　河南省夏玉米分区亩钾肥推荐用量

速效磷 （毫克/千克）	产量水平（千克/亩）				
	<400	400～600	600～700	700～800	>800
<80，连续还田 3 年以上	0	0～3	3～4	3～6	6～8
<80，没有或还田 3 年以下	2～3	3～4	4～5	6～8	8～10
≥80，连续还田 3 年以上	0	0～2	2～4	4～5	5～6
≥80，没有或还田 3 年以下	0～2	2～3	3～5	4～6	6～8

④ 微量元素推荐用量。河南省夏玉米各省产区建议每亩底施硫酸锌 1～2 千克。

（2）山东省夏玉米测土施肥配方　山东省夏玉米土壤养分分级指标及基于目标产量和土壤肥力的氮、磷、钾肥推荐施肥量见表 3-47、表 3-48。

表 3-47　山东省夏玉米土壤养分状况

土壤肥力	有机质 （克/千克）	碱解氮 （毫克/千克）	速效磷 （毫克/千克）	速效钾 （毫克/千克）
高产田	12～14	100～120	20～30	120～150
中高产田	11～13	80～100	18～25	100～130
中产田	8～11	70～90	15～20	90～110
低产田	8～10	50～70	10～15	80～100

表 3-48　山东省夏玉米推荐施肥量（千克/亩）

土壤肥力	目标产量	N	P_2O_5	K_2O
高产田	>600	16	3～6	6～8
中高产田	500～600	14～16	2～4	6～8
中产田	400～500	12～14	0～2.5	5～6
低产田	<400	10～12	0	0～5

（3）河北省夏玉米测土施肥配方　河北省夏玉米基于目标产量和土壤速效养分的氮、磷、钾肥推荐施肥量如表 3-49。

表 3 - 49　河北省夏玉米推荐施肥量

土壤有机质含量（％）		>2	1.5～2	1～1.5	<1
目标产量（千克/亩）		650	600	550	500
土壤速效氮（毫克/千克）		>80	70～80	60～70	<60
亩施纯 N（千克）	目标产量 650 千克	17	—	—	—
	目标产量 600 千克	15	17.5	20.5	—
	目标产量 550 千克	12.5	15	18	21
	目标产量 500 千克	—	—	15.5	18
土壤速效磷（毫克/千克）		>20	15～20	10～15	<10
亩施 P_2O_5（千克）	目标产量 650 千克	1.5	—	—	—
	目标产量 600 千克	1	2.5	4.7	—
	目标产量 550 千克	0	1.8	4	6
	目标产量 500 千克	—	—	3.2	5
土壤速效钾（毫克/千克）		>120	100～120	80～100	<80
亩施 K_2O（千克）	目标产量 650 千克	2	—	—	—
	目标产量 600 千克	0	3.5	7	—
	目标产量 550 千克	0	1.6	5	8
	目标产量 500 千克	—	—	3	7

（4）山西省夏玉米测土施肥配方　山西省夏玉米基于目标产量和土壤速效养分的氮、磷、钾肥推荐施肥量如表 3 - 50。

表 3 - 50　山西省夏玉米推荐施肥量

配方区	配方亚区	土壤养分状况			产量（千克/亩）		化肥用量（千克/亩）					
		有机质（％）	速效磷（毫克/千克）	速效钾（毫克/千克）	前3年平均产量	目标产量	N			P_2O_5		K_2O
							基肥	种肥	追肥	基肥	种肥	基肥
晋中区	平川水地高产	>0.9	7.0左右	>150	500左右	500～600	7～8.5		4～5	5～7		6～10
	平川水地中产	0.7～0.9	5.0左右	<150	300～450	400～500	6～7		3～4.5	5～7		3～6
	丘陵旱塬	0.6～0.8	3～7	150左右	300左右	350～450	8～9			4～5	1	

（续）

配方区	配方亚区	土壤养分状况			产量（千克/亩）		化肥用量（千克/亩）					
		有机质（%）	速效磷（毫克/千克）	速效钾（毫克/千克）	前3年平均产量	目标产量	N			P₂O₅		K₂O
							基肥	种肥	追肥	基肥	种肥	基肥
晋东南区	平川水地高产	>1.7	8~20	>200	400	450~500	7~9		4~5	6~7.5		3~5
	平川水地中产	1.3~1.7	6~15	150~200	300	350~450	6~8		3~5	5~7		3
	旱塬梯田	1.3~2.0	4~13	<150	200	250~350	7~9			4~6		
晋南区	平川水地	>1.0	5~10	>120	400~500	450~600		1	10~14		2	4~10
		1.0左右	3~5	<120	200~350	350~400		1	7~8.5		2	4~8
	旱塬	1.0左右	5.0左右	120左右	200~250	250~350		1	5~7		2	

（5）**湖北省夏玉米测土施肥配方**　湖北省夏玉米土壤养分状况及在施用有机肥2 000～3 000千克基础上，推荐施肥量见表3-51、表3-52。

（6）**陕西省夏玉米测土施肥配方**　陕西省夏玉米土壤养分状况及在施用有机肥2 000～3 000千克基础上，推荐施肥量见表3-53、表3-54。

表3-51　湖北省夏玉米土壤养分状况

土壤肥力	有机质（%）	碱解氮（毫克/千克）	速效磷（毫克/千克）	速效钾（毫克/千克）
高产田	>3.0	>110	>22	>105
中高产田	2.0~3.0	60~110	15~22	70~105
中产田	0.5~2.0	40~60	5~15	18~70
低产田	<0.5	<40	<5	<18

表3-52　湖北省夏玉米推荐施肥量（千克/亩）

土壤肥力	目标产量	N	P_2O_5	K_2O
高产田	>600	17	2～4	3～8
中高产田	500～600	15～17	3～6	5～8
中产田	400～500	12～13	3～6	3～7
低产田	<400	12	1.8～3.5	3～5

表3-53　陕西省夏玉米土壤养分状况

土壤肥力	有机质（％）	碱解氮（毫克/千克）	速效磷（毫克/千克）	速效钾（毫克/千克）
高产田	1.2～1.3	65～85	24～30	125～140
中产田	0.98～1.10	48～65	17～19	115～125
低产田	0.80～0.87	40～50	14～17	100～115

表3-54　陕西省夏玉米推荐施肥量（千克/亩）

土壤肥力	目标产量	N	P_2O_5	K_2O
高产田	>600	17	2～4	3～8
中高产田	500～600	15～17	3～6	5～8
中产田	400～500	10～13	3～6	3～7
低产田	<400	12	1.8～3.5	3～5

（7）重庆市、四川省夏玉米测土施肥配方

① 重庆市、四川省夏玉米氮素推荐用量。重庆市、四川省夏玉米基于目标产量和土壤肥力的氮肥用量如表3-55。

表3-55　玉米氮肥推荐用量（千克/亩）

土壤肥力		目标产量		
基础地力产量	土壤有机质（克/千克）	400～500	500～600	>600
<100	<10	12～14	15～17	17～19
100～150	10～20	10～12	13～15	15～17
150～200	20～30	9～11	11～13	13～15
200～250	30～40	8～10	9～11	11～13
>250	>40	6～8	8～10	9～11

② 重庆市、四川省夏玉米磷素推荐用量。重庆市、四川省夏玉米基于目标产量和土壤速效磷的磷肥用量如表3-56。

表3-56　夏玉米磷肥推荐用量（千克/亩）

速效磷	产量水平（千克/亩）		
（毫克/千克）	400～500	500～600	＞600
＜7	6～7	7～8	8～10
7～12	5～6	6～7	6～8
12～22	4～5	5～6	4～6
22～30	3～4	3～5	2～4
＞30	0	0	0

③ 重庆市、四川省夏玉米钾素推荐用量。基于土壤交换性钾含量的钾肥用量如表3-57。

表3-57　夏玉米钾肥推荐用量

肥力等级	土壤交换性钾（毫克/千克）	钾肥用量（千克/亩）	
		除钙质紫色土以外的其他土壤	钙质紫色土
极低	＜50	7～9	4～6
低	50～80	5～7	3～5
中	80～100	3～5	2～3
高	100～120	2～3	0
极高	＞120	0	0

④ 微量元素推荐用量。该地区微量元素丰缺指标及推荐用量见表3-58。

表3-58　微量元素丰缺指标及推荐用量

元素	提取方法	临界指标（毫克/千克）	基施用量（千克/亩）
锌	DTPA	0.5	硫酸锌1～2
硼	沸水	0.5	硼砂0.5～0.75

（8）云南省夏玉米测土施肥配方

① 云南省夏玉米氮素实时实地监控技术。基肥推荐用量如表3-59、追肥推荐用量如表3-60。

表 3 - 59　云南省夏玉米氮肥基肥推荐用量

0～30厘米土壤硝态氮含量（毫克/千克）	玉米目标产量（千克/亩）		
	400～500	500～600	>600
30	5～6	6～8	7～9
45	4～5	5～7	6～8
60	3～4	4～6	5～7
75	2～3	3～5	4～6
90	—	2～4	3～5

表 3 - 60　云南省夏玉米氮肥追肥（大喇叭口期）推荐用量（千克/亩）

0～30厘米土壤硝态氮含量（毫克/千克）	玉米目标产量（千克/亩）		
	400～500	500～600	>600
30	8～10	9～11	10～12
45	7～9	8～10	9～10
60	6～8	7～8	8～9
75	5～6	6～7	7～8
90	4～5	5～6	6～7
105	3～5	4～5	5～6
120	2～4	4～4	4～5

②云南省夏玉米磷肥推荐用量。基于目标产量和土壤速效磷含量的夏玉米磷肥推荐用量如表 3 - 61。

表 3 - 61　土壤磷素分级及夏玉米磷肥（P_2O_5）推荐用量

产量水平（千克/亩）	肥力等级	Olsen - P（毫克/千克）	磷肥用量（千克/亩）
400～500	极低	<7	4～5
	低	7～14	3～4
	中	14～30	2～3
	高	30～40	1～2
	极高	>40	0
500～600	极低	<7	5～6
	低	7～14	4～5
	中	14～30	3～4
	高	30～40	2～3
	极高	>40	0

（续）

产量水平（千克/亩）	肥力等级	Olsen-P（毫克/千克）	磷肥用量（千克/亩）
	极低	<7	6～7
	低	7～14	5～6
>600	中	14～30	4～5
	高	30～40	3～4
	极高	>40	0

③ 云南省夏玉米钾肥推荐用量。基于土壤交换性钾含量的夏玉米钾肥推荐用量如表 3-62。

表 3-62　土壤交换性钾含量的夏玉米钾肥（K_2O）推荐用量

肥力等级	土壤交换性钾含量（毫克/千克）	肥用量（千克/亩）
极低	<50	8～10
低	50～90	6～8
中	90～120	4～6
高	120～150	2～4
极高	>150	0

④ 云南省夏玉米微量元素推荐用量。该地区微量元素丰缺指标及推荐用量见表 3-63。

表 3-63　微量元素丰缺指标及推荐用量

元素	提取方法	临界指标（毫克/千克）	基施用量（千克/亩）
锌	DTPA	0.5	硫酸锌 1～2
硼	沸水	0.5	硼砂 0.5～0.75

2. 春玉米测土施肥配方　春玉米在我国主要种植在东北地区（黑龙江、辽宁、吉林、内蒙古）、华北地区（河北、陕西等）、西北地区（甘肃、宁夏、新疆等）。

（1）东北春玉米测土施肥配方　氮肥采用总量控制，分期实施、实地精确监控技术；磷、钾采用恒量监控技术；中微量元素做到因缺补缺。

① 东北春玉米氮素实时实地监控技术。根据大量试验总结，东北春玉米氮肥总量控制在 9～15 千克/亩，并依据产量目标进行总量调控，其中 30%～40% 的氮肥在播前翻耕入土，60%～70% 的氮肥追施。详细技术规程和指标体

系如表 3－64。基肥推荐方案见表 3－65、追肥推荐方案见表 3－66。

表 3－64　东北春玉米氮肥总量控制、分期调控指标（千克/亩）

目标产量	氮肥总量（N）	基肥用量（N）	追肥用量（N）
＜500	9～11	3～4	6～7
500～650	11～13	4～5	7～8
＞650	13～15	5～6	8～9

表 3－65　东北春玉米氮肥基肥推荐用量

0～30厘米土壤 硝态氮含量（毫克/千克）	玉米目标产量（千克/亩）		
	＜500	500～650	＞650
15	4	5	6
22	3.5	4.5	5.5
30	3	4	5
37	2.5	3.5	4.5
45	2	3	4
60	1.5	2.5	3

表3－66　东北春玉米氮肥追肥（大喇叭口期）推荐用量

0～90厘米土壤 硝态氮含量（毫克千克）	玉米目标产量（千克/亩）		
	＜500	500～650	＞650
75	8	9	10
90	7.5	8.5	9.5
105	7	8	9
120	6.5	7.5	8.5
135	6	7	8
150	5.5	6.5	7.5

②东北春玉米磷素恒量监控技术。基于目标产量和土壤速效磷的磷肥用量如表 3－67。

表 3-67　东北春玉米磷肥（P_2O_5）推荐用量

划分等级	相对产量（%）	Olsen-P（毫克/千克）	目标产量	磷肥用量（千克/亩）
低	<75	<10	<500	4.5～5.5
			500～650	5.5～6.5
			>650	6.5～7.5
中	75～90	10～25	<500	3～4
			500～650	3.5～4.5
			>650	4.5～5.5
高	90～95	25～40	<500	2～3
			500～650	3～4
			>650	4～5
极高	>95	>40	<500	1～2
			500～650	1.5～2.5
			>650	2～3

③ 东北春玉米钾素恒量监控技术。基于目标产量和土壤交换钾的钾肥用量如表 3-68。

表 3-68　东北春玉米钾肥（K_2O）推荐用量

划分等级	相对产量（%）	土壤交换钾（毫克/千克）	目标产量	磷肥用量（千克/亩）
低	<75	<60	<500	3.5～4.5
			500～650	4～5
			>650	4.5～5.5
中	75～90	60～120	<500	2.5～3
			500～650	3～4
			>650	3.5～4.5
高	90～95	120～160	<500	0
			500～650	1.5～2.5
			>650	2～4
极高	>95	>160	<500	0
			500～650	1
			>650	2

④ 东北春玉米微量元素推荐用量。该地区微量元素丰缺指标及推荐用量见表 3-69。

表 3-69　微量元素丰缺指标及推荐用量

元素	提取方法	临界指标（毫克/千克）	基施用量（千克/亩）
锌	DTPA	0.6	硫酸锌 1～2
硼	沸水	0.5	硼砂 0.5～1

（2）西北地区春玉米测土施肥配方　西北地区春玉米全生育期推荐施肥量见表 3-70。

表 3-70　西北地区春玉米推荐施肥量

肥力等级	推荐施肥量（千克/亩）		
	N	P_2O_5	K_2O
低产田	16～18	5～6	9～10
中产田	15～17	4～5	8～9
高产田	14～16	3～4	7～8

三、不同类型玉米常规施肥模式

1. 夏玉米施肥模式

（1）肥料运筹　以有机肥为主，重施氮肥、适施磷肥、增施钾肥、配施微肥；采用有机肥与磷、钾、微肥混合作基肥，氮肥以追施为主；追肥应前重后轻。针对夏玉米抢茬复播的特点，要抓好前茬小麦基肥的施用，特别是有机肥和磷肥的施用；要注意播种时氮肥、磷肥的施用；及时追促苗肥，大喇叭口重追氮肥；注意锌、硼微肥的施用。

结合整地灭茬一次施入玉米专用肥，有机肥、磷、钾肥、锌肥全部和氮肥总量的 40% 作基肥。氮肥总量的 50% 在大喇叭口期追施，氮肥总量的 10% 在抽雄期追施。

（2）施肥方法　夏玉米施肥应掌握追肥为主，基肥并重，种肥为辅；基肥前施，磷钾肥早施，追肥分期施等原则。

① 施足基肥。夏玉米的基肥比较特殊，一般在前茬作物基肥中适当增施。施肥配方中磷、钾肥全作基肥；氮肥 60% 作基肥。对于保水保肥性能差的土壤以作追肥为主。基肥要均匀撒于地表，随耕翻入 20 厘米深的土壤中。

② 巧施种肥。播种时，从施肥配方中拿出纯 N1～1.5 千克、P_2O_5 3 千克、K_2O 1～1.5 千克作种肥，条施或穴施。严禁与种子接触，为培养壮苗打基础。

③ 用好追肥。追肥分为苗肥、拔节肥、攻穗肥三种。

一是抓紧追促苗肥：夏玉米定苗后，抓紧第一次追促苗肥，一般可在距苗 10 厘米处开沟或挖穴深施（10 厘米以下）重施（尿素 10 千克或配方专用肥 30 千克）。

二是重施拔节肥：玉米拔节时（7 叶展开），在距苗 10 厘米处开沟或挖穴深施（10 厘米以下）、重施（约占追肥总量的 60％左右，未施基肥、种肥、促苗肥者应占追肥总量的 80％左右）。

三是补施攻穗肥：玉米大喇叭口期（10～11 叶展开时）每亩穴施尿素 5～10 千克，施后要及时覆土。

④ 活用根外追肥。常在缺素症状出现时或根系功能出现衰退时采用此方法。用 1％的尿素溶液或 0.08％～0.1％的磷酸二氢钾溶液，于晴天下午 4 时进行叶面喷洒。

⑤ 配施微肥。微量元素缺乏的田块，每亩锌、硼、锰基肥用量为 0.5 千克、0.5 千克、1.2 千克。施用时掺入适量细土，均匀撒于地表，犁入土中。作种肥时，可用 0.01％～0.05％的溶液浸种 12～24 小时，晾干后即可播种。也可用 0.1％～0.2％的溶液作根外追肥，喷施两次，时间间隔 15 天左右。

2. 春玉米施肥模式

（1）施肥原则 春玉米施肥，以基肥为主，追肥为辅；农家肥为主，化肥为辅；氮肥为主，磷肥为辅；穗肥为主，粒肥为辅。有机肥、全部磷钾肥和 1/3 氮肥作基肥施入。采用基肥、种肥、追肥相结合的方法，做到深松施肥、种肥隔离和分次施肥。

（2）施肥方法 氮肥、钾肥分基肥和两次追肥，磷肥全部作基肥，化肥和农家肥（或商品有机肥）混合施用。

① 基肥。每亩施农家肥 1 500～2 000 千克或商品有机肥 250～300 千克、尿素 5～6 千克、磷酸二铵 9～11 千克、氯化钾 5 千克，缺锌土壤可施 1～2 千克硫酸锌。基肥应在整地打垄时施入或采用具有分层施肥功能的播种机在播种时深施，结合整地施有机肥。施肥深度应在种子下面 8～10 厘米。氮肥的 20％，磷肥与钾肥的 80％及有机肥、长效碳酸氢铵等其他肥料可全部作基肥深施。增施有机肥或农家肥，弥补磷、钾肥施用量的不足。

② 种肥。种肥施肥深度应在种子下方 3～5 厘米，氮肥的 5％、磷肥与钾肥的 20％作种肥施用。

③ 追肥。追肥应在喇叭口期追施，施肥深度应达到 8～10 厘米，并覆好土，施肥量约为全部速效性氮肥用量的 75%。每亩小喇叭口期追肥施尿素 14～15 千克、氯化钾 7～8 千克。大喇叭口期追肥施尿素 8～9 千克，氯化钾 4～5 千克。

④ 根外追肥。根据植株生长发育状况，适时进行叶面喷肥。如种肥中磷肥用量少，可后期喷施磷酸二氢钾，用 300 克磷酸二氢钾加 100 千克水，充分溶解后喷施，还可起到抗旱作用。缺锌地块可用 0.1%～0.2% 硫酸锌加少量石灰液后喷施。

四、无公害玉米营养套餐肥料组合

1. **基肥**　根据测土施肥配方，以氮肥、磷肥、钾肥为基础，添加腐殖酸、硅肥、有机型螯合微量元素、增效剂、调理剂等，生产含锌、锰、硼、铁等腐殖酸氨基酸型玉米专用肥，作为基肥施用。

综合各地玉米配方肥配制资料，建议氮、磷、钾总养分量为 35%，氮、磷、钾比例为 1∶0.44∶1.36。基础肥料选用及用量（1 吨产品）如下：硫酸铵 100 千克、尿素 204 千克、磷酸一铵 73 千克、过磷酸钙 100 千克、钙镁磷肥 10 千克、氯化钾 283 千克、氨基酸螯合锌锰硼铁 15 千克、硝基腐殖酸 100 千克、氨基酸 50 千克、生物制剂 23 千克、增效剂 12 千克、调理剂 30 千克。

也可选用腐殖酸涂层长效肥（15-5-10）、腐殖酸高效缓释复混肥（24-16-5）、有机无机复混肥、生物有机肥＋包裹型尿素＋硫酸钾等肥料组合。

2. **生育期追肥**　追肥可采用腐殖酸包裹尿素、增效尿素、缓释磷酸二铵等。

3. **根外追肥**　可根据玉米生育情况，酌情选用含腐殖酸水溶肥、含氨基酸水溶肥、含海藻酸水溶肥、微量元素水溶肥、大量元素水溶肥、螯合态高活性叶面肥、生物活性钾肥等。

五、无公害玉米营养套餐施肥技术规程

1. **夏玉米营养套餐施肥技术规程**　本规程各种肥料用量以高产、优质、无公害、环境友好为目标，选用有机无机复合肥料、长效缓释肥料、有机活性水溶肥料进行施用，各地在具体应用时，可根据当地夏玉米测土配方推荐用量进行调整。

（1）**基肥**　夏玉米基肥可根据当地夏玉米测土配方施肥情况及肥源情况，

选择以下不同组合。

① 每亩可施生物有机肥 150～200 千克或无害化处理过优质有机肥 1 500～2 000 千克、复合专用腐殖酸氨基酸型玉米专用肥 50～60 千克、包裹型尿素或增效尿素 20～30 千克，作基肥深施。

② 每亩可施生物有机肥 150～200 千克或无害化处理过优质有机肥 1 500～2 000 千克、腐殖酸涂层长效肥（15 - 5 - 10）50～60 千克、增效尿素 20～25 千克，作基肥深施。

③ 每亩可施生物有机肥 150～200 千克或无害化处理过优质有机肥 1 500～2 000 千克、腐殖酸高效缓释复混肥（24 - 16 - 5）40～50 千克、增效尿素 10～15 千克、硫酸钾 7.5～10 千克，作基肥深施。

④ 每亩可用生物有机肥 150 千克、包裹型尿素 20～30 千克、缓释型磷酸二铵 15～20 千克、硫酸钾 12～15 千克，作基肥深施。

（2）种肥 缓释型磷酸二铵 5 千克、腐殖酸涂层长效肥（15 - 5 - 10）15 千克穴施于种子 10 厘米处。

（3）生育期追肥 可根据夏玉米生育期生长情况，追肥分为苗肥、拔节肥、攻穗肥 3 种。

① 抓紧追促苗肥。夏玉米定苗后，抓紧第一次追促苗肥，一般可在距苗 10 厘米处开沟或挖穴深施（10 厘米以下）重施腐殖酸高效缓释复混肥（24 - 16 - 5）20 千克、增效尿素 10 千克。

② 重施拔节肥。玉米拔节时（7 叶展开），在距苗 10 厘米处开沟或挖穴深施（10 厘米以下）、重施增效尿素 20 千克，未施基肥、种肥、促苗肥者应重施增效尿素 30 千克。

③ 补施攻穗肥。玉米大喇叭口期（10～11 叶展开时）每亩穴施增效尿素 10 千克，施后要及时覆土。

（4）根外追肥 主要是在苗期、大喇叭口期进行叶面追肥。

① 夏玉米苗高 0.5 厘米。叶面喷施螯合态高活性叶面肥、含腐殖酸水溶肥、含氨基酸水溶肥等其中 1～2 种，稀释浓度 500～1 000 倍，喷液量 50 千克。

② 夏玉米苗高 10 厘米。叶面喷施氨基酸螯合态含锌硼锰叶面肥或微量元素水溶肥等，稀释浓度 500～1 000 倍，喷液量 50 千克。

③ 夏玉米大喇叭口期。酌情选择大量元素水溶肥、螯合态高活性叶面肥、生物活性钾肥等其中 1～2 种稀释 500～1 000 倍进行叶面喷施。

2. 春玉米营养套餐施肥技术规程 本规程各种肥料用量以高产、优质、无公害、环境友好为目标，选用有机无机复合肥料、长效缓释肥料、有机活性水溶肥料进行施用，各地在具体应用时，可根据当地春玉米测土配方推荐用量进行调整。

（1）**基肥**　春玉米基肥可根据当地春玉米测土配方施肥情况及肥源情况，选择以下不同组合。

① 每亩可施生物有机肥150～200千克或无害化处理过优质有机肥1 500～2 000千克、复合专用腐殖酸氨基酸型玉米专用肥60～70千克、包裹型尿素或增效尿素25～30千克，作基肥深施。

② 每亩可施生物有机肥150～200千克或无害化处理过优质有机肥1 500～2 000千克、腐殖酸高效缓释复混肥（24 - 16 - 5）50～50千克、增效尿素15～20千克。

③ 每亩可施生物有机肥150～200千克或无害化处理过优质有机肥1 500～2 000千克、腐殖酸涂层长效肥（15 - 5 - 10）50～60千克、增效尿素20～30千克，作基肥深施。

④ 每亩可用生物有机肥150千克、包裹型尿素20～30千克、缓释型磷酸二铵20千克、硫酸钾12～15千克，作基肥深施。

（2）**种肥**　缓释型磷酸二铵5千克、腐殖酸涂层长效肥（15 - 5 - 10）15千克穴施于种子10厘米处。

（3）**生育期追肥**　可根据春玉米生育期生长情况，追肥分为小喇叭口肥和大喇叭口肥。

① 重施小喇叭口肥。春玉米小喇叭口期，一般可在距苗10厘米处开沟或挖穴深施（10厘米以下）重施腐殖酸高效缓释复混肥（24 - 16 - 5）30千克、增效尿素15千克。

② 补施大喇叭口肥。春玉米大喇叭口期，在距苗10厘米处开沟或挖穴深施（10厘米以下）、重施增效尿素10千克。

（4）**根外追肥**　主要是在苗期、大喇叭口期进行叶面追肥。

① 夏玉米苗高0.5厘米。叶面喷施螯合态高活性叶面肥、含腐殖酸水溶肥、含氨基酸水溶肥等其中一至两种，稀释浓度500～1 000倍，喷液量50千克。

② 夏玉米大喇叭口期。叶面喷施生物活性钾肥，稀释500～1 000倍，喷液量50千克。

第四节　高粱测土配方与营养套餐施肥技术

高粱是禾本科高粱属一年生作物，是一种耐瘠薄、耐盐碱的作物，对土壤的适应范围很广。在我国栽培较广，以东北各地为最多。按性状及用途可分为食用高粱、糖用高粱、帚用高粱等类。糖用高粱的秆可制糖浆或生食；帚用高粱的穗可制笤帚或炊帚；嫩叶阴干青贮，或晒干后可作饲料；颖果能入药，能燥湿祛痰，宁心安神。

一、高粱的营养需求特点

高粱对肥料的反应敏感，而且吸肥力强，每生产 100 千克高粱籽粒需吸收氮 2.6 千克、磷 1.36 千克、钾 3.06 千克，其比例为 1∶0.52∶1.18。高粱的需肥从幼苗出土到成熟可分为三个时期：一是生育前期，从幼苗出土至拔节；二是生育中期，从拔节至穗形成；三是生育后期，从开花授粉到籽粒形成。不同时期有不同的生育特点，对肥料吸收需求也不同。

1. **高粱生育前期**　苗期生长缓慢，根吸收养分较少，但对养分的缺乏较敏感。据试验，生育前期对氮、磷、钾的吸收量占全生育期的 12%～20%。苗期养分充足，特别是氮、磷，有利于根系的生长，增多根系数量，增强抗旱性。尤其是分蘖品种，加强氮素营养，可促进分蘖，是提高产量的关键。因此，定植后应根据苗期生长情况，适时追肥。

2. **高粱生育中期**　为整个生育阶段中最旺盛的阶段，植株生长迅速，茎叶繁茂，对营养的需要量急剧增高。这一阶段是穗大粒多的关键时期。据试验：生育中期对肥料三要素的吸收量，占总吸收量的 63%～86%。此期，充足的氮素供应，可以促使穗形成更多的小穗及在小穗上形成更多的小花；磷素对花粉和子房发育以及提高粒重具有重要作用；钾素可促进碳水化合物的形成和转运，并使茎秆坚韧，增强抗倒伏能力，有利于高产。

3. **高粱的生育后期**　主要是如何能够实现籽粒大而饱满的要求。这个时期的营养特点，除了继续从外界吸收、同化营养物质外，还依靠营养器官中已经积累的物质转化。据试验：开花灌浆阶段，吸肥量占全生育期的 2%～22%。在籽粒形成期，适当的氮素供给，可以籽粒中蛋白质的形成。磷、钾对籽粒灌浆有良好的作用，主要是促进营养物质的转移，以供籽粒形成时所需的大量养分。

二、高粱测土施肥配方

根据各地高粱生产情况，依据土壤肥力状况，高粱全生育期推荐施肥量见表 3-71。

表 3-71 高粱推荐施肥量

肥力等级	推荐施肥量（千克/亩）		
	纯 N	P_2O_5	K_2O
低产田	16～18	5～6	9～10
中产田	14～16	4～5	8～9
高产田	12～14	3～4	7～8

三、高粱常规施肥模式

1. 施肥原则 高粱施肥，以基肥为主，追肥为辅；农家肥为主，化肥为辅；有机肥、全部磷钾肥和部分氮肥作基肥施入。一般高粱的全生育期每亩施肥量为商品有机肥 100～200 千克、氮肥（N）14～16 千克、磷肥（P_2O_5）4～5 千克、钾肥（K_2O）8～9 千克。基肥推荐方案见表3-72、追肥推荐方案见表3-73。

表 3-72 高粱基肥推荐方案（千克/亩）

肥力水平		低产田	中产田	高产田
有机肥 （二选一）	商品有机肥	150～200	100～150	100～150
	农家肥	1 500～2 000	1 000～1 500	1 000～1 500
氮肥 （三选一）	尿素	13～15	12～14	11～12
	硫酸铵	29～32	26～29	23～26
	碳酸氢铵	34～37	30～34	27～30
磷肥	磷酸二铵	11～13	9～11	7～9
钾肥 （二选一）	硫酸钾	9～10	8～9	7～8
	氯化钾	8～9	7～8	6～7

表 3-73 高粱追肥推荐方案（千克/亩）

追肥时期	低产田		中产田		高产田	
	尿素	硫酸钾	尿素	硫酸钾	尿素	硫酸钾
拔节期	17～20	9～10	15～18	8～9	13～16	7～8

2. 施肥方法 全生育期主要由基肥、生育期追肥和生育后期根外追肥组成。

（1）**基肥**　施足基肥能改善土壤供肥性能，使高粱在整个生育期中可以源源不断地从土壤中摄取所需的养分。基肥以有机肥（最好为商品有机肥）为主，配合施用磷肥、尿素或复合肥，通常占总施肥量的 60% 左右。一般每亩需施入商品有机肥 250～300 千克、尿素 12～14 千克、磷酸二铵 9～11 千克、硫酸钾 7～11 千克。采取穴施或撒施，于移栽前施入。

（2）**生育期追肥**　全生育期需追肥 1～2 次，即提苗肥和拔节孕穗肥。

① 提苗肥。定植成活后，根据幼苗生长状况，用淡粪水兑少量尿素追肥。一般亩用 1 000 千克人畜粪，5～10 千克尿素。如基肥充足，生长良好，此期也可不追肥。

② 拔节孕穗肥。追肥主要时期为拔节期和挑旗期，但生产上一般只追一次肥，以拔节期重施效果更好，通常在 10 叶期后每亩追施尿素 13～20 千克、硫酸钾 7～11 千克。如生育期长或后期易脱肥的地块，可分两次施用，应掌握前重后轻的原则，即拔节肥占 2/3，剩下的 1/3 在挑旗期追施。

（3）**生育后期根外追肥**　后期如果氮肥不足，可叶面喷施 1%～1.5% 尿素溶液；如果磷、钾肥不足，可叶面喷施 0.2%～0.3% 磷酸二氢钾溶液；如果发生缺乏微量元素缺素症状，可叶面喷施微量元素水溶肥，连续喷施 2～3 次。

四、无公害高粱营养套餐肥料组合

1. **基肥**　根据测土施肥配方，以氮肥、磷肥、钾肥为基础，添加腐殖酸、硅肥、有机型螯合微量元素、增效剂、调理剂等，生产含锌、锰、硼等腐殖酸型高粱专用肥，作为基肥施用。

综合各地高粱配方肥配制资料，建议氮、磷、钾总养分量为 35%，氮、磷、钾比例为 1∶0.48∶1.11。基础肥料选用及用量（1 吨产品）如下：硫酸铵 100 千克、尿素 212 千克、磷酸二铵 85 千克、过磷酸钙 150 千克、钙镁磷肥 15 千克、氯化钾 250 千克、氨基酸螯合锌锰硼 15 千克、硝基腐殖酸 106 千克、生物制剂 25 千克、增效剂 12 千克、调理剂 30 千克。

也可选用含促生菌腐殖酸性复混肥（20 - 0 - 10）、腐殖酸涂层长效肥（24 - 16 - 5）、腐殖酸高效缓释复混肥（15 - 5 - 20）、有机无机复混肥、生物有机肥＋包裹型尿素＋硫酸钾等肥料组合。

2. **生育期追肥**　追肥可采用含促生菌腐殖酸性复混肥（20 - 0 - 10）、腐殖酸高效缓释复混肥（15 - 5 - 20）、腐殖酸包裹尿素、增效尿素、硫酸钾等。

3. **根外追肥**　可根据高粱生育情况，酌情选用含腐殖酸水溶肥、含氨基酸水溶肥、含海藻酸水溶肥、螯合态高活性叶面肥、生物活性钾肥等。

五、无公害高粱营养套餐施肥技术规程

本规程各种肥料用量以高产、优质、无公害、环境友好为目标，选用有机无机复合肥料、长效缓释肥料、有机活性水溶肥料进行施用，各地在具体应用时，可根据当地高粱测土配方推荐用量进行调整。

1. **基肥**　高粱基肥可根据当地高粱测土配方施肥情况及肥源情况，选择以下不同组合。

（1）每亩可用商品生态有机肥 100～150 千克或无害化处理过优质有机肥 1 000～1 500 千克、复合专用腐殖酸型高粱专用肥 50 千克、包裹型尿素或增效尿素 15～20 千克，作基肥深施。

（2）每亩可用商品生态有机肥 100～150 千克或无害化处理过优质有机肥 1 000～1 500 千克、含促生菌腐殖酸性复混肥（20-0-10）40～45 千克、长效磷酸二铵 10～15 千克，作基肥深施。

（3）每亩可用商品生态有机肥 100～150 千克或无害化处理过优质有机肥 1 000～1 500 千克、腐殖酸高效缓释复混肥（15-5-20）50 千克、增效尿素 10～15 千克，作基肥深施。

（4）每亩可用商品生态有机肥 100～150 千克或无害化处理过优质有机肥 1 000～1 500 千克、包裹型尿素 20～30 千克、缓释型磷酸二铵 20 千克、硫酸钾 10 千克，作基肥深施。

2. **生育期追肥**　可根据高粱生育期生长情况，追肥分为提苗肥和拔节孕穗肥。

（**1**）**及时追提苗肥**　高粱定苗后，抓紧追提苗肥，一般可在距苗 10 厘米处开沟或挖穴深施（10 厘米以下）重施高粱腐殖酸专用肥 20 千克、增效尿素 5～10 千克。

（**2**）**重施拔节肥**　高粱拔节时（10 叶展开），在距苗 10 厘米处开沟或挖穴深施（10 厘米以下）、重施增效尿素 20～25 千克、硫酸钾 7～11 千克。

3. **根外追肥**　主要是在高粱苗期、拔节前后及生育后期进行叶面追肥。

（**1**）**高粱苗期**　叶面喷施螯合态高活性叶面肥、含腐殖酸水溶肥、含氨基酸水溶肥等其中 1～2 种，稀释浓度 500～1 000 倍，喷液量 50 千克。

（**2**）**高粱拔节前后**　叶面喷施生物活性钾肥、氨基酸螯合态含锌硼锰叶面肥或微量元素水溶肥等，稀释浓度 500～1 000 倍，喷液量 50 千克。

（**3**）**高粱生育后期**　酌情选择大量元素水溶肥、螯合态高活性叶面肥、微

量元素水溶肥等其中 1～2 种稀释 500～1 000 倍进行叶面喷施。

第五节　谷子测土配方与营养套餐施肥技术

谷子是禾本科狗尾草属的一年生草本植物。广泛栽培于欧亚大陆的温带和热带，中国黄河中上游为主要栽培区，其他地区也有少量栽种。属于耐旱稳产作物，谷子耐寒、耐旱、怕涝，宜选择地势较高、排水方便、土层深厚、质地松软的肥沃壤土或沙壤土，不宜在低洼和不易排除积水地块种植。谷子不宜连作，宜生荒地或轮作种植，小麦、玉米、薯类等荏口均可，但以豆荏和薯类荏口最好。

一、谷子的营养需求特点

研究表明，每生产 100 千克谷子籽粒需要氮 2.5～3.0 千克、磷 1.2～1.4 千克、钾 2.0～3.8 千克。不同产量水平，谷子吸收的氮磷钾数量也不相同（表 3 - 74）。

表 3 - 74　不同产量水平下谷子吸收氮、磷、钾的数量（千克/亩）

产量水平	养分吸收量		
	N	P_2O_5	K_2O
200	7.7	2	7.3
300	11.4	3	10.5
400	15.6	3.5	14.7

谷子在苗期阶段植株生长缓慢，吸收能力弱，吸收养分数量少，吸氮量占谷子吸氮总量的 4%～6%，吸钾量占谷子吸钾总量的 5%左右；拔节到抽穗期的 20 多天内，谷子吸收养分数量显著增多，达到生育期第一个吸肥高峰，吸收的氮占整个生育期需氮量的 50%～70%，吸磷量占整个生育期需磷量的 50%，吸钾量整个生育期需氮量的 60%；抽穗后，营养体生长速度下降，植株体内养分重新调整，养分吸收量暂时减少；开花后，养分吸收量又增加，以充实籽粒灌浆期，全生育期吸收的氮、磷、钾各占整个生育期吸收总量的 20%左右。灌浆时营养生长停止，吸肥力减弱。

二、谷子测土施肥配方

1. **北方春谷子测土施肥配方**　北方春谷子多于 4 月下旬到 5 月上旬播种，

9月下旬到10月上旬收获。

（1）基于目标产量和土壤有机质含量的氮肥用量确定

① 谷子氮肥基肥用量的确定。基于目标产量和土壤有机质含量的春谷子氮肥基肥推荐用量如表3－75。

表3－75　春播谷子氮肥基肥推荐用量

土壤有机质	谷子目标产量（千克/亩）		
（克/千克）	200	300	400
＜6	8	9	10
6～10	6	7	9
10～15	5	7	7
15～20	4	6	7
＞20	—	3	4

② 谷子氮肥追肥用量的确定。基于目标产量和土壤有机质含量的春谷子氮肥追肥推荐用量如表3－76。

表3－76　春播谷子氮肥追肥推荐用量

土壤有机质	谷子目标产量（千克/亩）		
（克/千克）	200	300	400
＜6	—	4	6
6～10	—	3	4
10～15	—	—	3
15～20	—	—	—
＞20	—	—	—

（2）春播谷子磷肥恒量监控技术　基于目标产量和土壤速效磷含量的春谷子磷肥推荐用量如表3－77。

表3－77　土壤磷素分级及谷子磷肥（P_2O_5）推荐用量

产量水平（千克/亩）	肥力等级	Olsen－P（毫克/千克）	磷肥用量（千克/亩）
	极低	＜5	6
	低	5～10	4
200	中	10～20	2
	高	20～40	0
	极高	＞40	0

（续）

产量水平（千克/亩）	肥力等级	Olsen - P（毫克/千克）	磷肥用量（千克/亩）
	极低	<5	7.5
	低	5~10	5.3
300	中	10~20	3.3
	高	20~40	0
	极高	>40	0
	极低	<5	8
	低	5~10	6
400	中	10~20	4
	高	20~40	2
	极高	>40	0

（3）春播谷子钾肥恒量监控技术（表 6 - 78） 基于土壤交换性钾含量的春谷子钾肥推荐用量如表 3 - 78。

表 3 - 78　土壤交换性钾含量的春谷子钾肥（K_2O）推荐用量

肥力等级	土壤交换性钾含量（毫克/千克）	肥用量（千克/亩）
极低	<50	6
低	50~100	4
中	100~150	2
高	150~200	0
极高	>200	0

（4）北方春谷子微量元素推荐用量 北方春谷子微量元素丰缺指标及推荐用量见表 3 - 79。

表 3 - 79　北方春谷子微量元素丰缺指标及推荐用量

元素	提取方法	临界指标（毫克/千克）	基施用量（千克/亩）
硼	沸水	0.5	硼砂 0.2~0.3

2. 北方夏谷子测土施肥配方 北方夏谷子多于 5 月下旬到 6 月上旬播种，10 月上中旬收获。根据各地谷子生产情况，依据土壤肥力状况，谷子全生育期推荐施肥量见表 3 - 80。

表 3 - 80　谷子推荐施肥量

肥力等级	推荐施肥量（千克/亩）		
	N	P$_2$O$_5$	K$_2$O
低产田	6～9	4～6	0
中产田	9～12	5～7	0～4
高产田	11～15	6～8	4～6

三、谷子常规施肥模式

1. **施肥原则**　以基肥为主，追肥为辅；农家肥为主，化肥为辅；有机肥、全部磷钾肥和部分氮肥作基肥施入。一般谷子梁的全生育期每亩施肥量为商品有机肥 250～300 千克、氮肥（N）12～14 千克、磷肥（P$_2$O$_5$）4～5 千克、钾肥（K$_2$O）6～7 千克。

2. **施肥方法**　全生育期主要由基肥、种肥、生育期追肥和生育后期根外追肥组成。

（1）**施足基肥**　施足基肥是谷子高产的基础。为避免犁地前失墒，多采用秋施或早春施，以保证谷子全苗。一般每亩施有机肥 3 000 千克或商品有机肥 300 千克，并应配施专用肥 30～50 千克。在施肥方法上，浅施不如深施，撒施不如沟施。

（2）**补施种肥**　播种时每亩施氮肥 0.5～1 千克、硫酸钾 2.5 千克为宜。

（3）**分期追肥**　可分为苗肥、拔节、穗肥、粒肥等。苗期追肥可以促进壮苗的形成，但氮肥不宜多用。拔节肥一般用量较大，目的是促壮秆和小穗分化，搭好丰产架子，保证大穗饱粒形成。穗粒肥是在基肥和拔节肥施用不足，群体可能出现后期脱肥时施用。瘠薄地块和高寒地区适宜追氮期可提前。

（4）**根外追肥**　可在谷子开花后灌浆期进行根外追肥，喷施 1%～1.5% 尿素溶液、0.2%～0.3% 磷酸二氢钾溶液；如果发生缺乏微量元素缺素症状，可叶面喷施含硼微量元素水溶肥，连续喷施 2～3 次。

四、无公害谷子营养套餐肥料组合

1. **基肥**　根据测土施肥配方，以氮肥、磷肥、钾肥为基础，添加腐殖酸、硅肥、有机型螯合微量元素、增效剂、调理剂等，生产含锌、锰、硼等腐殖酸型谷子专用肥，作为基肥施用。

综合各地谷子配方肥配制资料，建议氮、磷、钾总养分量为 35%，氮、磷、钾比例为 1∶0.43∶1.07。基础肥料选用及用量（1 吨产品）如下：硫酸铵 100 千克、尿素 233 千克、磷酸一铵 81 千克、过磷酸钙 150 千克、钙镁磷肥 15 千克、氯化钾 250 千克、氨基酸螯合锌锰硼 20 千克、硝基腐殖酸 89 千克、生物制剂 25 千克、增效剂 12 千克、调理剂 25 千克。

也可选用含促生菌腐殖酸性复混肥（20-0-10）、腐殖酸高效缓释复混肥（15-5-20）、有机无机复混肥、生物有机肥＋包裹型尿素＋硫酸钾等肥料组合。

2. 生育期追肥　追肥可腐殖酸高效缓释复混肥（15-5-20）、腐殖酸包裹尿素、增效尿素、硫酸钾等。

3. 根外追肥　可根据谷子生育情况，酌情选用含腐殖酸水溶肥、含氨基酸水溶肥、含海藻酸水溶肥、螯合态高活性叶面肥、生物活性钾肥等。

五、无公害谷子营养套餐施肥技术规程

本规程各种肥料用量以高产、优质、无公害、环境友好为目标，选用有机无机复合肥料、长效缓释肥料、有机活性水溶肥料进行施用，各地在具体应用时，可根据当地谷子测土配方推荐用量进行调整。

1. 基肥　谷子基肥可根据当地谷子测土配方施肥情况及肥源情况，选择以下不同组合。

（1）每亩可用商品生态有机肥 100～150 千克或无害化处理过优质有机肥 1 000～1 500 千克、复合专用腐殖酸型谷子专用肥 40～50 千克，作基肥深施。

（2）每亩可用生态有机肥 100～150 千克或无害化处理过优质有机肥 1 000～1 500 千克、含促生菌腐殖酸性复混肥（20-0-10）40 千克、长效磷酸二铵 10～15 千克，作基肥深施。

（3）每亩可用商品生态有机肥 100～150 千克或无害化处理过优质有机肥 2 500～3 000 千克、腐殖酸高效缓释复混肥（15-5-20）40 千克、增效尿素 10～15 千克，作基肥深施。

（4）每亩可用生物有机肥 250～300 千克、包裹型尿素 20～30 千克、缓释型磷酸二铵 20 千克、硫酸钾 10 千克，作基肥深施。

2. 生育期追肥　可根据谷子生育期生长情况，追肥分为提苗肥、拔节肥、穗肥、粒肥。

（1）苗肥　如果基肥施用不足，可进行苗期追肥，一般可追复合专用腐殖酸型谷子专用肥 10 千克、增效尿素 5 千克。

（**2**）**重施拔节肥**　谷子拔节时（10 叶展开），在距苗 10 厘米处开沟或挖穴深施（10 厘米以下）、重施增效尿素 20～25 千克、硫酸钾 5～8 千克。

（**3**）**穗肥、粒肥**　一般是在基肥和拔节肥施用不足时，后期出现脱肥时施用。施增效尿素 8～10 千克。

3. **根外追肥**　主要是在谷子苗期、拔节前后及生育后期进行叶面追肥。

（**1**）**谷子苗期**　叶面喷施螯合态高活性叶面肥、含腐殖酸水溶肥、含氨基酸水溶肥等其中 1～2 种，稀释浓度 500～1 000 倍，喷液量 50 千克。

（**2**）**谷子拔节前后**　叶面喷施生物活性钾肥、氨基酸螯合态含锌硼锰叶面肥或微量元素水溶肥等，稀释浓度 500～1 000 倍，喷液量 50 千克。

（**3**）**谷子生育后期**　酌情选择大量元素水溶肥、螯合态高活性叶面肥、微量元素水溶肥等其中 1～2 种稀释 500～1 000 倍进行叶面喷施。

第四章
豆类作物测土配方与营养套餐施肥技术

豆类作物是指豆科中的一类栽培作物。豆类作物种类很多，主要有大豆、蚕豆、豌豆、绿豆、赤豆、菜豆、豇豆、刀豆、扁豆等。豆类作物的种子含有大量的淀粉、蛋白质和脂肪，是营养丰富的食料。其中大豆、绿豆、赤豆等作为粮食作物，其他常作为蔬菜进行种植。

第一节　大豆测土配方与营养套餐施肥技术

根据耕作栽培制度、自然条件，我国大豆产区可划分为 5 个栽培区：北方一年一熟春大豆区、黄淮流域夏大豆区、长江流域大豆区、长江以南秋大豆区和南方大豆两熟。我国大豆主要生长在北方地区，以东北大豆和黄淮大豆为主要产区。

一、大豆的营养需求特点

1. 东北大豆营养需求特点　东北大豆生长发育分为苗期、分枝期、开花期、结荚期、鼓粒期和成熟期。大豆是需肥较多的作物，一般认为，每生产 100 千克大豆，需吸收氮（N）5.3~7.2 千克、磷（P_2O_5）1~1.8 千克、钾（K_2O）1.3~4.0 千克。大豆生长所需的氮素并不完全需要根系从土壤中吸收，而仅需吸收 1/3 的氮素，其余 2/3 则由根瘤菌来满足大豆生长发育的需要。

出苗和分枝期吸氮量占全生育期吸氮总量的 15%，分枝至盛花期占 16.4%，盛花至结荚期占 28.3%，鼓粒期占 24%，开花至鼓粒期是大豆吸氮的高峰期。苗期至初花期吸磷量占全生育期吸磷总量的 17%，初花至鼓豆期占 70%，鼓粒至成熟期占 13%，大豆生长中期对磷的需要最多。开花前累计吸钾量占 43%，开花至鼓粒期占 39.5%，鼓粒至成熟期仍需吸收 17.2% 的钾。由上可见，开花至鼓粒期既是大豆干物质累积的高峰期，又是吸收氮、磷、钾养分的高峰期。

2. 黄淮大豆营养需求特点　黄淮大豆生长发育分为苗期、分枝期、开花期、结荚期、鼓粒期和成熟期。每生产 100 千克大豆，需吸收氮（N）6.5～8.52 千克、磷（P_2O_5）1.8～2.8 千克、钾（K_2O）2.7～3.7 千克、钙（CaO）3.5～4.8 千克、镁（Mg）1.8～2.9 千克、锌（Zn）4.5～9.5 克。对主要营养元素的吸收积累高峰在花荚期，氮、磷、钾的 60%～70%在此期吸收；总氮源的 40%～60%来源于共生固氮，而共生固氮又受土壤氮、磷、钾、钙、镁、锌等及土壤 pH 影响；大豆成熟阶段营养器官的养分向籽粒转移率高，氮、磷、钾分别达 58%～77%、60%～75%、45%～75%。

在苗期，大豆根瘤菌着生的数量少而小，植株尚不能或很少利用根瘤共生固氮供给的氮素，主要从土壤中吸收，因此苗期对氮肥需要特别敏感，适量的氮肥有利于促进根瘤菌的发育。

大豆是需磷较多的作物，随着大豆产量的提高，吸磷量几乎成比例增加。出苗期至初花期吸磷量仅为总量的 15%，开花结荚期吸收量占 60%，结荚至鼓粒期吸收 20%，在鼓粒后期则很少吸收磷素。

在大豆生育期间，对钾的吸收主要在幼苗期至开花结荚期，约在出苗后第八至九周植株对钾的吸收达到高峰。大豆结荚期和成熟期钾的吸收速度降低，主要是茎叶中的钾向荚粒中转移。

二、大豆测土施肥配方

1. 东北春大豆测土施肥配方 东北地区大豆采用土壤、植株测试推荐施肥方法，在综合考虑有机肥、作物秸秆应用和管理措施基础上，氮素推荐根据土壤供氮状况和作物需氮量，进行实时动态监测和精确调控；磷、钾通过土壤测试和养分平衡进行监控；中、微量元素采用因缺补缺的矫正施肥策略。

（1）东北春大豆基于目标产量和土壤有机质含量的氮肥用量确定 基于目标产量和土壤有机质含量的春大豆氮肥推荐用量如表 4-1。

表 4-1 春播大豆子氮肥推荐用量

土壤有机质（克/千克）	大豆目标产量（千克/亩）		
	150	200	250
<25	6	7	8
25～40	7	8	9
40～60	8	9	10
>60	9	10	11

（2）东北春大豆磷肥恒量监控技术　基于目标产量和土壤速效磷含量的春大豆磷肥推荐用量如表 4-2。

表 4-2　土壤磷素分级及春大豆磷肥（P_2O_5）推荐用量

产量水平（千克/亩）	肥力等级	Olsen-P（毫克/千克）	磷肥用量（千克/亩）
150	极低	<10	6
	低	10～20	5
	中	20～35	4
	高	35～45	3
	极高	>45	2
200	极低	<10	7
	低	10～20	6
	中	20～35	5
	高	35～45	4
	极高	>45	3
250	极低	<10	8
	低	10～20	7
	中	20～35	6
	高	35～45	5
	极高	>45	4

（3）东北春大豆钾肥恒量监控技术　基于土壤有效钾含量的春大豆钾肥推荐用量如表 4-3。

表 4-3　土壤交换性钾含量的春大豆钾肥（K_2O）推荐用量

产量水平（千克/亩）	肥力等级	有效钾（毫克/千克）	钾肥用量（千克/亩）
150	极低	<70	7
	低	70～100	6
	中	100～150	5
	高	150～200	4
	极高	>200	3

（续）

产量水平（千克/亩）	肥力等级	有效钾（毫克/千克）	钾肥用量（千克/亩）
200	极低	<70	8
	低	70～100	7
	中	100～150	6
	高	150～200	5
	极高	>200	4
250	极低	<70	9
	低	70～100	8
	中	100～150	7
	高	150～200	6
	极高	>200	5

（4）东北春大豆中微量元素推荐用量 东北春大豆中微量元素丰缺指标及推荐用量见表 4-4。

表 4-4 东北春大豆中微量元素丰缺指标及推荐用量

元素	提取方法	临界指标（毫克/千克）	基施用量（千克/亩）
镁	醋酸铵	50	镁（Mg）15～25
锌	DTPA	0.5	硫酸锌 1～2
硼	沸水	0.5	硼砂 0.5～0.75
钼	草酸-草酸铵	0.1	钼酸铵 0.03～0.06

2. 黄淮夏大豆测土施肥配方 夏播大豆在生产上一直存在忽视施肥，管理粗放等问题，致使大豆产量较低。如河南省根据测土结果，提出以下施肥配方，如表 4-5。

表 4-5 夏播大豆测土施肥配方

土壤养分（毫克/千克）			施肥量（千克/亩）		
碱解氮	速效磷	速效钾	N	P_2O_5	K_2O
<40	<5	<80	5～6	10	8
40～65	5～18	80～120	3～5	6～10	4～8
>65	>18	>120	2～3	6	4

三、大豆常规施肥模式

1. 春播大豆施肥模式

（1）施肥原则 大豆采用有机—无机肥料配合体系，以磷、氮、钾、钙和钙营养元素为主，以基肥为基础，基肥中以有机肥为主，适当配施氮、磷、钾肥。

（2）施肥方法

① 基肥。一般每亩施腐熟有机肥 1 000～2 000 千克或商品有机肥 200～300 千克和专用配方肥 40～60 千克。在轮作地上可在前茬粮食作物上施用有机肥料，而大豆则利用其后效。在低肥力土壤上种植大豆可以加过磷酸钙、氯化钾各 10 千克作基肥，对大豆增产有好处。

② 种肥。每亩施用磷酸二铵 3～5 千克、硫酸钾 3 千克加适量生物磷、钾肥，或每亩施用三元素复合肥（或大豆专用肥）加生物肥。最好与 15～20 千克优质腐熟的有机肥配合施用效果最好。

③ 微肥、菌肥拌种。如果用根瘤菌肥料拌种，可与硼、钼等微肥同时拌种，用量为，每千克种子用 4 克根瘤菌肥料和 2 克微量元素肥料拌种。

④ 追肥。在大豆幼苗期、初花期酌情施用少量氮肥，氮肥用量一般以每亩施尿素 7.5～10 千克为宜。

⑤ 根外追肥。花期喷 0.2％～0.3％磷酸二氢钾水溶液或每亩用 2～4 千克过磷酸钙加水 100 升根外喷施，可增加籽粒含氮率，有明显增产作用；另据资料，花期喷施 0.1％硼砂、硫酸铜、硫酸锰水溶液可促进籽粒饱满，增加大豆含油量。

2. 夏播大豆施肥模式

（1）施肥原则 夏播大豆采用有机—无机肥料配合，以磷、氮、钾、钙和钙营养元素为主，以基肥为基础，基肥中以有机肥为主，适当配施氮、磷、钾。

（2）施肥方法

① 多施有机肥。麦茬直播夏大豆由于播种时间紧，来不及整地施基肥，应强调前茬小麦田多施有机肥，培肥地力。据研究，前茬肥力基础好，有机肥施用足，大豆增产效果明显。

② 巧施氮肥。大豆施用的氮肥并不太多，关键是要突出一个"巧"字。一般地块每亩可施尿素 5 千克或碳酸氢铵 15 千克作基肥；高肥田可少施或不施氮肥，薄地用少量氮肥作种肥效果更好，有利于大豆壮苗和花芽分化。但种

肥用量要少，而且要做到肥种隔离，以免烧种。一般地块种肥每亩施尿素 3～5 千克，同时配施 10～15 千克过磷酸钙为宜，或每亩亩施尿素 2～3 千克加磷酸二铵 3 千克增产更明显。大豆开花前或初花期追施氮素化肥，每亩追施尿素 10～15 千克，也有良好的增产作用。追肥可于中耕前撒施，随后立即中耕。肥地此肥可不施。

③ 增施磷肥。大豆需磷较多，磷肥宜作基肥或种肥早施。一般每亩可施过磷酸钙 15～20 千克或磷酸二铵 8～10 千克。如果前茬小麦施足了磷肥，土壤中不缺磷，种大豆时可不再施磷肥。

④ 根外补肥。每亩可用磷酸二铵 1 千克或尿素 0.5～1 千克或过磷酸钙 1.5～2 千克，或磷酸二氢钾 0.2～0.3 千克加硼砂 100 克，兑水 50～60 千克于晴天傍晚喷施（其中如用过磷酸钙要先预浸 24～28 小时后过滤再喷），喷施部位以叶片背面为好。从结荚开始每隔 7～10 天喷 1 次，连喷 2～3 次。此外，结合根外喷肥，在肥液中加入适当品种和适量的植物生长调节剂，增产效果会更好。

四、无公害大豆营养套餐肥料组合

1. **基肥**　根据测土施肥配方，以氮肥、磷肥、钾肥为基础，添加腐殖酸、氨基酸、硅肥、有机型螯合微量元素、增效剂、调理剂等，生产含钼、锌、硼等腐殖酸氨基酸型大豆专用肥，作为基肥施用。

（1）**春播大豆**　综合各地大豆配方肥配制资料，建议氮、磷、钾总养分量为 35%，氮、磷、钾比例为 1∶1.5∶1。基础肥料选用及用量（1 吨产品）如下：硫酸铵 100 千克、尿素 107 千克、磷酸一铵 252 千克、过磷酸钙 120 千克、钙镁磷肥 12 千克、氯化钾 167 千克、氨基酸螯合钼锌硼及稀土 25 千克、硝基腐殖酸 100 千克、氨基酸 45 千克、生物制剂 30 千克、增效剂 12 千克、调理剂 30 千克。

（2）**北方夏播大豆**　综合各地大豆配方肥配制资料，建议氮、磷、钾总养分量为 25%，氮、磷、钾比例为 1∶2∶0.57。基础肥料选用及用量（1 吨产品）如下：硫酸铵 100 千克、尿素 47 千克、磷酸一铵 222 千克、过磷酸钙 150 千克、钙镁磷肥 15 千克、氯化钾 70 千克、硫酸镁 82 千克、氨基酸螯合钼锌硼及稀土 17 千克、硝基腐殖酸 150 千克、氨基酸 55 千克、生物制剂 40 千克、增效剂 12 千克、调理剂 40 千克。

（3）**南方酸性土壤夏播大豆**　综合各地大豆配方肥配制资料，建议氮、磷、钾总养分量为 30%，氮、磷、钾比例为 1∶0.31∶1。基础肥料选用及用量（1吨产品）如下：硫酸铵100千克、尿素224千克、磷酸一铵30千克、过磷酸钙100千克、钙镁磷肥50千克、氯化钾217千克、氨基酸螯合钼锌硼铁及稀土25千克、硝基腐殖酸142千克、氨基酸40千克、生物制剂30千克、增效剂12千克、调理剂30千克。

也可选用含促生菌腐殖酸型复混肥（20-0-10）、腐殖酸高效缓释复混肥（15-5-20）、腐殖酸涂层长效肥（18-5-12）、腐殖酸高效缓释复混肥（18-8-4）、长效缓释复合肥（24-16-5）、生物有机肥＋包裹型尿素＋硫酸钾等肥料组合。

2. 生育期追肥　追肥可采用长效缓释复合肥（24-16-5）、腐殖酸高效缓释复混肥（18-8-4）、腐殖酸包裹尿素、增效尿素、缓释磷酸二铵等。

3. 根外追肥　可根据大豆生育情况，酌情选用含腐殖酸水溶肥、含氨基酸水溶肥、含海藻酸水溶肥、螯合态高活性叶面肥、含硼微量元素水溶肥、生物活性钾肥等。

五、无公害大豆营养套餐施肥技术规程

1. **春播大豆营养套餐施肥技术规程**　本规程各种肥料用量以高产、优质、无公害、环境友好为目标，选用有机无机复合肥料、长效缓释肥料、有机活性水溶肥料进行施用，各地在具体应用时，可根据当地春播大豆测土配方推荐用量进行调整。

（1）**基肥**　春播大豆基肥可根据当地大豆测土配方施肥情况及肥源情况，选择以下不同组合。

① 每亩可用商品生态有机肥150～200千克或无害化处理过优质有机肥1 500～2 000千克、春播大豆复合专用腐殖酸氨基酸型专用肥40～50千克，作基肥深施。

② 每亩可用商品生态有机肥150～200千克或无害化处理过优质有机肥1 500～2 000千克、腐殖酸高效缓释复混肥40～50千克、缓释磷酸二铵5～10千克，作基肥深施。

③ 每亩可用商品生态有机肥150～200千克或无害化处理过优质有机肥1 500～2 000千克、含促生菌腐殖酸型复混肥40～50千克、缓释磷酸二铵10～15千克，作基肥深施。

④ 每亩可用商品生态有机肥150～200千克或无害化处理过优质有机肥1 500～2 000千克、腐殖酸涂层长效肥40千克、缓释磷酸二铵10～15千克，作基肥深施。

⑤ 每亩可用商品生态有机肥 150～200 千克或无害化处理过优质有机肥 1 500～2 000 千克、长效缓释复合肥 30～40 千克，作基肥深施。

⑥每亩可用生物有机肥 150～200 千克、包裹型尿素 20～30 千克、缓释型磷酸二铵 20 千克、硫酸钾 10 千克，作基肥深施。

（2）**种肥**　每亩施用缓释型磷酸二铵 5 千克、春播大豆复合专用腐殖酸型谷子专用肥 10 千克、15～20 千克商品生态有机肥有机肥配合施用效果最好。

（3）**生育期追肥**　可根据大豆生育期生长情况，追肥分为幼苗肥和初花肥。

① 幼苗肥。如果基肥施用不足，可进行苗期追肥，一般可追复合专用腐殖酸型春播大豆专用肥 10 千克、增效尿素 5 千克。

② 重施初花肥。春播大豆在初花期在距苗 10 厘米处开沟或挖穴深施（10 厘米以下）、重施增效尿素 10～14 千克、硫酸钾 5～8 千克。

（4）**根外追肥**　主要是在大豆苗期、花期至鼓粒期进行叶面追肥。

① 苗期 3 片真叶。叶面喷施螯合态高活性叶面肥、含腐殖酸水溶肥、含氨基酸水溶肥等其中一种和含硼微量元素水溶肥 2 次，稀释浓度 500～1 000 倍，喷液量 50 千克，间隔 15 天。

② 花期至鼓粒期。叶面喷施 0.2％～0.3％磷酸二氢钾水溶液、0.1％氨基酸螯合硼铜锰水溶肥、500 倍生物活性钾肥 2 次，间隔 15 天。

2. **夏播大豆营养套餐施肥技术规程**　本规程各种肥料用量以高产、优质、无公害、环境友好为目标，选用有机无机复合肥料、长效缓释肥料、有机活性水溶肥料进行施用，各地在具体应用时，可根据当地夏播大豆测土配方推荐用量进行调整。

（1）**基肥**　夏播大豆基肥可根据当地大豆测土配方施肥情况及肥源情况，选择以下不同组合。

① 每亩可用商品生态有机肥 100～150 千克或无害化处理过优质有机肥 1 000～1 500 千克、春播大豆复合专用腐殖酸氨基酸型专用肥 40～50 千克，作基肥深施。

② 每亩可用商品生态有机肥 100～150 千克或无害化处理过优质有机肥 1 000～1 500 千克、腐殖酸高效缓释复混肥 35～40 千克、缓释磷酸二铵 5～10 千克，作基肥深施。

③ 每亩可用商品生态有机肥 100～150 千克或无害化处理过优质有机肥 1 000～1 500 千克、含促生菌腐殖酸型复混肥 35～40 千克、缓释磷酸二铵 10～15 千克，作基肥深施。

④ 每亩可用商品生态有机肥 100～150 千克或无害化处理过优质有机肥

1 000～1 500 千克、腐殖酸涂层长效肥 35～40 千克、缓释磷酸二铵 10～15 千克，作基肥深施。

⑤ 每亩可用商品生态有机肥 100～150 千克或无害化处理过优质有机肥 1 000～1 500 千克、长效缓释复合肥 30～35 千克，作基肥深施。

⑥ 每亩可用生物有机肥 100～150 千克、包裹型尿素 20～25 千克、缓释型磷酸二铵 15～20 千克、硫酸钾 10～15 千克，作基肥深施。

（2）生育期追肥　可根据大豆生育期生长情况，追肥分为幼苗肥和初花肥。

① 幼苗肥。如果基肥施用不足，可进行苗期追肥，一般可追复合专用腐殖酸型春播大豆专用肥 30 千克、增效尿素 5 千克、缓释磷酸二铵 15～20 千克。

② 重施初花肥。春播大豆在初花期在距苗 10 厘米处开沟或挖穴深施（10 厘米以下）、重施增效尿素 10～15 千克、硫酸钾 5～8 千克。

（3）根外追肥　主要是在大豆苗期、花期至鼓粒期进行叶面追肥。

① 苗期 3 片真叶。叶面喷施螯合态高活性叶面肥、含腐殖酸水溶肥、含氨基酸水溶肥等其中一种和含硼微量元素水溶肥 2 次，稀释浓度 500～1 000 倍，喷液量 50 千克，间隔 15 天。

② 花期至鼓粒期叶面喷施 0.2%～0.3% 磷酸二氢钾水溶液、0.1% 氨基酸螯合硼铜锰水溶肥、500 倍生物活性钾肥 2 次，间隔 15 天。

第二节　绿豆测土配方与营养套餐施肥技术

绿豆原产我国，已有 2 000 多年栽培历史，主要集中在黄淮流域及华北平原，以河南、山东、山西、河北、安徽、陕西、湖北、辽宁等省种植较多。

一、绿豆的营养需求特点

绿豆是豆科作物，具有根瘤，能进行共生固氮。绿豆多种植在瘠薄、旱地，限制了产量的提高。据研究资料表明，每生产 100 千克绿豆籽粒，约吸收纯 N 9.68 千克、P_2O_5 0.93 千克、K_2O 3.51 千克，并吸收一定量的钙、镁、硫、铁、铜、钼等元素。其中除部分氮靠根瘤菌供给外，其余元素需从土壤中吸收。

绿豆各生育时期对氮、磷、钾养分的吸收特点是：氮前、后期较少，中期最多；磷前期少、后期中，中期多；钾是前期中、后期少，中期最多。绿豆从开花至鼓粒，对氮、磷、钾三要素的要求量最大。在栽培管理上要抓住开花前这一关键施肥时期。

绿豆的根着生根瘤菌，可固定空气中氮素供给绿豆。幼苗长出第一片叶时，根瘤开始形成，还不能固氮，与绿豆是寄生关系。开花后，根瘤菌与绿豆形成共生关系，到开花盛期，根瘤菌固氮能力最强，是供给绿豆植株氮素营养最多时期。在根瘤菌发育良好的情况下，一般每亩可固定氮素 7.5 千克，相当于每亩产绿豆 78 千克的需氮量。当土壤氮素含量太高时，可抑制根瘤菌内固氮酶的活性，这就是绿豆施过多的氮肥反而减产的原因。根据绿豆的生育特点，可在绿豆开花前增施磷、钾肥及适当的氮肥，以促进根瘤的生长发育，保证绿豆幼苗健壮的生长，绿豆开花以后，宜少施或不施氮肥。

绿豆对钼肥比较敏感，通过种子拌钼肥或叶面喷施有一定的增产效果。

二、绿豆测土施肥配方

根据各地绿豆生产情况，依据土壤肥力状况，绿豆全生育期推荐施肥量见表 4 - 6。

表 4 - 6 绿豆推荐施肥量

肥力等级	推荐施肥量（千克/亩）		
	N	P_2O_5	K_2O
低产田	9～10	4～5	5～6
中产田	8～9	3～4	4～5
高产田	7～8	3～4	4～5

三、绿豆常规施肥模式

1. **施肥原则** 绿豆采用有机—无机肥料配合，以磷、氮、钾、钙和钙营养元素为主，以基肥为基础，基肥中以有机肥为主，适当配施氮、磷、钾。基肥推荐方案见表 4 - 7、追肥推荐方案见表 4 - 8。

表 4 - 7 绿豆基肥推荐方案（千克/亩）

肥力水平		低产田	中产田	高产田
有机肥	商品有机肥	150～200	100～150	100～150
（二选一）	农家肥	1 500～2 000	1 000～1 500	1 000～1 500

（续）

肥力水平		低产田	中产田	高产田
氮肥	尿素	8～9	7～8	6～7
（二选一）	碳酸氢铵	18～20	17～19	15～16
磷肥	磷酸二铵	9～10	8～9	8～9
钾肥	硫酸钾	10～12	8～10	8～10
（二选一）	氯化钾	8～10	6～8	6～8

表 4-8　绿豆追肥推荐方案（千克/亩）

追肥时期	低产田	中产田	高产田
	尿素	尿素	尿素
苗期	7～8	5～6	5～6
初花期	8～10	9～10	8～9

2. 施肥方法

（1）**基肥**　一般亩用农家肥 1 000～2 500 千克、绿豆专用肥 30～35 千克或磷酸二铵 20～25 千克加灰渣肥 1 000 千克或草木灰 25 千克取代专用肥，施肥后立即进行耕翻，将肥料施入土壤耕作层。

（2）**盖种肥**　每亩用优质生物有机肥 100 千克粉碎后和沙壤土 300 千克盖种的效果最好。

（3）**追肥**　追肥要适时适量，宜于苗期和花期在行间开沟施入，每亩分别施尿素 5～10 千克或复合肥 8～15 千克。

（4）**根外追肥**　绿豆对硼、钼、锌等微量元素敏感，可在开花结荚期叶面喷肥有明显效果，可喷硼砂、钼酸铵、硫酸锌 0.1％～0.3％溶液。

四、无公害绿豆营养套餐肥料组合

1. **基肥**　根据测土施肥配方，以氮肥、磷肥、钾肥为基础，添加腐殖酸、氨基酸、硅肥、有机型螯合微量元素、增效剂、调理剂等，生产含钼、锌、硼等腐殖酸氨基酸型绿豆专用肥，作为基肥施用。

综合各地绿豆配方肥配制资料，建议氮、磷、钾总养分量为 35％，氮、磷、钾比例为 1：0.46：0.54。基础肥料选用及用量（1 吨产品）如下：硫酸铵 100 千克、尿素 301 千克、磷酸一铵 122 千克、过磷酸钙 100 千克、钙镁磷肥 10 千克、氯化钾 158 千克、氨基酸螯合钼锌硼 15 千克、硝基腐殖酸 94 千克、氨基酸 40 千克、生物制剂 20 千克、增效剂 10 千克、调理剂 30 千克。

也可选用含促生菌腐殖酸型复混肥（20-0-10）、腐殖酸高效缓释复混肥（15-5-20）、腐殖酸涂层长效肥（18-5-12）、腐殖酸高效缓释复混肥（18-8-4）、长效缓释复合肥（24-16-5）等肥料组合。

2. **生育期追肥**　追肥可采用腐殖酸高效缓释复混肥、腐殖酸包裹尿素、增效尿素、缓释磷酸二铵等。

3. **根外追肥**　可根据绿豆生育情况，酌情选用含腐殖酸水溶肥、含氨基酸水溶肥、含海藻酸水溶肥、螯合态高活性叶面肥、含硼钼微量元素水溶肥、生物活性钾肥等。

五、无公害绿豆营养套餐施肥技术规程

本规程各种肥料用量以高产、优质、无公害、环境友好为目标，选用有机无机复合肥料、长效缓释肥料、有机活性水溶肥料进行施用，各地在具体应用时，可根据当地绿豆测土配方推荐用量进行调整。

1. **基肥**　基肥可根据当地绿豆测土配方施肥情况及肥源情况，选择以下不同组合。

（1）每亩可用商品生态有机肥 100 千克或无害化处理过优质有机肥 1 000～1 500 千克、复合专用腐殖酸型绿豆专用肥 40～50 千克，作基肥深施。

（2）每亩可用商品生态有机肥 100 千克或无害化处理过优质有机肥 1 000～1 500 千克、腐殖酸高效缓释复混肥 40～45 千克、缓释磷酸二铵 5～10 千克，作基肥深施。

（3）每亩可用商品生态有机肥 100 千克或无害化处理过优质有机肥 1 000～1 500 千克、含促生菌腐殖酸型复混肥 40～45 千克、缓释磷酸二铵 10～15 千克，作基肥深施。

（4）每亩可用商品生态有机肥 100 千克或无害化处理过优质有机肥 1 000～1 500 千克、腐殖酸涂层长效肥 40～50 千克、缓释磷酸二铵 10～15 千克，作基肥深施。

（5）每亩可用商品生态有机肥 100 千克或无害化处理过优质有机肥 1 000～1 500 千克、长效缓释复合肥 30～35 千克，作基肥深施。

（6）每亩可用生物有机肥 100～150 千克、包裹型尿素 15～20 千克、缓释型磷酸二铵 15～20 千克、硫酸钾 10～15 千克，作基肥深施。

2. **种肥**　根据种植情况选用以下不同组合。

（1）**盖种肥**　每亩用商品优质生物有机肥100千克粉碎后和沙壤土300千克盖种的效果最好。

（2）**夏播绿豆如果抢墒播种，未施基肥**　每亩可用复合专用腐殖酸型绿豆专用肥10～15千克、缓释磷酸二铵5～10千克作种肥，沟施于种子10厘米附近。

3. **生育期追肥**　可根据绿豆生育期种植及生长情况，采取合适追肥方法。

（1）**夏播绿豆如果抢墒播种，或地力较差的山冈薄地，未施基肥和种肥**可在绿豆第一片复叶展开后，结合中耕，可进行苗期追肥，一般可追复合专用腐殖酸型绿豆专用肥30千克、增效尿素5千克、缓释磷酸二铵10～15千克。

（2）**施初花肥**　绿豆在初花期在距苗10厘米处开沟或挖穴深施（10厘米以下）腐殖酸高效缓释复混肥15～20千克、增效尿素10～15千克。

4. **根外追肥**　主要是在绿豆苗期、花期、采荚期进行叶面追肥。

（1）**苗期**　叶面喷施螯合态高活性叶面肥、含腐殖酸水溶肥、含氨基酸水溶肥等其中一种或两种，稀释浓度500～1 000倍，喷液量50千克。

（2）**花期**　叶面喷施0.2％～0.3％氨基酸螯合钼、硼、锌水溶肥2次，间隔15天。

（3）**每次采荚前两天**　喷施500倍生物活性钾肥1次稀释浓度500倍，喷液量50千克。

第三节　红豆测土配方与营养套餐施肥技术

红豆，又名小豆、赤豆、赤小豆、红小豆，是我国栽培历史悠久的小杂豆之一。红豆的适应性很强，对土壤要求不严格，生育期也比较短，可以平作，也可作为填闲补种，或利用田埂地边、斜坡隙地种植，或作为轮作换茬作物。

一、红豆的营养需求特点

红豆幼苗期需要的氮素由子叶提供，子叶蛋白质耗尽后，吸收土壤中氮素，第一片复叶长出，根瘤固氮能力尚弱，氮素主要靠土壤供给。幼苗期是红豆氮素的临界期，但绝对需要量不大。分枝期需氮量较多，因控制营养生长，一般不需要施用氮肥。进入开花结荚期，是红豆营养生长与生殖生长的并行期，氮素营养消耗很快，消耗量很大，是需氮的高峰期，也是决定产量的关键时期。

据赵婷婷等研究资料表明，每生产100千克红豆籽粒需要从土壤中吸收氮

5.27 千克、磷 0.73 千克、钾 2.40 千克。全生育期红豆植株氮量最高，含钾量次之，含磷量最低；氮、磷、钾的积累强度曲线为单峰曲线，始花到花后20 天为养分积累高峰期，花后 20 天左右积累强度达到最大。相对积累强度曲线为双峰曲线，第一个高峰为苗期至分枝期，是氮、磷、钾营养临界期；第二高峰为始花期至花后 20 天，是氮、磷、钾营养的最大效率期。整个生育期间，叶片与花荚中氮的积累量最多，钾次之，磷最少；叶柄与茎秆中钾的积累量最多，氮次之，磷最少。

二、红豆测土施肥配方

根据各地红豆生产情况，依据土壤肥力状况，红豆全生育期推荐施肥量见表 4 - 9。

表 4 - 9　红豆推荐施肥量

肥力等级	推荐施肥量（千克/亩）		
	N	P_2O_5	K_2O
低产田	8~9	4~5	5~7
中产田	7~8	3	4~6
高产田	7~8	3	4~5

三、红豆常规施肥模式

1. **施肥原则**　红豆采用有机—无机肥料配合，以基肥施足，苗肥轻追，花荚重追原则，提倡施用钼肥和生物肥料。基肥推荐方案见表 4 - 10、追肥推荐方案见表 4 - 11。

表 4 - 10　红豆基肥推荐方案（千克/亩）

肥力水平		低产田	中产田	高产田
有机肥 （二选一）	商品有机肥	150~200	100~150	100~150
	农家肥	1 500~2 000	1 000~1 500	1 000~1 500
氮肥 （二选一）	尿素	7~8	6~7	6~7
	碳酸氢铵	16~18	15~17	15~17
磷肥	磷酸二铵	9~10	8	8

（续）

肥力水平		低产田	中产田	高产田
钾肥	硫酸钾	11～13	9～11	9～10
（二选一）	氯化钾	8～10	6～8	6～7

表 4-11　红豆追肥推荐方案（千克/亩）

追肥时期	低产田	中产田	高产田
	磷酸二铵	磷酸二铵	磷酸二铵
苗期	9～10	8～9	8～9
初花期	13～15	11～12	10～11

2. 施肥方法

（1）**基肥**　一般农家肥（如堆肥、厩肥、猪粪、羊粪及土杂肥等）都可用来作基肥，优质农家肥 1 吨/亩左右，质量稍差的土杂肥应适当多施一些。但夏播小豆因播种时间较紧，基肥主要用在前茬上，没有农家肥的应施红豆专用复合肥 12.5 千克/亩作为基肥，采用播种—施肥机同时进行作业（注意不得采用化肥拌种）。

（2）**追肥**　红豆的追肥重点掌握在开花初期（8 月初），如墒情较好时，应开沟施入磷酸二铵 10～15 千克，及时覆土。没有来得及施基肥的，可在苗期开沟施入磷酸二铵 10 千克，及时覆土。

（3）**根外追肥**　旱性较重而且无浇灌条件的地块可采用要根外追肥的方法，即叶面喷肥，具体方法：用 1 千克尿素加 100 千克水配成 1％尿素溶液，或再加入 50 克钼酸铵充分溶解搅拌后喷施液量 25～35 千克/亩即可。

四、无公害红豆营养套餐肥料组合

1. **基肥**　根据测土施肥配方，以氮肥、磷肥、钾肥为基础，添加腐殖酸、氨基酸、硅肥、有机型螯合微量元素、增效剂、调理剂等，生产含钼、锌、锰、硼等腐殖酸氨基酸型红豆专用肥，作为基肥施用。

综合各地红豆配方肥配制资料，建议氮、磷、钾总养分量为 30％，氮、磷、钾比例为 1：0.41：0.81。基础肥料选用及用量（1 吨产品）如下：硫酸铵 100 千克、尿素 248 千克、磷酸一铵 73 千克、过磷酸钙 100 千克、钙镁磷肥 10 千克、氯化钾 183 千克、氨基酸螯合钼锌锰 21 千克、硼砂 15 千克、腐殖酸钠 118 千克、复合微生物肥 60 千克、生物制剂 25 千克、增效剂 13 千克、调理剂 34 千克。

也可选用含促生菌腐殖酸型复混肥（20-0-10）、腐殖酸高效缓释复混肥（15-5-20）、腐殖酸涂层长效肥（18-5-12）、腐殖酸高效缓释复混肥（18-8-4）、长效缓释复合肥（24-16-5）等肥料组合。

2. **生育期追肥**　追肥可采用腐殖酸高效缓释复混肥、缓释磷酸二铵、增效尿素等。

3. **根外追肥**　可根据红豆生育情况，酌情选用含腐殖酸水溶肥、含氨基酸水溶肥、含海藻酸水溶肥、螯合态高活性叶面肥、含硼锌钼微量元素水溶肥、生物活性钾肥等。

五、无公害红豆营养套餐施肥技术规程

本规程各种肥料用量以高产、优质、无公害、环境友好为目标，选用有机无机复合肥料、长效缓释肥料、有机活性水溶肥料进行施用，各地在具体应用时，可根据当地红豆测土配方推荐用量进行调整。

1. **基肥**　基肥可根据当地红豆测土配方施肥情况及肥源情况，选择以下不同组合。

（1）每亩可用商品生态有机肥 100～150 千克或无害化处理过优质有机肥 1 000～1 500 千克、复合专用腐殖酸型红豆专用肥 40～50 千克，作基肥深施。

（2）每亩可用商品生态有机肥 100～150 千克或无害化处理过优质有机肥 1 000～1 500 千克、腐殖酸高效缓释复混肥 40～45 千克、缓释磷酸二铵 5～10 千克，作基肥深施。

（3）每亩可用商品生态有机肥 100～150 千克或无害化处理过优质有机肥 1 000～1 500 千克、含促生菌腐殖酸型复混肥 40～45 千克、缓释磷酸二铵 10～15 千克，作基肥深施。

（4）每亩可用商品生态有机肥 100～150 千克或无害化处理过优质有机肥 1 000～1 500 千克、腐殖酸涂层长效肥 40～50 千克、缓释磷酸二铵 10～15 千克，作基肥深施。

（5）每亩可用生物有机肥 150～200 千克、缓释型磷酸二铵 20～25 千克、硫酸钾 10～15 千克，作基肥深施。

2. **种肥**　如果抢墒播种，未施基肥，每亩可用复合专用腐殖酸型红豆专用肥 15～20 千克、缓释磷酸二铵 10 千克作种肥，沟施于种子 10 厘米附近。

3. **生育期追肥** 可根据红豆生育期种植及生长情况，采取合适追肥方法。

（1）**红豆如果抢墒播种，或地力较差的山冈薄地，未施基肥和种肥** 可在红豆四叶展开后，结合中耕，可进行苗期追肥，一般可追复合专用腐殖酸型红豆专用肥 25 千克、缓释磷酸二铵 10～15 千克。

（2）**施初花肥** 红豆在初花期在距苗 10 厘米处开沟或挖穴深施（10 厘米以下）重施增效尿素 10 千克、缓释磷酸二铵 15 千克。

4. **根外追肥** 主要是在红豆苗期、花期进行叶面追肥。

（1）**苗期** 叶面喷施螯合态高活性叶面肥、含腐殖酸水溶肥、含氨基酸水溶肥等其中一种或两种，稀释浓度 500～1 000 倍，喷液量 50 千克。

（2）**花期** 叶面喷施 0.2%～0.3% 氨基酸螯合钼硼锰水溶肥、0.1%～0.2% 硼砂 2 次，每次喷液量 50 千克，间隔 15 天。

第四节　蚕豆测土配方与营养套餐施肥技术

蚕豆，又名胡豆、佛豆、罗汉豆等，属豆科一年生草本植物，我国南方平原地区种植较多，长江流域蚕豆种植面积占全国总面积的 90%。

一、蚕豆的营养需求特点

蚕豆是一种需肥较多的作物。据试验资料表明，大约每生产约 100 千克蚕豆籽粒，需吸收氮素 6.44 千克、磷 2.0 千克、钾 5.0 千克、钙 3.94 千克。蚕豆与根瘤菌共生，每亩根瘤菌可以从空气中固定氮素 5～10 千克。另外蚕豆对微量元素需要量较多，反应敏感，特别应注意蚕豆缺硼。

蚕豆在各个生育时期吸收各种养分的量，不论是总量还是比例，都是不同的。从出苗到始花期所需要吸收的养分占总量的比重分别为：氮 20%、磷 10%、钾 37%、钙 25%；从始花期到终花期分别为：氮 48%、磷 60%、钾 46%、钙 59%；自灌浆到成熟期分别为：氮 32%、磷 30%、钾 17%、钙 16%。此外，硼、钼、锌、铁、铜等微量元素对蚕豆的生长发育有重要作用，其中主要硼和钼。

二、蚕豆测土施肥配方

根据各地蚕豆生产情况，依据土壤肥力状况，蚕豆全生育期推荐施肥量见表 4-12。

表 4 - 12　蚕豆推荐施肥量

肥力等级	推荐施肥量（千克/亩）		
	N	P_2O_5	K_2O
低产田	10～12	5～6	12～13
中产田	9～11	4～5	11～12
高产田	7～8	4～5	9～10

三、蚕豆常规施肥模式

1. 施肥原则　蚕豆采用有机—无机肥料配合，以基肥施足，苗肥轻追，现蕾至初花期、开花至结荚期重追原则，提倡施用钼肥、硼肥和生物肥料。基肥推荐方案见表 4 - 13、追肥推荐方案见表 4 - 14。

表 4 - 13　蚕豆基肥推荐方案（千克/亩）

肥力水平		低产田	中产田	高产田
有机肥（二选一）	商品有机肥	150～200	100～150	100～150
	农家肥	1 500～2 000	1 000～1 500	1 000～1 500
氮肥（二选一）	尿素	10～12	9～10	8～9
	碳酸氢铵	24～26	22～24	20～22
磷肥	磷酸二铵	9～10	8～9	7～8
钾肥（二选一）	硫酸钾	18～20	16～18	14～16
	氯化钾	15～17	14～16	13～15

表 4 - 14　蚕豆追肥推荐方案（千克/亩）

追肥时期	低产田		中产田		高产田	
	尿素	硫酸钾	尿素	硫酸钾	尿素	硫酸钾
苗期	4～5	9～10	3～4	8～9	3～4	7～8
现蕾—初花期	9～10	7～8	7～8	6～7	6～7	5～6
开花—结荚期	6～7		5～6		4～5	

2. 施肥方法

（1）基肥　应重施基肥，以有机肥为主。基肥每亩用商品有机肥 200 千克、专用肥 30 千克，或用腐殖酸高效缓释复混肥 40～50 千克取代专用肥，将肥料混匀后施入土壤中。

（2）追肥　主要在苗期、蕾期和花荚期进行追肥。

① 提倡苗期适当施氮肥。有利于蚕豆根系及根瘤迅速形成，促使苗期发育良好，促进单株分枝，苗期视苗长势可追肥 2～3 次，以促进分枝，第一次每亩用尿素 4 千克兑水浇施，以后每亩可用复合肥 10 千克追施。

② 蕾期追肥。当蚕豆早期分枝开始现蕾时，生长速度开始加快，但这时气温还低，根瘤菌的固氮能力尚弱，这时应对冬季生长不好，或迟播苗小瘦弱的田块，适量追施氮肥。特别是干旱年份，豆苗冬发差，长势弱，追肥的增产效果就更明显。一般每亩追施尿素 6～10 千克、硫酸钾 5～8 千克深施盖土。缺磷的田块应追施磷肥，每亩施过磷酸钙 20 千克左右。冬发长势良好的蚕豆，现蕾期不宜再追施氮肥，避免茎叶徒长，加剧花荚脱落，造成减产。

③ 花荚期追肥。蚕豆开花结荚期需要大量养分，从初花到终花后一周内，蚕豆的茎叶大量增长，也需要大量养分。追施花荚肥的时间和数量，要视蚕豆植株的长势和地力而定。蚕豆植株生长正常和地力中等的田块，以刚进入盛花期追施为宜；长势差，迟发苗小的田块，以初花期追肥为好。通常每亩施尿素 5～7 千克。若地力差，还应增加追肥量。

（3）根外追肥　蚕豆对钼比较敏感，在始花期、盛花期用 0.1%～0.2% 的钼酸铵溶液各喷施一次，可以减少落花落荚，增加结荚数和每荚粒数。缺钾的田块，应喷施 0.2% 磷酸二氢钾溶液，增产效果很明显。喷肥溶液的用量，一般每亩用配制好的肥液 50 千克，喷施要均匀，以茎叶布满肥液为度。

四、无公害蚕豆营养套餐肥料组合

1. **基肥**　根据测土施肥配方，以氮肥、磷肥、钾肥为基础，添加腐殖酸、氨基酸、硅肥、有机型螯合微量元素、增效剂、调理剂等，生产含钼、锌、硼等氨基酸型蚕豆专用肥，作为基肥施用。

综合各地蚕豆配方肥配制资料，建议氮、磷、钾总养分量为 35%，氮、磷、钾比例为 1：0.7：1.8。基础肥料选用及用量（1 吨产品）如下：硫酸铵 100 千克、尿素 138 千克、磷酸二铵 76 千克、过磷酸钙 200 千克、钙镁磷肥 20 千克、氯化钾 300 千克、钼酸铵 2 千克、硼砂 25 千克、氨基酸 27 千克、复合微生物肥 50 千克、生物制剂 30 千克、增效剂 12 千克、调理剂 20 千克。

也可选用腐殖酸高效缓释复混肥（15 - 5 - 20）、腐殖酸涂层长效肥（18 -

5-12)、腐殖酸高效缓释复混肥（18-8-4）等肥料组合。

2. 生育期追肥　追肥可采用氨基酸型蚕豆专用肥、腐殖酸高效缓释复混肥、增效尿素、缓释磷酸二铵等。

3. 根外追肥　可根据蚕豆生育情况，酌情选用含腐殖酸水溶肥、含氨基酸水溶肥、含海藻酸水溶肥、螯合态高活性叶面肥、含硼钼微量元素水溶肥、生物活性钾肥、活力钙水溶肥等。

五、无公害蚕豆营养套餐施肥技术规程

1. 露地秋播蚕豆营养套餐施肥技术规程　本规程各种肥料用量以高产、优质、无公害、环境友好为目标，选用有机无机复合肥料、长效缓释肥料、有机活性水溶肥料进行施用，各地在具体应用时，可根据当地露地秋播蚕豆测土配方推荐用量进行调整。

（1）基肥　秋播蚕豆基肥可根据当地蚕豆测土配方施肥情况及肥源情况，选择以下不同组合。

① 每亩可用商品生态有机肥 150～200 千克或无害化处理过优质有机肥 1 500～2 000 千克、复合专用腐殖酸型蚕豆专用肥 45～55 千克，作基肥深施。

② 每亩可用商品生态有机肥 150～200 千克或无害化处理过优质有机肥 1 500～2 000 千克、腐殖酸高效缓释复混肥 40～45 千克、缓释磷酸二铵 5～10 千克，作基肥深施。

③ 每亩可用商品生态有机肥 150～200 千克或无害化处理过优质有机肥 1 500～2 000 千克、腐殖酸涂层长效肥 45～55 千克、缓释磷酸二铵 10～15 千克，作基肥深施。

④ 每亩可用生物有机肥 150～200 千克、缓释型磷酸二铵 15～20 千克、硫酸钾 10～15 千克，作基肥深施。

（2）生育期追肥　可根据蚕豆生育期生长情况，追肥分为提苗肥、蕾肥和花荚肥。

① 提苗肥。入冬前视苗长势可追肥 1～2 次，以促进分枝，第一次每亩用增效尿素 6 千克兑水浇施，以后每亩可追氨基酸型蚕豆专用肥 10 千克。

② 蕾期追肥。干旱年份，蚕豆苗冬发差，长势弱。一般每亩追施增效尿素 6～10 千克、硫酸钾 5～8 千克深施盖土。冬发长势良好的蚕豆，现蕾期不宜再追施氮肥。

③ 花荚期追肥。蚕豆植株生长正常和地力中等的田块，以刚进入盛花期

追施为宜；长势差、迟发苗小的田块，以初花期追肥为好。通常每亩施腐殖酸高效缓释复混肥 10 千克、增效尿素 5 千克。

（3）根外追肥　主要是在蚕豆苗期、开花结荚期进行叶面追肥。

① 入冬前喷施叶面肥 2 次。第一次叶面喷施螯合态高活性叶面肥、含腐殖酸水溶肥、含氨基酸水溶肥等其中一种和含硼微量元素水溶肥；第二次叶面喷施螯合态高活性叶面肥、含腐殖酸水溶肥、含氨基酸水溶肥等其中一种500～1 000 倍和 1 500 倍活力钙水溶肥。稀释浓度，喷液量 50 千克，间隔15 天。

② 开花结荚期，叶面喷施 0.1% 氨基酸螯合硼钼锌水溶肥、500 倍生物活性钾肥 2 次，间隔 15 天。

2. 露地春播蚕豆营养套餐施肥技术规程　本规程各种肥料用量以高产、优质、无公害、环境友好为目标，选用有机无机复合肥料、长效缓释肥料、有机活性水溶肥料进行施用，各地在具体应用时，可根据当地露地春播蚕豆测土配方推荐用量进行调整。

（1）基肥　春播蚕豆基肥可根据当地蚕豆测土配方施肥情况及肥源情况，选择以下不同组合。

① 每亩可用商品生态有机肥 150～200 千克或无害化处理过优质有机肥1 500～2 000 千克、复合专用腐殖酸型蚕豆专用肥 50～55 千克，作基肥深施。

② 每亩可用商品生态有机肥 150～200 千克或无害化处理过优质有机肥1 500～2 000 千克、腐殖酸高效缓释复混肥 45～50 千克、缓释磷酸二铵 10 千克，作基肥深施。

③ 每亩可用商品生态有机肥 150～200 千克或无害化处理过优质有机肥1 500～2 000 千克、腐殖酸涂层长效肥 50～60 千克、缓释磷酸二铵 10～15 千克，作基肥深施。

④ 每亩可用生物有机肥 150～200 千克、缓释型磷酸二铵 20～25 千克、硫酸钾 10～15 千克，作基肥深施。

（2）生育期追肥　可根据蚕豆生育期生长情况，追肥分为蕾肥和花荚肥。

① 蕾期追肥。干旱年份，蚕豆苗冬发差，长势弱。一般每亩追施增效尿素 6～10 千克、硫酸钾 5～8 千克深施盖土。

② 花荚期追肥。蚕豆植株生长正常和地力中等的田块，以刚进入盛花期追施为宜；长势差，迟发苗小的田块，以初花期追肥为好。通常每亩施腐殖酸高效缓释复混肥 10 千克、增效尿素 5 千克。

（3）根外追肥　主要是在蚕豆苗期、开花结荚期进行叶面追肥。

① 苗期。喷施螯合态高活性叶面肥、含腐殖酸水溶肥、含氨基酸水溶肥

等其中一种和含硼微量元素水溶肥。稀释浓度 500～1 000 倍，喷液量 50 千克。

　　② 开花期。叶面喷施 0.1％氨基酸螯合硼钼锌水溶肥、1 500 倍活力钙水溶肥，喷液量 50 千克。

　　③ 结荚初期。叶面喷施 0.1％氨基酸螯合硼钼锌水溶肥、500 倍生物活性钾肥 2 次，间隔 15 天。

第五章
薯类作物测土配方与营养套餐施肥技术

薯类作物又称根茎类作物，主要包括甘薯、马铃薯、山药、芋类等。这类作物的产品器官是块根和块茎，生长在土壤中。薯类作物一生分为生长前期和块根（茎）膨大期。块根（茎）膨大期是地上、地下生长最旺盛的时期，需肥最多，也是施肥的关键时期。

第一节　甘薯测土配方与营养套餐施肥技术

甘薯，别名地瓜、红薯、红芋、白薯、山芋、番薯、甜薯等。甘薯在中国分布很广，以淮海平原、长江流域和东南沿海各省最多，种植面积较大的有四川、河南、山东、重庆、广东、安徽等省（直辖市）。根据气候条件和耕作制度的差异，整个中国生产分为五个生态区：北方春薯区、黄淮流域春夏薯区、长江流域夏薯区、南方夏秋薯区、南方秋冬薯区。

一、甘薯的营养需求特点

甘薯为块根作物，也是粮食、蔬菜、饲料兼用作物。甘薯的生长过程分为4个阶段：发根缓苗阶段、分枝结薯阶段、茎叶旺长阶段和茎叶衰退薯块迅速肥大阶段。

1. **甘薯不同生育阶段需肥规律**　甘薯的根系发达，吸肥能力强，甘薯是喜钾作物，对钾肥需求最多，氮肥次之，磷肥需求较少。金继运等研究指出：甘薯对氮、磷、钾三要素吸收的总趋势是前、中期吸收迅速，后期缓慢。

甘薯对氮素吸收，前、中期速度快，需量大，茎叶生长盛期对氮素的吸收达到高峰，后期茎叶衰退，薯块迅速膨大，对氮素吸收速度变慢，需量减少。对磷素吸收，随着茎叶的生长，吸收量逐渐增大，到薯块膨大期吸收利用量达到高峰。对钾素吸收：从开始生长到收获较氮、磷都高。随着叶蔓的生长，吸收钾量逐渐增大，地上部从盛长逐渐转向缓慢，其叶面积系数开始下降，茎叶重逐渐降低，薯块快速膨大期特别需要吸收大量的钾素。

近年来研究指出：甘薯生长前期以氮素代谢为主，后期以碳素代谢为主，施氮过多，是茎叶徒长的主要原因。在甘薯整个生育过程中的不同生育阶段吸收氮、磷、钾的数量和速率是有差异的。在甘薯生长前、中期，氮素的吸收速度快，需求量大，主要用于营养器官叶、茎的生长，叶茎生长盛期也是氮素的吸收高峰期，随着薯块迅速膨大的生长后期，茎叶生长减缓，对氮的吸收速度变慢，需氮量明显减少；对磷素的吸收，整个生长期都缓缓增多，随着叶茎的生长吸收量逐渐增大，到薯块膨大期吸收量达到高峰；对钾素的吸收量从幼苗开始到收获一直都高于氮、磷，在叶茎生长盛期，钾素的吸收量也超过氮、磷较多，特别到了薯块快速膨大期，钾的吸收达到了高峰，明显可以看出了钾对甘薯产量的影响。

2. 甘薯对养分的需求量和比例　甘薯产量高，需肥量大。据研究，平均每生产 100 千克鲜薯需要吸收的氮、磷、钾变动分别为：0.164～0.349 千克、0.135～0.163 千克、0.350～0.577 千克，分别平均为 0.275 千克、0.154 千克、0.450 千克，比例为 1：0.56：1.63（蔡艺艺，2007）。钾的需要量较多，超过了氮、磷。可以看出甘薯是一种特别喜欢钾素的作物。每生产 100 千克鲜薯，植株需吸收钙、镁、硫分别为 0.46 千克、0.16 千克、0.08 千克（吴旭银，2001）。

山东省农业科学院作物研究所王荫墀等研究，甘薯生长期间，氮、磷、钾素的最大吸收量，总趋势是钾素多，氮次之，磷最少。但因植株长相不同而有差别（甘薯不同生长类型植株氮、磷、钾最大吸收量）。徒长型氮素吸收量过多，钾素较少，每生产 500 千克鲜薯块需吸收氮素（N）6.50 千克、磷素（P_2O_5）0.95 千克、钾素（K_2O）5.34 千克，三者的比例为 1：0.14：0.82；中产型的养分吸收量均不足，每生产 500 千克鲜薯块需吸收氮素（N）2.29 千克、磷素（P_2O_5）0.72 千克、钾素（K_2O）4.47 千克，三者的比例为 1：0.31：1.93；高产型吸收钾量较高，每生产 500 千克鲜薯块需吸收氮素（N）2.47 千克、磷素（P_2O_5）0.67 千克、钾素（K_2O）5.74 千克，三者的比例为 1：0.23：2.30，钾为氮的两倍多。高产型甘薯氮、磷、钾三要素的吸收动态过程呈"S"形趋势，即前期吸收少，中期多，后期又少，甚至下降。

块根是贮存养分的重要场所，块根吸收氮（N）、磷（P_2O_5）、钾（K_2O）量分别占总吸收量的 55.7%～69.8%、67.4%～76.5%、56.9%～75.0%，平均为 62.2%、70.8%、67.6%（蔡艺艺，2007）。

二、甘薯测土施肥配方

根据各地甘薯生产情况，依据土壤肥力状况，甘薯全生育期推荐施肥量见表 5-1。

表 5-1　甘薯推荐施肥量

肥力等级	推荐施肥量（千克/亩）		
	N	P_2O_5	K_2O
低产田	15～17	8～9	10～12
中产田	14～16	7～8	9～11
高产田	12～14	6～7	8～10

三、甘薯常规施肥模式

1. 施肥原则　采用有机—无机肥料配合，以基肥施足，补施种肥、追肥要早、后期根外追肥为原则，有机肥、磷肥全部作基肥，氮肥、钾肥分基肥和追肥。基肥推荐方案见表 5-2、追肥推荐方案见表 5-3。

表 5-2　甘薯基肥推荐方案（千克/亩）

肥力水平		低产田	中产田	高产田
有机肥	商品有机肥	150～200	100～150	100～150
（二选一）	农家肥	1 500～2 000	1 000～1 500	1 000～1 500
氮肥	尿素	10～11	8～10	7～8
（二选一）	碳酸氢铵	24～28	21～24	18～21
磷肥	磷酸二铵	17～20	15～18	13～15
钾肥	硫酸钾	10～12	9～11	8～10

表 5-3　甘薯追肥推荐方案（千克/亩）

追肥时期	低产田		中产田		高产田	
	尿素	硫酸钾	尿素	硫酸钾	尿素	硫酸钾
苗期	5～6	—	4～5	—	4～5	—
结薯期	11～13	10～12	10～12	9～11	8～9	8～10

2. 施肥方法

（1）**基肥要足**　甘薯产量高、根系深、生长期长、吸肥力强。必须有足够的基肥，才能在一定的空间和时间上供给养分。保证全生育期的需要，不致脱肥早衰。一般基肥占总用肥量的 70%～80%，以半腐熟的有机肥料为宜。磷、钾化肥也多作基肥施入。在施用基肥时，如果没有有机肥料，用三元复合肥料每亩施 25～30 千克效果也较好。基肥的用量也因产量指标和土壤肥瘦而定，试验证明，如果要获得每亩产鲜薯 3 000 千克左右，需施有机肥料 3 000～4 000 千克；每亩鲜薯产鲜薯 2 000 千克，需施有机肥料 2 500 千克。

河南省农业部门对 43 处调查结果，每亩产鲜薯 3 500～4 600 千克的田块的实地调查，每亩肥料施用量折纯氮（N）26.5 千克，磷素（P_2O_5）22.35 千克，钾素（K_2O）50.5 千克。其中氮素有 70% 作基肥，磷素 100% 作基肥，钾素 90% 以上作基肥。其每亩具体用肥量是：有机肥料 5 000～7 000 千克，过磷酸钙或钙镁磷肥 25～50 千克，棉子饼肥或豆饼 40～50 千克，碳酸氢铵 12.5～25.0 千克或硫酸铵 10～20 千克，草木灰 100～150 千克。其中有机肥料、磷肥、饼肥作基肥施入，氮肥和草木灰作追肥施在生育前期和薯块膨大期。

有机肥提倡冬前施入后，可在犁地前施入。如果基肥充足，可以在犁地前撒施一半，随犁地耕翻入耕作层，其余在在起垄时集中施在垄底。做到深浅结合，有效地满足甘薯前、中、后期养分的需要，促进甘薯正常生长，如果基肥数量少可在起垄时一次施用。

甘薯对氮素的吸收集中于前期、中期生长阶段，而磷、钾吸收最多的时期却在薯块膨大期，因此，充足的基肥应能保证甘薯不同生育阶段对不同养分的需求。为避免茎叶旺长造成减产，建议在甘薯前茬作物施氮肥较多地块或春薯地前茬玉米每亩产 500 千克以上的田块及夏薯地前茬小麦每亩产 400 千克以上的田块，不施氮素化肥或少施含氮素的复合肥，重施钾肥和补施磷肥，每亩施硫酸钾 30～40 千克及有机生物肥料。

（2）**补施种肥**　如果栽种的时候，用氮、磷、钾三元复合肥施入栽薯坑附近，既可当基肥，又可作种肥，效果更好。一般情况下每亩施用 40～50 千克。

（3）**追肥要早**　甘薯生长前期植株矮小，吸收养料较少，但也必须满足其需要，才能促使早发棵。中前期地上部茎叶生长旺盛，薯块开始迅速膨大，这是吸收养分的速度快、数量多，是甘薯吸收营养物质的重要时期，决定着结薯数和最终产量。除在基肥中占较大比重外，还要按生育特点进行追肥。追肥要早且根据基肥施用量的多少和甘薯的长相来确定是否追肥或追肥量的大小。看苗追肥分促苗肥、壮棵肥和催薯肥。为便于追肥操作，提倡追肥在封垄前进行追施。

① 促苗肥。在栽后20天左右，在肥力低或基肥不足的地块，可以适当施促苗肥。一般在团棵期前，每亩施用尿素3～5千克或复合肥5～8千克，在苗侧下方7～10厘米处穴施，注意小株多施，大株少施，干旱条件下追肥后随即浇水，达到培壮幼苗的作用。

② 结薯肥。在封垄期若苗情不旺可追施壮棵结薯肥，促进早结薯和早封垄。分枝结薯期，地下根网形成，薯块开始膨大，吸肥力增强，需要及早追肥，以达到壮株催薯，稳长快长的目的。干旱条件下或南方夏薯区可以提前施用。施用量视苗情而定，长势差的地块每亩追施尿素10～12千克、硫酸钾9～11千克；长势较好的用量可减少一半，华北春夏薯区丰产田应在此基础上适当增加磷、钾肥的用量，减少氮肥的用量，或选用含氮量稍低的复合肥。基肥用量多的高产田可以不追肥，或单追钾肥。

③ 催薯肥。在中后期若出现茎叶早衰可叶面喷施催薯肥，以钾肥为主，也可以作为裂缝肥施于根部。施肥时期一般在薯块膨大始期，每亩施用硫酸钾5～10千克。施肥方法以破垄施肥较好，即在垄的一侧，用犁破开1/3，随即施肥。施肥时加水，可尽快发挥其肥效。一是增加叶片含钾量，延长叶龄，加粗茎和叶柄，使之保持幼嫩状态；二是提高光合效率，促进光合产物向薯块的运转；三是提高茎叶和薯块中的钾、氮比值，能促进薯块膨大。甘薯是忌氯作物，不能施用含有氯元素的肥料。

④ 裂缝肥。容易发生早衰的地块、茎叶盛长阶段长势差的地块、前几次追肥不足的地块，在薯苑土壤裂缝时，追施少量氮肥，也有一定增产效果。

（4）后期根外追肥

① 在薯块膨大阶段，及收获前30～50天，可以在午后3点以后，每亩喷施0.3%的磷酸二氢钾溶液或5%～10%的草木灰浸泡澄清液75～100千克。每10～15天喷一次，共喷2～3次，不但能增产10%以上，还能改进薯块质量。

② 对8初中旬以前茎叶长势差、叶片黄化过早，叶面积系数不足2.5，可喷1%的尿素溶液与0.2%～0.4%的磷酸二氢钾混合液1～2次。喷施时间以晴天下午4～5点钟为宜。

四、无公害甘薯营养套餐肥料组合

1. **基肥**　根据测土施肥配方，以氮肥、磷肥、钾肥为基础，添加腐殖酸、有机型螯合微量元素、增效剂、调理剂等，生产含锰、锌、硼等腐殖酸型甘薯专用肥，作为基肥施用。

综合各地甘薯配方肥配制资料，建议氮、磷、钾总养分量为 35%，氮、磷、钾比例为 1∶0.36∶1.14。基础肥料选用及用量（1 吨产品）如下：硫酸铵 100 千克、尿素 238 千克、磷酸一铵 63 千克、过磷酸钙 100 千克、钙镁磷肥 10 千克、硫酸钾 320 千克、硼砂 20 千克、氨基酸锌锰 97 千克、硝基腐殖酸 90 千克、生物制剂 20 千克、增效剂 10 千克、调理剂 20 千克。

也可选用生态有机肥、腐殖酸高效缓释硫基复混肥（15-5-20）、腐殖酸硫基涂层缓释肥（15-5-25）、腐殖酸速生真菌生态复混肥（20-0-10）、有机无机复混肥等肥料组合。

2. **生育期追肥**　追肥可采用腐殖酸酸型甘薯专用肥、腐殖酸高效缓释硫基复混肥（15-5-20）、增效尿素、硫酸钾等。

3. **根外追肥**　可根据甘薯生育情况，酌情选用含腐殖酸水溶肥、含氨基酸水溶肥、含海藻酸水溶肥、螯合态高活性叶面肥、生物活性钾肥等。

五、无公害甘薯营养套餐施肥技术规程

本规程各种肥料用量以高产、优质、无公害、环境友好为目标，选用有机无机复合肥料、长效缓释肥料、有机活性水溶肥料进行施用，各地在具体应用时，可根据当地甘薯测土配方推荐用量进行调整。

1. **甘薯苗床施肥**　甘薯苗床合理施肥，培育壮秧，可以为栽秧后甘薯生长奠定良好基础。

（1）**苗床基肥**　每平方米施生态有机肥 5 千克、腐殖酸型甘薯专用肥 2 千克，与床土均匀混合。

（2）**苗床追肥**　每平方米用增效尿素 40 克、豆饼粉 150 克，采苗 2～3 次后追施，撒肥后扫落沾在苗上的肥料，并浇水冲洗，防止烧苗。

2. **大田基肥**　根据鲜薯产量水平进行施肥。采用粗肥深施与细肥浅施相结合的方法。

（1）**高肥力地块**　亩产鲜薯 4 000 千克以上，可选择下列组合之一，进行施用。

① 每亩施生态有机肥 250～300 千克或无害化处理过的有机肥 2 500～3 000 千克、腐殖酸型甘薯专用肥 70～80 千克。

② 每亩施生态有机肥 250～300 千克或无害化处理过的有机肥 2 500～3 000 千克、腐殖酸高效缓释硫基复混肥 50～60 千克。

③ 每亩施生态有机肥 250～300 千克或无害化处理过的有机肥 2 500～

3 000千克、腐殖酸硫基涂层缓释肥60～70千克。

④ 每亩施有机无机复混肥100千克、腐殖酸速生真菌生态复混肥40～50千克。

（2）中肥力地块　亩产鲜薯3 000千克左右，可选择下列组合之一，进行施用。

① 每亩施生态有机肥250～300千克或无害化处理过的有机肥2 500～3 000千克、腐殖酸型甘薯专用肥80～90千克。

② 每亩施生态有机肥250～300千克或无害化处理过的有机肥2 500～3 000千克、腐殖酸高效缓释硫基复混肥60～70千克。

③ 每亩施生态有机肥250～300千克或无害化处理过的有机肥2 500～3 000千克、腐殖酸硫基涂层缓释肥70～80千克。

④ 每亩施有机无机复混肥120千克、腐殖酸速生真菌生态复混肥50～60千克。

（3）低肥力地块　亩产鲜薯不足2 000千克，可选择下列组合之一，进行施用。

① 每亩施生态有机肥300～350千克或无害化处理过的有机肥3 000～3 500千克、腐殖酸型甘薯专用肥80～90千克。

② 每亩施生态有机肥300～350千克或无害化处理过的有机肥3 000～3 500千克、腐殖酸高效缓释硫基复混肥60～70千克。

③ 每亩施生态有机肥300～350千克或无害化处理过的有机肥3 000～3 500千克、腐殖酸硫基涂层缓释肥70～80千克。

④ 每亩施有机无机复混肥150千克、腐殖酸速生真菌生态复混肥60～70千克。

3. 补施种肥　可在栽苗时，每亩施用缓释磷酸二铵2～4千克或腐殖酸型甘薯专用肥5千克，于浇水插秧前施入穴内。或将腐殖酸速生真菌生态复混肥25千克配制成浑浊液，甘薯秧苗进行浸根6小时后捞出栽秧。

4. 大田追肥　土壤肥力低、基肥用量少的地块要及早追肥，追肥量相对较多；反之，可以适当晚追、少追。

（1）促苗肥　可在栽苗20天后，每亩施用腐殖酸高效缓硫基释复混肥5～10千克、增效尿素5千克，在苗侧下方7～10厘米处穴施，注意小株多施，大株少施。

（2）结薯肥　分枝结薯期，施用量视苗情而定，长势差的地块每亩追施腐殖酸硫基涂层缓释肥20千克、增效尿素6～10千克、硫酸钾9～11千克；长势较好的用量可减少一半。

（3）催薯肥　在地力差、施肥少的地块要施用催薯肥。施肥时期一般在薯块膨大始期，每亩施用增效尿素 5 千克、硫酸钾 8～10 千克。施肥方法以破垄施肥较好，即在垄的一侧，用犁破开 1/3，随即施肥。

5. 根外追肥　甘薯可在苗期、薯块肥大期进行 3～4 次根外追肥。

（1）在移栽后一个月左右，喷施螯合态高活性叶面肥、含腐殖酸水溶肥、含氨基酸水溶肥等其中一种或两种 2 次。稀释浓度 500～1 000 倍，喷液量 50 千克，间隔 20 天。

（2）在薯块膨大期（移栽后 80 天左右），叶面喷施 0.2％磷酸二氢钾、500 倍螯合态高活性叶面肥 2 次，喷液量 50 千克，间隔 15 天。

第二节　马铃薯测土配方与营养套餐施肥技术

马铃薯，属茄科多年生草本植物，块茎可供食用。2015 年我国启动马铃薯主粮化战略，推进把马铃薯加工成馒头、面条、米粉等主食，马铃薯将成稻米、小麦 、玉米外的又一主粮。

一、马铃薯的营养需求特点

1. 马铃薯吸收养分数量　马铃薯吸肥特点是以钾吸收量最大，氮次之，磷最少，是一种喜钾作物。试验表明，每生产 1 000 千克块茎，需吸收氮（N）4.5～5.5 千克、磷（P_2O_5）1.8～2.2 千克、钾（K_2O）8.1～10.2 千克，氮、磷、钾比例为 1：0.4：2。如黑龙江省不同产量水平下马铃薯对氮、磷、钾的吸收量如表 5－4。

表 5－4　不同产量水平下马铃薯对氮、磷、钾的吸收量（千克/亩）

产量水平	养分吸收量		
	N	P_2O_5	K_2O
1 000	5.1	2.3	10.0
1 350	6.9	3.1	13.3
1 700	8.6	3.8	16.7
2 000	10.3	4.6	20.0

2. 不同生育时期马铃薯吸收养分规律　马铃薯幼苗期吸肥量很少，发棵期吸肥量迅速增加，到结薯初期达到最高峰，而后吸肥量急剧下降。

苗期是马铃薯的营养生长期，此期植株吸收的氮、磷、钾为全生育期总量的18%、14%、14%，养分来源前期主要是种薯供应，种薯萌发新根后，从土壤和肥料中吸收养分。块茎形成期所吸收的氮、磷、钾占总量的35%、30%、29%，而且吸收速度快，此期供肥好坏将影响结薯多少。块茎肥大期，主要以块茎生长为主，植株吸收的氮、磷、钾占总量的35%、35%、43%，养分需求量最大，吸收速率仅次于块茎形成期。淀粉积累期叶中的养分向块茎转移，茎叶逐渐枯萎，养分吸收减少，植株吸收的氮、磷、钾占总量的12%、21%、14%，此期供应一定的养分对块茎的形成与淀粉积累具有重要意义。

马铃薯除去需要吸收大量的大量元素之外，还需要吸收钙、镁、硫、锰、锌、硼、铁等中微量元素。马铃薯对氮、磷、钾肥的需要量随茎叶和块茎的不断增长而增加。在块茎形成盛期需肥量约占总需肥量的60%，生长初期与末期约各需总需肥量的20%。

二、马铃薯测土施肥配方

1. **东北马铃薯产区** 东北地区马铃薯采用土壤、植株测试推荐施肥方法，在综合考虑有机肥、作物秸秆应用和管理措施基础上，氮素推荐根据土壤供氮状况和作物需氮量，进行实时动态监测和精确调控；磷、钾通过土壤测试和养分平衡进行监控；中微量元素采用因缺补缺的矫正施肥策略。

（1）**东北马铃薯基于目标产量和土壤有机质含量的氮肥用量确定** 基于目标产量和土壤有机质含量的马铃薯氮肥推荐用量如表5-5。

表5-5 马铃薯氮肥推荐用量

土壤有机质	马铃薯目标产量（千克/亩）		
（克/千克）	1 000~1 350	1 350~1 700	1 700~2 000
<25	6~7	7~9	8~9
25~40	5~6	6~8	7~8
40~60	4~6	5~7	6~7
>60	3~5	4~5	5~6

（2）**东北马铃薯磷肥恒量监控技术** 基于目标产量和土壤速效磷含量的马铃薯磷肥推荐用量如表5-6。

（3）**东北马铃薯钾肥恒量监控技术** 基于土壤有效钾钾含量的马铃薯钾肥推荐用量如表5-7。

2. **华北马铃薯产区** 根据北方各地马铃薯生产情况，依据土壤肥力状况，马铃薯全生育期推荐施肥量见表5-8。

表5-6　土壤磷素分级及马铃薯磷肥（P_2O_5）推荐用量

产量水平（千克/亩）	肥力等级	Olsen-P（毫克/千克）	磷肥用量（千克/亩）
1 000~1 350	极低	<10	7~8
	低	10~20	6~7
	中	20~35	5~6
	高	35~45	4~5
	极高	>45	—
1 350~1 700	极低	<10	8~9
	低	10~20	7~8
	中	20~35	6~7
	高	35~45	5~6
	极高	>45	4~5
1 700~2 000	极低	<10	9~10
	低	10~20	8~9
	中	20~35	7~8
	高	35~45	6~7
	极高	>45	5~6

表5-7　土壤交换性钾含量的马铃薯钾肥（K_2O）推荐用量

产量水平（千克/亩）	肥力等级	有效钾（毫克/千克）	钾肥用量（千克/亩）
1 000~1 350	极低	<70	9~11
	低	70~100	8~10
	中	100~150	7~9
	高	150~200	6~8
	极高	>200	5~7
1 350~1 700	极低	<70	10~12
	低	70~100	9~11
	中	100~150	8~10
	高	150~200	7~9
	极高	>200	6~8

（续）

产量水平（千克/亩）	肥力等级	有效钾（毫克/千克）	钾肥用量（千克/亩）
1 700～2 000	极低	<70	11～13
	低	70～100	10～12
	中	100～150	9～11
	高	150～200	8～10
	极高	>200	7～9

表 5-8 马铃薯推荐施肥量

肥力等级	推荐施肥量（千克/亩）		
	N	P_2O_5	K_2O
低产田	14～16	8～9	11～13
中产田	12～14	7～8	10～12
高产田	10～12	6～7	9～11

3. 黄淮马铃薯产区 如山东省马铃薯种植面积较大，以滕州为主要产区的马铃薯测土施肥配方如表 5-9。

表 5-9 山东省马铃薯不同土壤养分类型配方肥推荐表

土壤养分类型	配方肥类型（N-P-K）	常用量（千克/亩）	土壤养分丰缺指标（毫克/千克）			
高氮、低磷、高钾	45（15-12-18）	90～120		高	中	低
高氮、中磷、高钾	43（15-10-18）	100～130	N	>150	100～-150	<100
高氮、中磷、中钾	45（15-10-20）	90～120	P	>70	40～70	<40
中氮、高磷、中钾	45（17-8-20）	100～130	K	>160	120～160	<120

4. 西北马铃薯产区 以宁夏、甘肃等省种植面积较大，如宁夏回族自治区马铃薯主要产区马铃薯测土施肥配方如表 5-10。

表 5-10 宁夏马铃薯配方肥推荐表

马铃薯产区	目标产量（千克/亩）	配方肥类型（N-P-K）	常用量（千克/亩）
自流灌区	2 000	37（24-8-5）	50
	2 500		65
	3 000		70

（续）

马铃薯产区	目标产量（千克/亩）	配方肥类型（N-P-K）	常用量（千克/亩）
扬黄灌区	1 500	35（18-10-7）	35
	2 000		45
	2 500		60
	3 000		70
宁南山区	1 000	35（21-8-6）	30
	1 500		40
	2 000		50
	2 500		60

5. **南方秋马铃薯**　针对南方秋冬季马铃薯生产的有机肥和钾肥施用不足等问题，提出以下施肥配方。

（1）亩产量水平 3 000 千克以上　氮肥（N）11～14 千克、磷肥（P_2O_5）5～6 千克、钾肥（K_2O）14～18 千克。

（2）亩产量水平 2 000～3 000 千克　氮肥（N）9～11 千克、磷肥（P_2O_5）4～5 千克、钾肥（K_2O）12～14 千克。

（3）亩产量水平 1 500～2 000 千克　氮肥（N）7～9 千克、磷肥（P_2O_5）3～4 千克、钾肥（K_2O）9～12 千克。

（4）亩产量水平 1 500 千克以下　氮肥（N）6～7 千克、磷肥（P_2O_5）3～4 千克、钾肥（K_2O）7～8 千克。

对于硼或锌缺乏的土壤，每亩可基施硼砂 1 千克或硫酸锌 1～2 千克。对于硫缺乏的地区，每亩可基施硫黄 2 千克左右，若使用其他含硫肥料，可酌减硫黄用量。

三、马铃薯常规施肥模式

1. **施肥原则**　马铃薯的施肥应遵循以有机肥肥为主、化肥为辅，基肥为主、追肥为辅，大量元素为主、微量元素为辅的原则。具体做到前促、中控、后保的施肥方法，前期施肥以氮、磷为主；中期不施肥，控制茎叶生长；后期叶面喷肥，以保持叶片光合作用效率，多制造养分。此外，马铃薯是喜钾、忌氯作物，在平衡施肥中要特别重视钾肥的施用，应选用硫酸钾，不宜施用过多的含氯肥料如氯化钾，否则会影响马铃薯品质。

2. 施肥方法

（1）重施基肥　基肥用量一般占总施肥量的 70%，基肥以充分腐熟的农家肥为主，配施一定量的化肥，氮、磷、钾配合使用，既能全面提供养分，又能改善土壤的物理性质，十分利于生长和结薯。一般亩产马铃薯 2 000 千克左右的地块，每亩施有机肥 3 000～3 500 千克、尿素 20～25 千克、过磷酸钙 40～50 千克、硫酸钾 18～20 千克，高产田块施肥量可适当增加。化肥要施于离种薯 4～5 厘米处，避免与种薯直接接触，以防烧种。基肥的施用方法是耕前有机肥地面撒施，化肥应在种植前集中沟施，施深 15 厘米左右。

（2）早施根肥　根肥要结合马铃薯生长时期进行及早追施。幼苗期要追施氮肥，可结合中耕培土每亩根追施尿素 8～10 千克，离植株根系 3～5 厘米处，开沟条施或穴施，施后覆土盖严，有利于促苗早发。马铃薯开花后，一般不进行根际追肥，特别是不能追施氮肥。

（3）叶面喷肥　在马铃薯块茎形成期和块茎膨大期，主要以叶面喷施磷、钾肥为主，每亩叶面喷施 0.3%～0.5% 的磷酸二氢钾溶液 40～50 千克，若缺氮，可增加 100～150 克尿素，每 10～15 天喷一次，连喷 2～3 次。马铃薯对硼、锌比较敏感，如果土壤缺硼或缺锌，可以用 0.1%～0.3% 的硼砂或硫酸锌根外喷施，一般每隔 5～7 天喷一次，连喷两次。

四、无公害马铃薯营养套餐肥料组合

1. 基肥　根据测土施肥配方，以氮肥、磷肥、钾肥为基础，添加腐殖酸、有机型螯合微量元素、增效剂、调理剂等，生产含硼、锰、锌、铜、铁等腐殖酸型马铃薯专用肥，作为基肥施用。

综合各地马铃薯配方肥配制资料，建议氮、磷、钾总养分量为 35%，氮、磷、钾比例为 1∶0.32∶0.80。基础肥料选用及用量（1 吨产品）如下：硫酸铵 100 千克、尿素 291 千克、磷酸一铵 69 千克、过磷酸钙 100 千克、钙镁磷肥 10 千克、氯化钾 85 千克、硫酸钾 162 千克、硼砂 10 千克、氨基酸锌锰铜铁 21 千克、硝基腐殖酸 100 千克、生物制剂 20 千克、增效剂 12 千克、调理剂 20 千克。

也可选用生态有机肥、腐殖酸硫基涂层长效肥（15 - 5 - 20）、腐殖酸高效缓释硫基复混肥（15 - 5 - 20）、硫基长效缓释复混肥（24 - 16 - 5）。

2. 生育期追肥　追肥可采用腐殖酸酸型马铃薯专用肥、腐殖酸高效缓释硫基复混肥、增效尿素、硫酸钾等。

3. 根外追肥　可根据马铃薯生育情况，酌情选用含腐殖酸水溶肥、含氮基酸水溶肥、含海藻酸水溶肥、螯合态高活性叶面肥、生物活性钾肥等。

五、无公害马铃薯营养套餐施肥技术规程

1. 春作无公害马铃薯营养套餐施肥技术规程　本规程各种肥料用量以高产、优质、无公害、环境友好为目标，选用有机无机复合肥料、长效缓释肥料、有机活性水溶肥料进行施用，各地在具体应用时，可根据当地马铃薯测土配方推荐用量进行调整。

（1）重施基肥　结合整地，有机肥耕前撒施深耕 25 厘米，耕细耙平作畦或起垄，将其他基肥在播种时沟施。可根据当地马铃薯测土配方施肥情况及肥源情况，选择以下不同组合。

① 每亩可用商品有机肥 150～200 千克或无害化处理过的有机肥 1 500～2 000千克、腐殖酸型马铃薯专用肥 60～70 千克。

② 每亩可用商品有机肥 150～200 千克或无害化处理过的有机肥 1 500～2 000千克、腐殖酸涂层长效肥 50～60 千克。

③ 每亩可用商品有机肥 150～200 千克或无害化处理过的有机肥 1 500～2 000千克、腐殖酸高效缓释复混肥 50～60 千克。

④ 每亩可用生物有机肥 100 千克、包裹型尿素 20～30 千克、腐殖酸型过磷酸钙 50 千克、硫酸钾 15～20 千克。

（2）及早追肥　春薯从播种到苗齐大约 30 天，一般不浇水。从齐苗开始追肥两次。

① 从齐苗到显蕾要及时浇水追肥，一般随浇水追施腐殖酸酸型马铃薯专用肥 10～15 千克、硫酸钾 8 千克。

② 在发棵初期再追施一次腐殖酸高效缓释硫基复混肥 10～15 千克、增效尿素 5 千克。

（3）叶面喷肥　在马铃薯苗期、块茎形成期，可进行叶面喷肥。

① 马铃薯五片真叶期。叶面喷施螯合态高活性叶面肥、含腐殖酸水溶肥、含氨基酸水溶肥等其中一种。稀释浓度 500～1 000 倍，喷液量 50 千克。

② 马铃薯块茎形成期。主要以叶面喷施磷、钾肥为主，每亩叶面喷施0.3%～0.5%的磷酸二氢钾、500 倍活力生物钾溶液 40～50 千克，每 10～15 天喷一次，连喷 2 次。

此期马铃薯对硼、锌比较敏感，如果土壤缺硼或缺锌，可以用 0.1%～0.3%氨基酸螯合硼锌水溶肥叶面喷施，一般每隔 5～7 天喷一次，连喷 2 次。

2. 秋作无公害马铃薯营养套餐施肥技术规程　本规程各种肥料用量以高

产、优质、无公害、环境友好为目标，选用有机无机复合肥料、长效缓释肥料、有机活性水溶肥料进行施用，各地在具体应用时，可根据当地马铃薯测土配方推荐用量进行调整。

（1）重施基肥　秋薯栽种前，结合整地，有机肥耕前撒施深耕 25 厘米，耕细耙平起垄，将其他基肥在播种时沟施。可根据当地马铃薯测土配方施肥情况及肥源情况，选择以下不同组合。

① 每亩可用商品有机肥 150～200 千克或无害化处理过的有机肥 1 500～2 000 千克、腐殖酸型马铃薯专用肥 50～60 千克。

② 每亩可用商品有机肥 150～200 千克或无害化处理过的有机肥 1 500～2 000 千克、腐殖酸涂层长效肥 40～50 千克。

③ 每亩可用商品有机肥 150～200 千克或无害化处理过的有机肥 1 500～2 000 千克、腐殖酸高效缓释复混肥 40～50 千克。

④ 每亩可用生物有机肥 100 千克、包裹型尿素 15～20 千克、腐殖酸型过磷酸钙 50 千克、硫酸钾 10～15 千克。

（2）及早追肥　出苗后 7 天浇水中耕培土。分别在齐苗后、发棵初期、结薯期追肥。

① 齐苗后追肥。每次追施腐殖酸酸型马铃薯专用肥 15 千克、硫酸钾 5 千克。

② 发棵初期追肥。每次追施腐殖酸酸型马铃薯专用肥 15 千克、硫酸钾 5 千克。

③ 结薯期要及时浇水追肥和中耕培土。追施腐殖酸高效缓释复混肥 10～15 千克、增效尿素 5 千克。

（3）叶面喷肥　在马铃薯苗期、块茎形成期，可进行叶面喷肥。

① 马铃薯块茎形成期。每亩叶面喷施 0.3%～0.5% 的磷酸二氢钾、500 倍活力生物钾溶液 40～50 千克，每 10～15 天喷一次，连喷 2 次。

② 马铃薯马铃薯块茎形成期对硼、锌比较敏感。如果土壤缺硼或缺锌，可以用 0.1%～0.3% 氨基酸螯合硼锌水溶肥叶面喷施，一般每隔 5～7 天喷一次，连喷 2 次。

第三节　芋头测土配方与营养套餐施肥技术

芋头，又称芋、芋芀、毛芋，为天南星科芋属多年生单子叶植物，芋头一般食用地下球茎，形状、肉质因品种而异，通常食用的为小芋头。多年生块茎植物，常作一年生作物栽培。我国以珠江流域及台湾地区种植最多，长江流域次之，其他地区也有种植。

一、芋头的营养需求特点

芋头为喜钾作物，需钾较多，其次是氮，磷较少。据报道，亩产 2 000 千克，平均每 1 000 千克从土壤中吸收氮（N）5～6 千克、磷（P_2O_5）4～4.2千克、钾（K_2O）8～8.4 千克，氮、磷、钾比例为 1：0.7～0.8：1.4～1.6。当产量提高到 3600～3700 千克时，每生产 1 000 千克鲜芋需氮、磷数量略有增加，但钾的数量增加明显，因此要想获得高产，钾肥供给十分重要。

出苗 50 天左右为苗期，吸收养分 10%，中期（出苗 90 天左右）对氮、磷、钾的吸收占总量的 55%～65%，至收获期（出苗后 150 天）对氮、磷、钾的吸收占总量的 35%～45%。中期是施肥关键时期。芋头生长前期吸收的氮、磷、钾、钙、镁主要分布在地上的茎、叶中，生长后期开始向地下部转移。芋头吸收磷、钾的高峰比氮、钙、镁较晚。

二、芋头测土施肥配方

根据我国各地芋头生产情况，依据土壤肥力状况，芋头全生育期推荐施肥量见表 5 - 11。

表 5 - 11　芋头推荐施肥量

肥力等级	推荐施肥量（千克/亩）		
	N	P_2O_5	K_2O
低产田	8～9	10～12	11～13
中产田	9～10	12～14	13～15
高产田	11～12	14～16	15～17

三、芋头常规施肥模式

芋头是喜肥作物，但吸肥能力差，要求基肥富含氮、磷、钾，因此应以腐熟有机肥为主，配合化学肥料。一年生芋头露地栽培，施肥方式分为基肥和追肥。

1. **基肥**　基肥以有机肥为主，每亩施腐熟有机肥 2 000～3 000 千克、钙镁磷肥 80～100 千克或过磷酸钙 35～50 千克、氯化钾 45～55 千克，深耕细作，使土肥相融，然后施肥。

2. 追肥 追肥应结合培土工作进行，共分4～5次，为满足各个生长发育期对养分的要求，追肥工作必须根据其生长发育规律进行，应掌握在生长旺盛期前，以分厢为界，结合分厢同时应着重追肥是很重要的。施量从少到多，一次比一次增大，到最后一次，根据情况，可适施或少施，以分施五次为例。

（1）第一次追肥 在地上部见有4～5片叶时进行，在离芋株约20厘米左右远的地方开穴，肥料放入穴内，然后先铲除周围杂草，并立即覆土。肥料用量约占追肥总量10%左右。

（2）第二次追肥 在第一次施后15～20天进行，这次在芋株靠沟边一面，以垆去表土，看见有根为度，肥料条施在上面，随后仅在肥料上盖土3厘米厚，肥料用量约占追肥总量15%左右。

（3）第三次追肥 在第二次施后20～25天进行，结合第三次培土，肥料放两芋株之间，泥土盖过肥料约5厘米左右，但芋株基部只浅培土3厘米左右。肥料用量占追肥总量的20%。

（4）第四次追肥 在第三次施后20～25天进行，肥料放入两株芋株之间，或离芋株15厘米远的周围，用量最多，约占追肥总量45%～50%左右，这次结合第四次培土，即分厢工作进行。如用绿肥压青，可在这次施用。

（5）第五次追肥 在第四次施肥后约20天左右进行，肥料放入芋株之间。用量看芋株生长情况，可适量施放，一般占追肥总量5%～10%，同时应增施速效性水肥。

四、无公害芋头营养套餐肥料组合

1. 基肥 根据测土施肥配方，以氮肥、磷肥、钾肥为基础，添加腐殖酸、有机型螯合微量元素、增效剂、调理剂等，生产腐殖酸型芋头专用肥，作为基肥施用。

综合各地芋头配方肥配制资料，建议氮、磷、钾总养分量为35%，氮、磷、钾比例为1∶0.58∶1.33。基础肥料选用及用量（1吨产品）如下：硫酸铵100千克、尿素196千克、磷酸一铵57千克、过磷酸钙200千克、钙镁磷肥50千克、氯化钾266千克、硝基腐殖酸79千克、生物制剂20千克、增效剂12千克、调理剂20千克。

也可选用生物有机肥、腐殖酸涂层缓释肥（15-5-20）、腐殖酸高效缓释硫基复混肥（15-20-10）、腐殖酸速生真菌生态复混肥（20-0-10）。

2. 生育期追肥 追肥可采用腐殖酸型芋头专用肥、腐殖酸涂层缓释肥

（15－5－20）、增效尿素、硫酸钾等。

3. **根外追肥**　可根据芋头生育情况，酌情选用含腐殖酸水溶肥、含氨基酸水溶肥、含海藻酸水溶肥、螯合态高活性叶面肥、生物活性钾肥等。

五、无公害芋头营养套餐施肥技术规程

本规程各种肥料用量以高产、优质、无公害、环境友好为目标，选用有机无机复合肥料、长效缓释肥料、有机活性水溶肥料进行施用，各地在具体应用时，可根据当地芋头测土配方推荐用量进行调整。

1. **基肥**　结合整地，先将基肥先施于田中，然后犁耙均匀才起厢。可根据当地芋头测土配方施肥情况及肥源情况，选择以下不同组合。

（1）每亩可用商品有机肥100～200千克或无害化处理过的有机肥1 000～2 000千克、腐殖酸型芋头专用肥70～90千克。

（2）每亩可用商品有机肥100～200千克或无害化处理过的有机肥1 000～2 000千克、腐殖酸速生真菌生态复混肥50～60千克。

（3）每亩可用商品有机肥100～200千克或无害化处理过的有机肥1 000～2 000千克、腐殖酸高效缓释硫基复混肥40～50千克。

（4）每亩可用商品有机肥100～200千克或无害化处理过的有机肥1 000～2 000千克、腐殖酸涂层缓释肥40～50千克。

（5）每亩可用生物有机肥150～200千克、包裹型尿素10～20千克、腐殖酸型过磷酸钙30～50千克、硫酸钾45～55千克。

2. **追肥**　芋头苗期不需要追肥。主要在长出4～5片新叶、球茎分化期、球茎膨大与叶片生长并进期等进行追肥。

（1）当长出4～5片叶时，结合浇水第一次追肥，每亩追施腐殖酸高效缓释复混肥40千克，或增效尿素15千克、生物有机肥100千克。

（2）球茎分化期需肥量较大，可追肥两次，每亩每次施腐殖酸型芋头专用肥20～30千克，或腐殖酸高效缓释硫基复混肥20～30千克。

（3）球茎膨大与叶片生长并进期需肥量最多，每亩追施腐殖酸高效缓释硫基复混肥30～50千克。

3. **叶面追肥**　芋头在芋头苗期、块茎形成期，可进行叶面喷肥。

（1）芋头4片真叶期，叶面喷施2次含氨基酸水溶肥，稀释浓度500～1 000倍，喷液量50千克，间隔15天。

（2）球茎形成至膨大期，叶面喷施2次500倍活力生物钾溶液50千克，每20天喷一次，连喷2次。

第六章

纤维作物测土配方与营养套餐施肥技术

纤维作物是指利用其纤维作为工业原料的一类作物。属于这类作物的主要是棉和麻。根据纤维所存在的部位不同，可分为种子纤维，如棉花；韧皮纤维，如大麻、黄麻、苎麻等；叶纤维，如剑麻、蕉麻等。

第一节　棉花测土配方与营养套餐施肥技术

全国棉区由南向北、自东向西依次划分为五大棉区，即华南棉区、长江流域棉区、华北棉区、北部特早熟棉区和西北内陆棉区。我国棉花种植主要集中在黄河流域、长江流域和西北内陆三个棉区。新疆、山东、河南、江苏、河北、湖北、安徽七省（自治区）是我国的主要产棉地，植棉面积和产量约占全国的85%左右。

一、棉花的营养需求特点

1. **华北棉区棉花的营养需求特点**　据有关研究资料表明，每亩皮棉产量76千克，每生产100千克皮棉需要吸收纯 N14.08 千克、P_2O_5 4.37 千克、K_2O 14.08 千克，氮、磷、钾比例为 1：0.31：1。每亩皮棉产量 101.6 千克，每生产100千克皮棉需要吸收纯 N13.14 千克、P_2O_5 4.59 千克、K_2O 13.14 千克，氮、磷、钾比例为 1：0.35：1。每亩皮棉产量 126.75 千克，每生产100千克皮棉需要吸收纯 N12.61 千克、P_2O_5 4.21 千克、K_2O 12.61 千克，氮、磷、钾比例为 1：0.33：1.0。随着产量提高，每生产100千克皮棉吸收养分的数量逐渐降低。

华北棉区，高、中、低三种产量水平棉花吸收养分动态基本一致，即苗期吸收养分较少，现蕾后明显增多，花铃期达到高峰，吐絮期后显著降低。氮、磷、钾养分吸收高峰期分别出现在开花前 4 天、5 天、6 天。

从出苗至现蕾约需 40～45 天，这段时期称为苗期。以长根、茎、叶等营养器官为主，并开始花芽分化。由于华北棉花苗期气温较低，棉株生长较慢，对养分需求不大。出苗 $10\sim20$ 天是棉花吸磷的临界期，需要注意磷肥的供应。根据综合资料统计，华北棉花苗期吸收氮、磷、钾数量分别占其全生育期总吸收量的 $4.5\%\sim6.5\%$、$3.0\%\sim3.8\%$、$3.7\%\sim9.0\%$。

蕾期即现蕾至开花的一段时期，约为 $24\sim30$ 天。蕾期棉花生长加快，根系吸收能力很强，需肥量增加。根据综合资料统计，华北棉花蕾期吸收氮、磷、钾数量分别占其全生育期总吸收量的 $25.8\%\sim30.4\%$、$18.5\%\sim28.7\%$、$28.0\%\sim31.6\%$。蕾期是棉花生长发育的转折时期，是增蕾增铃的关键时期。

花铃期是指开花到棉铃吐絮的时期，约 $50\sim60$ 天。棉花开花后，特别是结铃后营养生长减弱，但在盛花结铃前的 10 天左右是高产棉花生长最旺盛的时期。根据综合资料统计，华北棉花花铃期吸收氮、磷、钾数量分别占其全生育期总吸收量的 $54.8\%\sim62.4\%$、$64.4\%\sim67.2\%$、$61.6\%\sim63.2\%$。

成熟期是指从棉铃吐絮至收花结束的时期，也称吐絮期。此期棉花营养生长基本停止，进入生殖生长期。根据综合资料统计，华北棉花成熟期吸收氮、磷、钾数量分别占其全生育期总吸收量的 $2.7\%\sim22.2\%$、$1.1\%\sim10.9\%$、$1.3\%\sim6.3\%$。

2. 长江流域棉区棉花的营养需求特点　据有关研究资料表明，该区每亩皮棉产量 100 千克，需要吸收纯 $N11\sim13$ 千克、$P_2O_5\,4\sim6$ 千克、$K_2O\,10\sim12$ 千克；每亩皮棉产量 200 千克，每生产 100 千克皮棉需要吸收纯 $N10\sim18.5$ 千克、$P_2O_5\,3.5\sim6$ 千克、$K_2O\,13\sim16.5$ 千克。

长江流域棉区，氮素吸收规律苗期较低，蕾期明显增加，花铃期最高，吐絮期逐渐趋减少。磷素吸收苗、蕾期低于氮、钾，开花期后高于氮、钾。钾素吸收苗期、蕾期显著高于氮、磷，花铃期较高，而吐絮期明显下降，显著低于氮、磷。现蕾前需要的磷占总量的 $3\%\sim5\%$、钾占总量的 $2\%\sim3\%$；现蕾至开花需要的氮、磷占总量的 $25\%\sim30\%$，钾占总量的 $12\%\sim15\%$；开花至吐絮需要的氮、磷占总量的 $65\%\sim70\%$，钾占总量的 $75\%\sim80\%$。

3. 内陆棉区棉花的营养需求特点　据有关研究资料表明，该区不同肥力水平棉花吸收的氮、磷、钾数量有所差异。低肥力每亩皮棉产量 77 千克需要吸收纯 $N10.37$ 千克、$P_2O_5\,3.68$ 千克、$K_2O\,10.13$ 千克，氮、磷、钾比例为 $1:0.36:0.98$。中肥力每亩皮棉产量 86 千克需要吸收纯 $N11.58$ 千克、$P_2O_5\,4.20$ 千克、$K_2O\,11.57$ 千克，氮、磷、钾比例为 $1:0.36:1$。中高肥力每亩皮棉产量 98 千克需要吸收纯 $N13.65$ 千克、$P_2O_5\,4.86$ 千克、$K_2O\,13.71$ 千克，氮、磷、钾比例为 $1:0.36:1.0$。高肥力每亩皮棉产量 112 千克需要吸收纯 $N\,14.70$ 千克、$P_2O_5\,5.49$ 千克、$K_2O\,14.86$ 千克，氮、磷、钾比例为

1：0.37：1.01。

从出苗至现蕾时期称为苗期。以长根、茎、叶等营养器官为主。根据综合资料统计，该区棉花苗期吸收氮、磷、钾数量分别占其全生育期总吸收量的3.0%～4.5%、3.0%～4.0%、2.5%～3.0%氮、磷、钾比例为1：0.27～0.33：0.78～0.93。该期吸收氮量超过吸收磷、钾量。

蕾期即现蕾至盛花的一段时期。蕾期是营养生长与生殖生长并进时期，但仍以营养生长为主。主要是增根、长茎、增枝和增叶，同时形成大量的蕾、花和铃。根据综合资料统计，棉花蕾期吸收氮、磷、钾数量分别占其全生育期总吸收量的 20%～25%、17%～18%、33%～40%，氮、磷、钾比例为1：0.28～0.34：1.47～1.54。钾的吸收明显高于氮、磷。

花铃期是指盛花到棉铃吐絮的时期。棉花进入盛花期以后，棉株的营养生长高峰已过，开始转入以生殖生长为主的阶段，此期棉株开始大量开花、结铃，生长中心是增铃、保铃和增铃重。根据综合资料统计，该区棉花花铃期吸收氮、磷、钾数量分别占其全生育期总吸收量的 60%～63%、55%～64%、56%～62%，氮、磷、钾比例为1：0.37～0.40：0.86～1.05。磷的吸收比例较前期明显增加，钾的吸收比例开始下降。

成熟期是指从棉铃吐絮至收花结束的时期，也称吐絮期。此期棉花营养生长基本停止，仍以生殖生长为主。根据综合资料统计，该区棉花成熟期吸收氮、磷、钾数量分别占其全生育期总吸收量的 15%～18%、3%～6%、1%～2%氮、磷、钾比例为1：0.45～0.60：0.19～0.31。磷的吸收比例进一步提高，钾的吸收比例继续下降。

在新疆棉区，南疆棉花吸收氮、磷、钾养分吸收高峰在出苗后51～92天、50～103天、62～94天；吸收纯 N 17.6 千克、P_2O_5 4.6 千克、K_2O 22.3 千克，氮、磷、钾比例为1：0.26：1.27。北疆棉花吸收氮、磷、钾养分吸收高峰在出苗后 58～93 天、59～90 天、63～97 天；吸收纯 N 16.3～18.0 千克、P_2O_5 4.8～5.0 千克、K_2O 18.0～18.2 千克，氮、磷、钾比例为1：0.29：1.05。

二、棉花测土施肥配方

1. 华北棉区棉花测土施肥配方 主要包括山东、河南、山西、河北等省份，华北棉区是我国棉花三大重要产区之一。

（1）山东省棉花推荐施肥量 山东省棉区土壤养分状况及推荐施肥量参考表 6-1、表 6-2。

表 6 - 1　山东省棉区土壤养分丰缺指标

肥力等级	极低	低	中	高
有机质（克/千克）	<7	$7\sim10$	$10\sim12$	>12
速效氮（N，毫克/千克）	<40	$45\sim60$	$60\sim80$	>80
速效磷（P_2O_5，毫克/千克）	<8	$8\sim15$	$15\sim20$	>20
速效钾（K_2O，毫克/千克）	<80	$80\sim120$	$120\sim150$	>150

表 6 - 2　山东省棉区以地定产推荐施肥

肥力等级	目标产量（千克/亩）	推荐施肥量（千克/亩）		
		N	P_2O_5	K_2O
低肥力	75	10	8	6
中肥力	100	12	6	8
高肥力	120	10	5	10

（2）河南省棉花推荐施肥量　河南省棉区土壤养分状况及推荐施肥量参考表 6 - 3、表 6 - 4。

表 6 - 3　河南省棉花土壤肥力分级

肥力等级	土壤养分状况			
	有机质（克/千克）	全氮（克/千克）	有效磷（毫克/千克）	速效钾（毫克/千克）
低	<8	<0.8	<10	<70
中	$8\sim12$	$0.8\sim1.0$	$10\sim25$	$70\sim150$
高	>12	>1.0	>25	>150

表 6 - 4　河南省棉花氮肥推荐量

目标产量（千克/亩）	等级划分	土壤养分及推荐施肥量		
		有机质（克/千克）	全氮（克/千克）	施氮量（千克/亩）
<60	低	<8	<0.8	$11\sim12$
	中	$8\sim10$	$0.8\sim1.0$	$9\sim11$
	高	>10	>1.0	$8\sim9$
60~100	极低	<8	<0.8	$12\sim13$
	低	$8\sim10$	$0.8\sim1.0$	$10\sim12$
	中	$10\sim12$	$0.8\sim1.0$	$9\sim10$
	高	>12	>1.0	$7\sim9$

（续）

目标产量（千克/亩）	等级划分	土壤养分及推荐施肥量		
		有机质（克/千克）	全氮（克/千克）	施氮量（千克/亩）
>100	低	<10	<0.8	11~13
	中	10~12	0.8~1.0	9~11
	高	>12	>1.0	7~9

（3）河北省棉花推荐施肥量 河北省棉区土壤养分状况及推荐施肥量参考表 6-5、表 6-6。

表 6-5 河北省棉花土壤肥力分级

肥力等级	常年皮棉产量（千克/亩）	土壤养分状况			
		有机质（克/千克）	碱解氮（毫克/千克）	有效磷（毫克/千克）	速效钾（毫克/千克）
高	>100	>12	>60	>30	>120
中	70~100	8~12	40~60	15~30	100~120
低	<70	<8	<40	<15	<100

表 6-6 河北省棉花推荐施肥量

肥力等级	推荐施肥量（千克/亩）		
	尿素（N，46%）	过磷酸钙（P_2O_5,12%）	氯化钾（K_2O，60%）
高	18~30	60~80	10~18
中	16~25	40~70	8~12
低	13~22	30~60	6~9

（4）山西省棉花推荐施肥量 山西省棉区推荐施肥量参考表 6-7。

表 6-7 山西省棉花推荐施肥量

类别		目标产量（千克/亩）	推荐施肥量（千克/亩）			
			有机肥	纯 N	P_2O_5	K_2O
平川	水地	90	5 000	8~12	7~10.5	—
	旱地	50~75	4 000	7~10	5.5~8	—
丘陵	水地	60~90	4 000	6.5~10	4~7.5	—
	旱地	35~50	3 500	6~8	3.5~6	—

（续）

类别		目标产量（千克/亩）	推荐施肥量（千克/亩）			
			有机肥	纯 N	P_2O_5	K_2O
河滩	水地	50～80	4 000	7～10	5～8	10
	旱地	25～40	3 000	6～8	3.5～6	15
盐碱地	水地	60～90	4 000	7～10	6～7.5	—
	旱地	25～50	3 000	5～9	4～7	—

　　2. 长江流域棉区棉花测土施肥配方　长江流域包括四川、重庆、湖南、湖北、江西、安徽、江苏、浙江等省（直辖市），根据土壤肥力分级和目标产量确定的肥料推荐量见表 6 - 8。

表 6 - 8　长江流域棉区根据土壤肥力分级和目标产量确定化肥推荐量

肥力等级	目标产量（千克/亩）	N 推荐量（千克/亩）		P_2O_5 推荐量（千克/亩）		K_2O 推荐量（千克/亩）	
		总量	基施	总量	基施	总量	基施
低肥力	80	16	5	5	3	9	6
中肥力	100	19	8	6	4	12	6
高肥力	120	21	10	7	6	15	8

　　3. 西北内陆棉区棉花测土施肥配方　西北内陆棉区主要是新疆。其棉花的土壤肥力丰缺指标及根据目标产量确定的相应施肥量见表 6 - 9、表 6 - 10。

表 6 - 9　西北棉区土壤养分丰缺指标

肥力等级	低	中	高
有机质（克/千克）	8～15	15～18	>18
速效氮（N，毫克/千克）	20～40	40～80	80～120
速效磷（P_2O_5，毫克/千克）	4～10	10～20	20～30
速效钾（K_2O，毫克/千克）	50～100	100～280	180～250

表 6 - 10　西北棉区根据目标产量确定的施肥量

肥力等级	棉区	推荐施肥量（千克/亩）		
		N	P_2O_5	K_2O
低肥力	特早熟棉区	16～19	9～11	6～8
	早熟棉区	18～21	11～13	7～10

（续）

肥力等级	棉区	推荐施肥量（千克/亩）		
		N	P₂O₅	K₂O
化肥力	中早熟棉区	17～21	8～12	6～9
	中熟棉区	19～21	10～13	8～10
中肥力	特早熟棉区	14～16	5～7	3～6
	早熟棉区	15～18	6～8	5～7
	中早熟棉区	13～17	8～12	4～6
	中熟棉区	16～19	5～9	4～6
高肥力	特早熟棉区	9～12	3～5	0～3
	早熟棉区	11～13	4～6	0～3
	中早熟棉区	9～12	3～6	0～4
	中熟棉区	11～14	5～7	0～4

4. 新疆膜下滴灌棉花测土施肥配方　棉花采用膜下滴灌技术，可以在每次滴灌时分次追肥，能够有效减少氮素损失，且肥料集中施在棉株根部，吸收利用效率很高，可提高肥料利用率。

（1）氮素实时监控　基于目标产量和土壤硝态氮含量的棉花氮肥基肥用量如表6-11，棉花氮肥追肥用量如表6-12。

表 6-11　棉花氮肥基肥推荐用量

土壤硝态氮（毫克/千克）	目标产量（千克/亩）				
	120	140	160	180	200
90	3.1	4.0	4.8	5.6	6.4
120	2.7	3.6	4.5	5.4	6.3
150	2.1	3.1	4.0	4.9	5.8
180	1.5	2.5	3.5	4.4	5.4
210	0.8	1.8	2.8	3.9	4.9

表 6-12　棉花氮肥追肥推荐用量

土壤硝态氮（毫克/千克）	目标产量（千克/亩）				
	120	140	160	180	200
90	12.5	15.7	19.1	22.4	25.7
120	10.8	14.4	18.0	21.6	25.1
150	8.4	12.1	15.9	19.5	23.3

（续）

土壤硝态氮	目标产量（千克/亩）				
（毫克/千克）	120	140	160	180	200
180	6.0	9.9	13.8	17.7	21.6
210	3.2	7.3	11.3	15.3	19.4

（2）磷肥恒量监控　基于目标产量和土壤速效磷含量的棉花膜下滴灌磷肥推荐用量如表 6-13。

表 6-13　土壤磷素分级及棉花膜下滴灌薯磷肥（P_2O_5）推荐用量

产量水平（千克/亩）	肥力等级	Olsen-P（毫克/千克）	磷肥用量（千克/亩）
100	极低	<10	8
	低	10～15	7.3
	中	15～25	6.3
	高	25～40	5.7
	极高	>40	4.7
130	极低	<10	10
	低	10～15	9
	中	15～25	8
	高	25～40	7.3
	极高	>40	6
160	极低	<10	11.3
	低	10～15	10.7
	中	15～25	9.3
	高	25～40	8
	极高	>40	6.7

（3）钾肥恒量监控　基于土壤有交换性钾含量的棉花膜下滴灌钾肥推荐用量如表 6-14。

表 6-14　土壤交换性钾含量的棉花膜下滴灌钾肥（K_2O）推荐用量

肥力等级	交换性钾（毫克/千克）	钾肥用量（千克/亩）
极低	<90	10
低	90～180	6

（续）

肥力等级	交换性钾（毫克/千克）	钾肥用量（千克/亩）
中	180～250	4
高	250～350	2
极高	>350	0

（4）中微量元素　主要是锌、硼等微量元素（表6-15）。

表6-15　棉花膜下滴灌微量元素丰缺指标及推荐用量

元素	提取方法	临界指标（毫克/千克）	基施用量（千克/亩）
锌	DTPA	0.5	硫酸锌1～2
硼	沸水	1	硼砂0.5～0.75

三、棉花常规施肥模式

棉花施肥原则是：有机肥料与化肥配合，多种营养元素肥料合理供应，基肥为主化肥为辅，依据种植情况、土壤气候等选用合适肥料品种。

1. 华北棉区棉花常规施肥模式

（1）施足基肥，全层施肥　棉花是深根作物，生长期长，生长量大，对土壤肥力要求高，施足基肥是棉花高产的基础，应亩施有机肥3～5吨，在棉苗移栽前15天左右，每亩施碳酸氢铵40～50千克（或尿素15～18千克）、磷肥45～60千克、钾肥15～20千克、硼砂0.5千克。对缺锌地块，可每亩施硫酸锌1～2千克，配合有机肥撒施。

（2）稳施苗蕾肥　在施足基肥的情况下，苗期一般不再追肥。现蕾期已进入营养生长和生殖生长的并行阶段，既要搭好丰产的架子，又要防止棉花徒长，本期追肥以稳为妥。

（3）重施花铃肥　棉株开花后，营养生长和生殖生长都进入盛期，并逐渐转入以生殖生长为主的时期，茎、枝、叶面积都长到最大值，同时又大量开花结铃，干物质积累量最大，持续的时间最长，养分需求量最大，是追肥的关键时期，必须重施。本期追肥以氮为主，适当补磷、补钾。

（4）补施盖顶肥　棉株谢花后，棉铃大量形成，为防止后期脱肥早衰，可叶面喷施0.5%～1.0%的磷酸二氢钾溶液，每隔7～10天1次，连续3～4次。

2. **长江流域棉区棉花常规施肥模式**　根据棉花生长发育的特性及其需肥规律，生产实践中亩产 100 千克皮棉，一般需亩施猪牛栏粪 1 500～2 000 千克或饼肥 75～100 千克、磷肥（过磷酸钙）50～60 千克、钾肥 25～30 千克、尿素 40～45 千克、硼肥 0.5 千克、锌肥 1.0 千克。具体施肥方法大致如下。

（1）**轻施苗床肥**　3 月底整理苗床时，每分苗床均匀撒播高效复合肥 1.5～2.5 千克，用作营养钵肥。移栽前 5～7 天，每分苗床施用腐熟带水的稀人粪尿 50～75 千克，加尿素 0.2～0.3 千克。并在移栽前喷施 0.5%～1% 的过磷酸钙浸出液（喷时搅拌均匀，以免伤苗），以促发根。

（2）**穴施安家肥**　安家肥是促苗快发，早搭丰产架子的主要营养基础，但在施用时又要注意使棉苗在盛蕾期稳得住，初花期有个落黄的过程。根据这个原则，一般每亩用复合肥 7.5～10.0 千克施于移栽穴底。

（3）**早施提苗肥**　早追苗肥，有利于促进棉苗早生快发、早现蕾、早发棵。苗肥要本着早施、轻施的原则，一般追施 2 次左右氮素肥。在移栽后 5～7 天，普施一次提苗肥，每亩用尿素 5～7 千克点蔸。然后看天、看地、看苗再补施一次平衡肥，每亩施用稀水粪 300～350 千克，掺施尿素 5～6 千克。

（4）**稳施蕾期肥**　蕾肥施用的总体原则是"数量要足，品种要全，时间得当，促中求稳"。一般每亩用饼肥 50～75 千克、磷肥（过磷酸钙）35～40 千克、钾肥 15～20 千克、硼砂 0.5 千克、锌肥 1.0 千克于现蕾期混合埋施于窄行。对于二、三类棉田可视情配施速效氮肥，以促平衡生长。

（5）**重施花铃肥**　重施花铃肥，除有利于满足开花结铃需要的氮肥以外，还能满足保持茎叶营养生长对氮的需求，从而促多开花、多结桃、结大桃。每亩用饼肥 25 千克、尿素 20 千克、钾肥 7.5～10.0 千克于花铃盛期混合埋施于宽行沟边。

（6）**普施盖顶肥**　为了满足不断增多、增大的棉桃生长发育需要，力争多结秋桃，要普施一次盖顶肥。每亩用尿素 5.0～7.5 千克于 8 月中下旬，结合抗旱施于宽行，促秋桃盖顶。

（7）**喷施叶面肥**　进入吐絮期后，要及时喷施叶面肥，促进功能叶的光合作用。结合打药，每隔一周喷施一次 0.2% 的磷酸二氢钾和 1%～2% 尿素液，共 2～3 次。

3. **西北内陆棉区棉花常规施肥模式**

（1）**氮肥施用技术**　根据新疆目前棉花生产技术条件、棉田土壤肥力状况及生产实践，要获得棉花 120～150 千克皮棉，每亩氮素总用量以 18.5～23 千克为宜，即施尿素 40～50 千克左右。土壤肥力高的酌情减少，超高产的棉田酌情增加。

根据试验和生产实践，氮肥的基追比例应根据土壤质地的不同各异：黏质土壤棉田氮肥可全部作基肥，结合秋耕深翻入土壤；黏壤土棉田氮肥的60%～70%作基肥，结合秋耕深翻入土壤；沙质土和轻壤土棉田氮肥的30%～40%作基肥，结合秋耕深翻土壤，其余的60%～70%在棉花灌第一水和第二水前结合中耕开沟条施。

氮肥应深施，作基肥施肥深度为20～25厘米，作追肥施肥深度为10～14厘米。氮肥深施是防止氮素挥发损失，提高氮素利用率和肥效的根本措施。浅施氮肥挥发损失可达20%～40%。

（2）磷肥施用技术　棉花对磷的敏感期是2～3片叶前后的幼苗期，对磷吸收的高峰期在开花盛期。施用磷肥既要考虑磷在土壤中的固定作用，也要考虑磷在土壤中移动性很小的特点。根据多年多点试验结果，磷肥施用以作基肥深施最好。

磷肥施用量应根据土壤有效磷含量的丰缺状况与施氮量水平确定。在当前棉花生产水平下，每亩磷肥（P_2O_5）用量以7.5～9千克为宜，即施重过磷酸钙（三料磷肥）16～19.5千克左右。

根据试验，磷肥作为基肥撒施结合秋耕深翻的增产效果最好。棉花幼苗期的根系生长明显大于地面部分，蕾期根系大部分集中在地下5～25厘米处，在较肥沃的土壤中大部分集中在4～45厘米处，所以磷肥深施对棉花生长发育具有良好的作用，施肥深度以20～25厘米为宜。

（3）钾肥施用技术　新疆棉区的全钾含量平均为2.19%，速效钾含量平均为319毫克/千克，属富钾地区。以目前的棉花产量水平，每亩施氧化钾以3～5千克或氯化钾5～8.4千克。

根据生产实践和试验，钾肥的施用以棉花播前（秋季）作基肥一次性深翻20～25厘米增产效果最好。若作追肥应尽量早施，因为棉花在现蕾至结铃期需钾较多，其吸收量约占总需钾量的70%，故追肥应在现蕾前施入，深度10～15厘米。

（4）微肥施用技术　一是作基肥，每亩施硼砂0.25～0.50千克、硫酸锌1～2千克，与有机肥均匀掺混。二是叶面喷施，每亩现蕾期用硼酸或硼砂50克、硫酸锌50克，喷液量30千克。每亩初花期、花铃期用硼酸或硼砂80克、硫酸锌80克，喷液量30～40千克。

（5）叶面肥施用技术　现蕾期（头水前）每亩喷施磷酸二氢钾100克，喷液量20～30千克；开花期每亩施磷酸二氢钾150克，喷液量30千克；结铃期每亩混合喷施尿素200～300千克、磷酸二氢钾200克，喷液量30～40千克。喷施1～2次，间隔15天左右。

4. 杂交棉科学施肥新技术　杂交棉比常规棉生长势强、个体营养器官生殖器官多、产量品质效益潜力大，与其生育特点相应其需肥特点和施肥技术也不同于常规棉。

（1）施足基肥　结合栽前翻耕整土，每亩深施尿素 16～22 千克，过磷酸钙 40～50 千克，有机肥 1 000～1 500 千克，防止苗期缺肥僵苗。

（2）早追肥防瘦弱苗　按照轻施苗肥的原则，对营养钵移栽时，已下安蔸肥的，一般不施或少施苗肥，以防苗期徒长；对未下安蔸肥的棉苗，应看天、看地、看苗而定，棉苗栽后 7～10 天返青后，用 0.5 千克尿素加适量稀薄人畜粪，兑水 50 千克追施提苗肥，促苗早发，提苗肥要轻施，少量多次，少施或不施不经兑水的人畜粪，以免烧根死苗。

（3）稳施蕾肥　对已地膜棉田施足基肥的，不必再施蕾肥而应在 7 月初旬揭膜后立即埋施桃肥。对棉田前期未施足基肥的或非地膜棉，需增施蕾肥。

（4）重施花铃肥　花铃肥是棉花一生中的最重要肥料，应及时施用以防棉花出现早衰，在花铃肥施用上"以化肥为主，农家肥为辅"的原则，坚持三看（看天、看地、看苗）灵活掌握，当棉田 50% 棉株见红花或 10% 棉株有 1 个硬桃时（时间为 6 月底至 7 月上旬）每亩用配方肥 25 千克或尿素 12 千克，钾肥 15～20 千克，过磷酸钙 25～30 千克，饼肥 50～100 千克混合均匀，在距棉株 30 厘米处开沟埋施，即每 120 厘米的行距中间开两条沟。为确保肥料的充分吸收，花铃肥最好将以上肥料分两次施用，每次各半，第一次为 6 月下旬至 7 月上旬，第二次为 7 月中旬。

（5）普施盖顶肥　一般在打顶后 1 个月内（7 月下旬至 8 月下旬含壮桃肥），看天、看地、看苗而定普施盖顶肥，一般每亩用尿素 12～15 千克、钾肥 10 千克，分 2 次进行，每次间隔 10 天左右，撒施于棉花行间。第一次尿素 10 千克、钾肥 10 千克，第二次尿素 2～5 千克。施肥后如遇天旱需要灌水，千万注意水只能灌至垄高 2/3 处，而不能漫上垄面。做到内湿外干，如果水上垄面因肥料数量多，肥料全部溶解后容易烧死棉株。

（6）以水调肥养根保叶　即做到 8 月下旬～9 月上旬不停肥，并用 0.3%～0.5% 的磷酸二氢钾加 1% 的尿素水喷洒叶面肥 2～3 次。

5. 新疆棉区棉花膜下滴灌施肥技术

（1）棉花膜下滴灌施肥方法

①氮肥的滴施。氮肥每亩在棉花生育期随水滴施尿素 28～34 千克，沙质土棉田应少量多次，前期不宜大，后期注意补。黏质土棉田全生育期滴肥 5～6 次，始花期、初花期、盛花期、盛花结铃期、结铃盛期各 1 次；滴肥量前期和后期少，花铃期要适当多施。壤质土棉田（兵团垦区棉田多为壤质土）全生育

期滴肥 7～8 次，开花前后、初花期、盛花期各 1 次，花铃期 2 次，结铃期 2 次，吐絮期视棉花长势灵活掌握。

② 磷肥的滴施。磷肥滴施以磷酸二氢钾为好，磷酸一铵和磷酸二铵也可以。磷肥滴施可与氮肥滴施同步进行。

③ 钾肥的滴施。钾肥滴施也以磷酸二氢钾为好，用硫酸钾、氯化钾也可以。钾肥滴施也与氮肥滴施同步进行。

④ 微量元素锌、硼的滴施。锌肥滴施可选用高度可溶的天天小时 A-Zn 和 EDTA-Zn 螯合物。但 EDTA-Zn 在灌溉水的 pH 大于 7 时易分解，且它不宜与碱性肥料混合施用，因此在新疆棉区建议施用 DDHA-Zn 螯合物。硼肥滴施宜选用溶解性较高的硼酸和高溶解度速溶性的速乐硼，如用硼砂应将其在温水中溶解，取其清液施用。

（2）棉花膜下滴灌施肥的技术要求

① 实施棉花膜下滴灌施肥需要优质的土壤，物理性能好，毛管孔隙丰富，透气性强，能使滴灌的水、肥均匀地纵向、横向渗润 20～30 厘米以上，形成浅而广的圆锥状湿润带。这就要求高产和培肥相结合，通过施用有机肥，改善土壤结构，形成良好的土壤物理性能。

② 棉花的不同生育阶段对营养元素的需求量及对各营养元素的配比要求不同，要在测土配方的基础上，根据棉花的需肥规律，在不同的生育阶段供给适时适量的营养元素，并可根据需要添加中微量元素，以全面地供给养分，充分发挥滴灌施肥技术的优势。

③ 施用的肥料必须在施肥罐中充分溶解后再随水滴施。随水施肥时应先滴水 0.5～1.0 小时，然后滴入充分溶解的肥料，并在停水前 0.5～1.0 小时停止施肥，以减少土壤对肥料的固定。

④ 新疆土壤多呈碱性，这就要求滴灌肥料为中性或酸性肥料，以减少水及土壤中碱性物质对肥效的影响。

⑤ 棉花膜下滴灌肥料必须水溶性好（≥99.5%），含杂质及有害离子少，防止滴头堵塞造成的棉田肥水不匀及肥效降低。

（3）棉花膜下滴灌施肥的操作规程

① 施肥。首先要准确计算出轮灌小区面积，根据施肥量，一次将肥料倒入施肥罐，溶解后滴施。在待施肥轮灌组正常滴水 30 分钟后，开始施肥。开启施肥阀、调节控制阀，使之形成一定的压力差，使罐内的肥料压入输水网中进行施肥。一个轮灌组施肥完毕后，先将控制阀恢复全开状态，随后将施肥阀关闭。在本轮灌小区滴水结束前 1 小时关闭施肥罐球阀，结束施肥，然后打开施肥罐排水球阀，到罐内的水体积小于 1/3 罐容积，添加下一轮灌小区的肥

料。整块地施肥结束应进行施肥罐的清洗工作。

②施肥罐的操作。将施肥罐摆正，用软管与过滤器的2个施肥球阀连接好，注意进出水口的方向。施肥罐中注入的肥料固体颗粒不得超过罐体总容量2/3。调节过滤器的2个球阀，使阀门前后形成压力差，利用压差使施肥罐中的肥料进入过滤器输水系统。

③施肥装置运行注意事项。罐体内肥料必须充分溶解，否则影响滴施效果堵塞罐体；滴施肥料应在每个轮灌小区滴水0.5～1.0小时后才可滴施，并且在滴水结束前30分钟必须停止施肥；轮灌组更换前应有30分钟的管网冲洗时间，即进行30分钟滴纯水冲洗，以免肥料在管内沉积；使用虹吸式施肥箱时，将肥料加入施肥箱容积2/3，先打开进水球阀注水，搅拌使肥料充分溶解，再打开吸水球阀使水肥溶液保持施肥箱容积2/3，达到进出水量平衡。

四、无公害棉花营养套餐肥料组合

1. **基肥**　根据测土施肥配方，以氮肥、磷肥、钾肥为基础，添加腐殖酸、有机型螯合微量元素、增效剂、调理剂等，生产含锌、锰、硼、铜的腐殖酸型棉花专用肥，作为基肥施用。

综合各地棉花配方肥配制资料，建议氮、磷、钾总养分量为35%，氮、磷、钾比例为1∶0.34∶0.72。基础肥料选用及用量（1吨产品）如下：硫酸铵100千克、尿素305千克、磷酸一铵58千克、过磷酸钙150千克、钙镁磷肥20千克、氯化钾205千克、氨基酸螯合锌锰硼铜20千克、硝基腐殖酸85千克、生物制剂20千克、增效剂12千克、调理剂25千克。

也可选用腐殖酸型有机无机复混肥（20-5-10）、生物有机肥、腐殖酸涂层缓释肥（15-5-10）、腐殖酸高效缓释复混肥（15-5-20）等不同基肥组合。

2. **生育期追肥**　追肥可采用腐殖酸型棉花专用肥、腐殖酸高效缓释复混肥、增效尿素、腐殖酸过磷酸钙、硫酸钾等。

3. **根外追肥**　可根据棉花生育情况，酌情选用含腐殖酸水溶肥、含氨基酸水溶肥、活力钙水溶肥、氨基酸螯合硼水溶肥、螯合态高活性叶面肥、生物活性钾肥等。

五、无公害棉花营养套餐施肥技术规程

1. **华北棉花营养套餐施肥技术规程**　本规程各种肥料用量以高产、优质、

无公害、环境友好为目标，选用有机无机复合肥料、长效缓释肥料、有机活性水溶肥料进行施用，各地在具体应用时，可根据当地棉花测土配方推荐用量进行调整。

（1）基肥　在棉苗移栽前 15 天左右，耕地前选用下列基肥组合，进行全层施肥。

① 亩施生物有机肥 200～300 千克或无害化处理过的有机肥 3 000～4 000 千克、腐殖酸型棉花专用肥 90～100 千克。

② 亩施生物有机肥 200～300 千克或无害化处理过的有机肥 3 000～4 000 千克、腐殖酸型有机无机复混肥 90～100 千克、腐殖酸型过磷酸钙 35～40 千克。

③ 亩施生物有机肥 200～300 千克或无害化处理过的有机肥 3 000～4 000 千克、腐殖酸涂层缓释肥 100～120 千克。

④ 亩施生物有机肥 200～300 千克或无害化处理过的有机肥 3 000～4 000 千克、腐殖酸高效缓释复混肥 80～90 千克。

⑤ 亩施生物有机肥 200～300 千克或无害化处理过的有机肥 3 000～4 000 千克、增效尿素 20～25 千克、腐殖酸型过磷酸钙 40～50 千克、硫酸钾 15～20 千克。

对于缺硼、锌地块，每亩可施硼砂 0.5 千克、硫酸锌 1～2 千克，配合有机肥撒施。

（2）追肥　棉花追肥要掌握原则：轻施早施苗肥、稳施蕾肥、重施花铃肥。

① 轻施早施苗肥。苗期多处于低温阶段，可在棉花定苗后长出 2～3 片真叶时，距苗 10 厘米处每亩穴施增效尿素 3～5 千克，深度 10 厘米左右。

② 稳施蕾肥。当棉花长出 7～8 片真叶时，第五、六节的叶腋出现第一果枝节第一蕾，当 50％的棉株长出 3 毫米大的蕾时，进入现蕾期。基肥足、苗势壮的棉田可每亩施腐殖酸涂层缓释肥 15～20 千克；前期施肥不足地块每亩追施腐殖酸型棉花专用肥 30～35 千克。

③ 重施花铃肥。花铃期是棉花施肥的关键期，要重施花铃肥。可在距棉株 15～17 厘米、深 7～10 厘米附近，每亩穴施增效尿素 30～50 千克、腐殖酸过磷酸钙 30 千克、硫酸钾 10 千克。

（3）根外追肥　可以根据棉花生长情况在苗期、现蕾期、盛花至幼铃期、棉铃大量形成期进行根外追肥。

① 苗期。棉花 5 片真叶期，可叶面喷施 500 倍的含腐殖酸水溶肥和 1 500 倍氨基酸螯合硼水溶肥，喷液量 50 千克。

② 现蕾期。可叶面喷施 500 倍的含氨基酸水溶肥和 1 500 倍活力钙水溶肥，喷液量 50 千克。

③ 盛花至幼铃期。可叶面喷施 500 倍高活性生物钾叶面肥 2 次，喷液量 50 千克，间隔 15 天。

④ 棉铃大量形成期。棉株谢花后，棉铃大量形成，为防止后期脱肥早衰，可叶面喷施 0.5%～1.0% 的磷酸二氢钾溶液，每隔 7～10 天 1 次，连续 3～4 次。

2. 长江流域棉花营养套餐施肥技术规程　本规程各种肥料用量以高产、优质、无公害、环境友好为目标，选用有机无机复合肥料、长效缓释肥料、有机活性水溶肥料进行施用，各地在具体应用时，可根据当地棉花测土配方推荐用量进行调整。

（1）基肥　在棉苗移栽前 15 天左右，耕地前选用下列基肥组合，进行全层施肥。

① 亩施生物有机肥 200～250 千克或无害化处理过的有机肥 2 000～3 000 千克、腐殖酸型棉花专用肥 70～80 千克。

② 亩施生物有机肥 200～250 千克或无害化处理过的有机肥 2 000～3 000 千克、腐殖酸型有机无机复混肥 80～90 千克、腐殖酸型过磷酸钙 35～40 千克。

③ 亩施生物有机肥 200～250 千克或无害化处理过的有机肥 2 000～3 000 千克、腐殖酸涂层缓释肥 80～90 千克。

④ 亩施生物有机肥 200～250 千克或无害化处理过的有机肥 2 000～3 000 千克、腐殖酸高效缓释复混肥 70～80 千克。

⑤ 亩施生物有机肥 200～250 千克或无害化处理过的有机肥 2 000～3 000 千克、增效尿素 15～20 千克、腐殖酸型过磷酸钙 30～40 千克、硫酸钾 20～25 千克。

（2）追肥　棉花追肥要掌握原则：增肥补钾，稳前增后；在施足基肥基础上，稳施蕾肥、重施花铃肥。

① 稳施蕾肥。一般于棉株有 3～5 个果枝的 6 月中下旬。每亩追施生态有机肥 100 千克、腐殖酸型棉花专用肥 20～25 千克。土壤偏沙、肥力地的地块，再追施硫酸钾 5～6 千克。

② 重施花铃肥。可分两次施用，第一次在棉株有 1～2 个大桃时（约 7 月 25 日前后），可在距棉株 15～17 厘米、深 7～10 厘米附近，每亩穴施增效尿素 20～25 千克、硫酸钾 10 千克。第二次在打顶后（约 8 月上旬）可在距棉株 15～17 厘米、深 7～10 厘米附近，每亩穴施增效尿素 15～20 千克。

（3）根外追肥　可以根据棉花生长情况在苗期、现蕾期、盛花至幼铃期、棉铃大量形成期进行根外追肥。

① 苗期。棉花 7 片真叶期，可叶面喷施 500 倍的含腐殖酸水溶肥和 1 500 倍氨基酸螯合硼水溶肥，喷液量 50 千克。

② 现蕾期。可叶面喷施 500 倍的含氨基酸水溶肥和 1 500 倍氨基酸螯合硼水溶肥 2 次，喷液量 50 千克，间隔 15 天。

③ 花铃期。可叶面喷施 $0.1\%\sim0.2\%$ 大量元素水溶肥、1 000 倍高活性生物钾叶面肥 2 次，喷液量 50 千克，间隔 15 天。

3. 西北内陆棉花营养套餐施肥技术规程　本规程各种肥料用量以高产、优质、无公害、环境友好为目标，选用有机无机复合肥料、长效缓释肥料、有机活性水溶肥料进行施用，各地在具体应用时，可根据当地棉花测土配方推荐用量进行调整。

（1）基肥　在棉苗移栽前 15 天左右，耕地前选用下列基肥组合，进行全层施肥。

① 亩施生物有机肥 400～500 千克或无害化处理过的有机肥 3 000～4 000 千克、腐殖酸型棉花专用肥 100～120 千克。

② 亩施生物有机肥 200～250 千克或无害化处理过的有机肥 2 000～3 000 千克、腐殖酸型有机无机复混肥 80～90 千克、缓释磷酸二铵 20～25 千克。

③ 亩施生物有机肥 200～250 千克或无害化处理过的有机肥 2 000～3 000 千克、腐殖酸涂层缓释肥 90～100 千克。

④ 亩施生物有机肥 200～250 千克或无害化处理过的有机肥 2 000～3 000 千克、腐殖酸高效缓释复混肥 80～90 千克。

⑤ 亩施生物有机肥 200～250 千克或无害化处理过的有机肥 2 000～3 000 千克、增效尿素 15～20 千克、缓释磷酸二铵 20～25 千克、硫酸钾 15～20 千克。

（2）追肥　棉花追肥要掌握原则：轻施早施苗肥、稳施蕾肥、重施花铃肥。

① 苗肥。苗期多处于低温阶段，可在棉花定苗后长出 5 片真叶时，距苗 10 厘米处每亩穴施增效尿素 10～15 千克，深度 10 厘米左右。

② 始花期。每亩施腐殖酸涂层缓释肥 20～25 千克。

③ 结铃期。可在距棉株 15～17 厘米、深 7～10 厘米附近，每亩穴施增效尿素 20～25 千克、腐殖酸过磷酸钙 30 千克、硫酸钾 15 千克。

（3）根外追肥　可以根据棉花生长情况在苗期、现蕾期、盛花至幼铃期、棉铃大量形成期进行根外追肥。

①6月上中旬，可叶面喷施500倍的含腐殖酸水溶肥和1500倍氨基酸螯合硼水溶肥，喷液量50千克。

②6月中下旬，可叶面喷施500倍的含氨基酸水溶肥和1500倍氨基酸螯合硼水溶肥，喷液量50千克。

③花铃期，可叶面喷施500倍高活性生物钾叶面肥2次，喷液量50千克，间隔20天。

4. 新疆膜下滴灌棉花营养套餐施肥技术规程　本规程各种肥料用量以高产、优质、无公害、环境友好为目标，选用有机无机复合肥料、长效缓释肥料、有机活性水溶肥料进行施用，各地在具体应用时，可根据当地棉花测土配方推荐用量进行调整。

（1）**基肥**　耕地前选用下列基肥组合，进行全层施肥。

①亩施生物有机肥200～250千克或无害化处理过的有机肥2000～3000千克、腐殖酸型棉花专用肥60～80千克。

②亩施生物有机肥200～250千克或无害化处理过的有机肥2000～3000千克、缓释磷酸二铵25千克。

③亩施生物有机肥200～250千克或无害化处理过的有机肥2000～3000千克、腐殖酸高效缓释复混肥50～60千克。

（2）**5片真叶期**　施用腐殖酸型（20-0-15，TE≥1.5，高活性有机酸≥5%）棉花滴灌（冲施）肥5千克；叶面喷施500倍的含腐殖酸水溶肥和1500倍氨基酸螯合硼水溶肥，喷液量50千克。

（3）**现蕾前**　施用腐殖酸型（20-0-15，TE≥1.5，高活性有机酸≥5%）棉花滴灌（冲施）肥10千克；叶面喷施500倍的含腐殖酸水溶肥和1500倍氨基酸螯合硼水溶肥，喷液量50千克。

（4）**开花始期**　施用腐殖酸型（20-0-15，TE≥1.5，高活性有机酸≥5%）棉花滴灌（冲施）肥20千克；叶面喷施500倍的含氨基酸水溶肥和1500倍活力钙水溶肥，喷液量50千克。

（5）**大量结铃期**　施用腐殖酸型（20-0-15，TE≥1.5，高活性有机酸≥5%）棉花滴灌（冲施）肥10千克；叶面喷施500倍高活性生物钾叶面肥2次，喷液量50千克，间隔15天。

第二节　黄麻测土配方与营养套餐施肥技术

黄麻，又名络麻、绿麻，椴树科黄麻属一年生草本韧皮纤维作物。黄麻属的种类很多，约有40个种，具有培栽价值的两个种是圆果种黄麻和长果种黄麻，栽培统称黄麻。

一、黄麻的营养需求特点

黄麻属高秆作物，株高叶茂，生长期较长，生物产量较高，需肥量也较大。据分析测定，每生产 100 千克干麻皮需吸收氮（N）1.94 千克、磷（P_2O_5）0.8 千克、钾（K_2O）4.5 千克，氮、磷、钾比例为 1：0.41：2.32。

黄麻不同生长阶段对氮、磷、钾的吸收利用具有明显的规律性。第一，苗期群体叶面积系数小，光能利用率低，对氮、磷、钾的吸收量小，分别占全生育期总吸收量的 22.73％、8.85％和 12.12％。苗期对氮反应敏感，碳氮比小，生理代谢处于以氮为主的营养生长阶段，所以氮素营养对培育壮苗十分重要。第二，黄麻旺长期，群体光能利用率迅速提高，对氮、磷、钾的吸收量显著增加，吸收量分别占全生育期总吸收量的 65.2％、60.4％和 59.3％，是黄麻一生吸收养分最多的时期，也是对营养反应最敏感的时期。第三，现蕾结果期不是黄麻吸收养分最多的时期，却是黄麻干物质积累与生物产量形成的高峰期，是碳素代谢的旺盛期，氮、磷、钾吸收量分别占全生育期总吸收量的 12.1％、20.0％和 8.4％。第四，黄麻在工艺成熟期对氮的吸收量极微、对钾的吸收继续上升，并随着蕾、花、果的发育，吸收少量磷素。此期要控制氮素代谢，以促进纤维积累与成熟。

由于氮、磷、钾三要素在麻株体内的生理作用不同，麻株各部位及各阶段对三要素的积累量和积累进程也有差别。黄麻植株体内钾的含量最高，氮次之，磷最少。在各器官中，氮、磷的含量以叶片最多，麻皮和根次之，麻骨最少；钾的含量以麻骨最多，麻皮和叶次之，根最少。据试验资料表明，从高产田黄麻三要素积累进程看，氮的积累高峰在 7 月底至 8 月上旬，磷在 7 月下旬至 9 月中旬，钾在 8 月，而且钾的积累进程与纤维的积累进程是同步的。从麻株生长的各个时期来看，三要素的含量都是前期高、后期低；麻株各部位氮的含量，随着麻株的生长而下降，以麻皮下降最快，麻骨次之，叶片最慢。

二、黄麻测土施肥配方

根据各地黄麻生产情况，依据土壤肥力状况，黄麻全生育期推荐施肥量见表 6-16。

表 6-16　黄麻推荐施肥量

肥力等级	推荐施肥量（千克/亩）		
	纯 N	P_2O_5	K_2O
低产田	7～8	3～4	6～7
中产田	8～9	4～5	7～8
高产田	9～10	5～6	8～9

三、黄麻常规施肥模式

黄麻施肥的原则是：数量上要足，肥料三要素必须配合施用，方法上采用"前促、中轰、后控"，以促为主，促控结合。

1. **施足基肥**　基肥是苗期早发的前提，也是黄麻全生育期的营养基础，因此，基肥必须施足，包括种肥在内应占全年施肥量的 50% 左右。在总肥料量中，基肥中的氮占总氮量的 25%、磷占 60% 以上、钾占 56% 以上，而基肥又以有机肥为主，有机肥要在翻地前施入，每亩可施有机肥 1 000～1 500 千克。高产麻地在施足基肥的前提下，每亩可施 10 千克左右的硫酸铵或 5 千克的尿素，50～100 千克过磷酸钙，10～15 千克氯化钾作种肥。

2. **勤施薄施苗肥**

（1）**黄芽肥**　首先要施好"黄芽肥"，即当黄麻出苗 80%，子叶黄绿色时，每亩以稀薄人粪尿 250～400 千克/亩兑水泼浇，或以 2～2.5 千克/亩尿素撒施，以利培育壮苗，减少死苗。

（2）**提苗肥**　早施提苗肥，对套种在春粮里的麻苗更为重要，一般是在苗高 3～5 厘米时，松土后每亩用氮素化肥 5 千克左右兑水泼施。以后结合间苗、定苗，每亩施平衡肥人畜粪 500～750 千克，或尿素 4 千克左右，为旺长打好基础。

3. **重施旺长肥**　麻苗高 50～70 厘米进入旺长期，需肥量增加，是黄麻对氮、磷、钾吸收量最大的时期，故肥料要早施、重施。高产麻区的经验是于株高 50～70 厘米左右施第一次重肥，每亩施菜子饼 300～500 千克，或厩肥 1 000 千克，促麻旺长，荫蓬入伏。麻株高 80～90 厘米施第二次重肥，每亩施硫酸铵 15 千克左右，或尿素 7.5～10 千克，以满足旺长高峰的需要。

4. **巧施赶梢肥**　黄麻进入纤维积累盛期，既需要有旺盛的长势，又要稳长不贪青，保持较高的碳素同化能力，故应视黄麻群体的长相决定施肥措施。长势旺盛的不再施肥；长势差、早衰的可酌情施"赶梢肥"，但不宜太多，每亩施硫酸铵 5 千克左右。

四、无公害黄麻营养套餐肥料组合

1. 基肥 根据测土施肥配方，以氮肥、磷肥、钾肥为基础，添加腐殖酸、有机型螯合微量元素、增效剂、调理剂等，生产含锌、锰的腐殖酸型黄麻专用肥，作为基肥施用。

综合各地黄麻配方肥配制资料，建议氮、磷、钾总养分量为 30%，氮、磷、钾比例为 1∶0.58∶0.92。基础肥料选用及用量（1 吨产品）如下：尿素 107 千克、氯化铵 150 千克、硫酸铵 100 千克、磷酸一铵 85 千克、过磷酸钙 150 千克、钙镁磷肥 15 千克、氯化钾 183 千克、硼砂 20 千克、氨基酸螯合锌锰 10 千克、硝基腐殖酸 120 千克、生物制剂 20 千克、增效剂 12 千克、调理剂 28 千克。

也可选用腐殖酸型有机无机复混肥（20-5-10）、生物有机肥、腐殖酸涂层缓释肥（15-5-10）、腐殖酸高效缓释复混肥（15-5-20）等不同基肥组合。

2. 生育期追肥 追肥可采用腐殖酸型黄麻专用肥、腐殖酸高效缓释复混肥、增效尿素、腐殖酸过磷酸钙、氯化钾等。

3. 根外追肥 可根据黄麻生育情况，酌情选用含腐殖酸水溶肥、含氨基酸水溶肥、生物活性钾肥等。

五、无公害黄麻营养套餐施肥技术规程

本规程各种肥料用量以高产、优质、无公害、环境友好为目标，选用有机无机复合肥料、长效缓释肥料、有机活性水溶肥料进行施用，各地在具体应用时，可根据当地黄麻测土配方推荐用量进行调整。

1. 基肥 黄麻种植耕地前选用下列基肥组合，进行全层施肥。

① 亩施生物有机肥 100～200 千克或无害化处理过的有机肥 1 000～2 000 千克、腐殖酸型黄麻专用肥 60～80 千克。

② 亩施生物有机肥 100～200 千克或无害化处理过的有机肥 1 000～2 000 千克、腐殖酸型有机无机复混肥 35～45 千克、缓释磷酸二铵 10～15 千克。

③ 亩施生物有机肥 100～200 千克或无害化处理过的有机肥 1 000～2 000 千克、腐殖酸涂层缓释肥 50～60 千克。

④ 亩施生物有机肥 100～200 千克或无害化处理过的有机肥 1 000～2 000

千克、腐殖酸高效缓释复混肥 40～50 千克。

2. 根际追肥　黄麻追肥要掌握原则：施好黄芽肥、早施提苗肥、重施旺长肥、巧施赶梢肥。

（1）施好黄芽肥　当黄麻出苗 80％，子叶黄绿色时，每亩腐殖酸型黄麻专用肥 5～10 千克撒施浇水。

（2）早施提苗肥　当黄麻苗高 3～5 厘米时，亩施腐殖酸高效缓释复混肥 10～15 千克。

（3）重施旺长肥　麻苗高 50～70 厘米，每亩施腐殖酸高效缓释复混肥 30～40 千克。麻株高 80～90 厘米，每亩施增效尿素 10～15 千克。

（4）巧施赶梢肥　长势差、早衰的麻田可酌情施"赶梢肥"，但不宜太多，每亩施增效尿素 2～3 千克左右。

3. 根外追肥　可以根据黄麻生长情况在株高 30 厘米、80 厘米时进行根外追肥。

（1）黄麻植株长到 30 厘米高时，可叶面喷施 500 倍的含腐殖酸水溶肥或含氨基酸水溶肥 2 次，喷液量 50 千克，间隔 15 天。

（2）黄麻植株长到 80 厘米高时，可叶面喷施 500 倍的生物活性钾水溶肥 2 次，喷液量 50 千克，间隔 20 天。

第三节　红麻测土配方与营养套餐施肥技术

红麻，别名洋麻、槿麻、钟麻等，锦葵科木槿属一年生草本韧皮纤维作物，是麻纺工业的重要原料。我国栽培红麻的区域非常广泛，南起海南岛、北至黑龙江，除青海、西藏外，在北纬 47°以南各省（自治区）均有种植，但以长江中下游种植较多。

一、红麻的营养需求特点

红麻的生长期较长，早熟品种为 130～150 天，中熟品种为 160～180 天，晚熟品种 200 天以上。红麻属高秆作物，在高产栽培条件下，要吸收大量的养分才能满足其生长发育的需要。据分析测定，每生产 100 千克生麻皮需吸收氮（N）3 千克、磷（P_2O_5）1 千克、钾（K_2O）5 千克，氮、磷、钾比例为 1∶0.33∶2.67。

红麻不同生长阶段对氮、磷、钾的吸收利用具有明显的规律性。一是幼苗出土至苗高 30 厘米封行止。此期对氮、磷、钾的反应，以氮素反应最敏感，从植株分析表明，幼苗体内氮、磷、钾三者比例为 10：1：4，是氮素生理代谢最旺盛的时期。二是自红麻封行前至株高 2 米左右，此期生长量约占全生育期的 1/3，已进入旺生长阶段，麻株对氮、磷、钾的吸收量占全生育期总吸收量的 61.33％、25.28％和 19.19％。此期对氮、钾比较敏感。三是红麻进入茎秆的纵向生长与横向生长并重阶段。此期是干物质积累逐渐增多的时期，纤维发育日益加快，叶面积系数达到最大值。麻株对氮、磷、钾的吸收量占全生育期总吸收量的 25.28％、49.16％和 53.26％。此期对氮的吸收强度开始下降，对磷、钾的吸收明显上升。四是红麻现蕾开花至工艺成熟期阶段，此期麻株体内的生理代谢以碳素代谢为主，光合产物主要输送到茎中的韧皮部与木质部，以满足蕾花的发育需求，对氮、磷、钾的吸收明显减少。

二、红麻测土施肥配方

长江中下游地区依据土壤肥力状况，红麻全生育期推荐施肥量见表 6-17。

表 6-17　红麻推荐施肥量

土壤类型	推荐施肥量（千克/亩）		
	纯 N	P_2O_5	K_2O
红壤	15～20	6	20～25
红沙土	5	0～3	20～25
黄土	15	3～6	20～25
扁沙土	15	3～6	20
冲积土	15～20	3～6	15～20

三、红麻常规施肥模式

近年来，我国红麻产区在施肥技术上提出了"施足基肥、酌施种肥、轻施苗肥、重施长秆肥、巧施赶梢肥"的施肥原则。

1. **施足基肥**　基肥一般占全年施肥量的 50％左右。基肥一般以绿肥、堆肥、厩肥、土杂肥、人粪尿等有机肥为主。北方麻区多在播种前每亩施土杂肥 1 500～2 000 千克，并配施过磷酸钙 15～25 千克、氯化钾 10 千克；南方麻区播种前每亩翻压绿肥 1 000 千克或土杂肥 2 000～3 000 千克，播种后再用 150 千克草木灰盖种。有条件的可每亩施饼肥 10～15 千克。

2. **酌施种肥**　播种时酌施少量种肥对促进红麻幼苗生长有良好作用。一般每亩可施 3～4 千克左右的硫酸铵或 2～2.5 千克的尿素、5～10 千克过磷酸钙、10 千克氯化钾作种肥。

3. 轻施苗肥　南方麻区一般施 2 次苗肥。第一次在首次间苗后结合中耕施用，每亩用稀薄人粪尿 100～200 千克兑水泼浇，或以 2～2.5 千克尿素兑水泼施。第二次在定苗时苗高 10 厘米左右，抢晴天施下，每亩用尿素 3～4 千克兑水泼施。

北方麻区苗肥在麦收前定苗后一次施用，结合浇水，每亩施尿素 5～8 千克，为旺长打好基础。

4. 重施长秆肥　长秆肥在麻株出现五裂叶时追施。一般占总用肥量 40% 左右，并以氮、钾为主。一般每亩施人畜粪 1 500～2 000 千克、尿素 5 千克、氯化钾 10 千克，以保证红麻生长旺盛与茎秆的正常发育。

5. 巧施赶梢肥　赶梢肥要"看天、看地、看麻"巧施。土壤肥沃，降雨较多，麻株生长旺盛，这时施赶梢肥就要适当控制氮肥；反之，红麻生长正常，但长势不旺，一般在收获前 50～60 天施赶梢肥。长江流域麻区，一般在 7 月底或 8 月初施下，每亩施尿素 3～4 千克、氯化钾 7～10 千克或草木灰 100～150 千克。

四、无公害红麻营养套餐肥料组合

1. 基肥　根据测土施肥配方，以氮肥、磷肥、钾肥为基础，添加腐殖酸、有机型螯合微量元素、增效剂、调理剂等，生产氨基酸型红麻专用肥，作为基肥施用。

综合各地红麻配方肥配制资料，建议氮、磷、钾总养分量为 30%，氮、磷、钾比例为 1∶0.5∶1。基础肥料选用及用量（1 吨产品）如下：尿素 91 千克、氯化铵 200 千克、硫酸铵 100 千克、磷酸一铵 48 千克、过磷酸钙 200 千克、钙镁磷肥 20 千克、氯化钾 200 千克、氨基酸 30 千克、生物钾肥 50 千克、生物制剂 24 千克、增效剂 12 千克、调理剂 25 千克。

也可选用腐殖酸型有机无机复混肥（20-5-10）、生物有机肥、腐殖酸涂层缓释肥（15-5-10）、腐殖酸高效缓释复混肥（15-5-20）等不同基肥组合。

2. 生育期追肥　追肥可采用氨基酸型红麻专用肥、腐殖酸高效缓释复混肥、增效尿素、腐殖酸过磷酸钙、氯化钾等。

3. 根外追肥　可根据红麻生育情况，酌情选用含腐殖酸水溶肥、含氨基酸水溶肥、生物活性钾肥等。

五、无公害红麻营养套餐施肥技术规程

本规程各种肥料用量以高产、优质、无公害、环境友好为目标，选用有机无机复合肥料、长效缓释肥料、有机活性水溶肥料进行施用，各地在具体应用时，可根据当地红麻测土配方推荐用量进行调整。

1. **基肥**　红麻种植耕地前选用下列基肥组合，进行全层施肥。

① 亩施生物有机肥 100～200 千克或无害化处理过的有机肥 1 000～2 000 千克、氨基酸型红麻专用肥 70～90 千克。

② 亩施生物有机肥 100～200 千克或无害化处理过的有机肥 1 000～2 000 千克、腐殖酸型有机无机复混肥 50～60 千克、缓释磷酸二铵 10～15 千克。

③ 亩施生物有机肥 100～200 千克或无害化处理过的有机肥 1 000～2 000 千克、腐殖酸涂层缓释肥 45～50 千克。

④ 亩施生物有机肥 100～200 千克或无害化处理过的有机肥 1 000～2 000 千克、腐殖酸高效缓释复混肥 40～50 千克。

2. **根际追肥**　红麻追肥要掌握原则：轻施苗肥、重施长秆肥、巧施赶梢肥。

（1）**轻施苗肥**　南方麻区，第一次在首次间苗后结合中耕施用，每亩用腐殖酸高效缓释复混肥 10～15 千克兑水泼施。第二次在定苗时苗高 10 厘米左右，抢晴天施下，每亩用增效尿素 5～8 千克兑水泼施。

北方麻区苗肥在麦收前定苗后一次施用，结合浇水，每亩用腐殖酸高效缓释复混肥 20～25 千克兑水泼施，为旺长打好基础。

（2）**重施长秆肥**　在麻株出现五裂叶时追施。一般每亩施腐殖酸型含促生菌生态复混肥 20～25 千克、氯化钾 5 千克，以保证红麻生长旺盛与茎秆的正常发育。

（3）**巧施赶梢肥**　长江流域麻区，一般在 7 月底或 8 月初施下，每亩施增效尿素 5～10 千克、氯化钾 7～10 千克或草木灰 100～150 千克。

3. **根外追肥**　可以根据红麻生长情况在株高 30 厘米、80 厘米时进行根外追肥。

（1）红麻植株长到 10 厘米高时，可叶面喷施 500 倍的含腐殖酸水溶肥或含氨基酸水溶肥 2 次，喷液量 50 千克，间隔 15 天。

（2）红麻进入长秆期时，可叶面喷施 500 倍的生物活性钾水溶肥 2 次，喷液量 50 千克，间隔 20 天。

第四节　苎麻测土配方与营养套餐施肥技术

苎麻，又称苧麻、白麻、圆麻、家苎麻等，属荨麻科多年生宿根性草本植物，是重要的纺织纤维作物。其单纤维长、强度最大，吸湿和散湿快，热传导性能好，脱胶后洁白有丝光，可以纯纺，也可和棉、丝、毛、化纤等混纺，闻名于世的浏阳夏布就是苎麻纤维的手工制品。我国主要产区在湖南、湖北、四川等省，安徽、江西、广西、贵州等省（自治区）也有栽培。

一、苎麻的营养需求特点

苎麻根系发达，根蔸庞大，茎叶繁茂，年收三季，生物产量高，所以需肥量也大。试验表明，每生产 100 千克原麻，需吸收氮（N）10.1～15.6 千克、磷（P_2O_5）2.6～3.9 千克、钾（K_2O）13.6～19.4 千克，且有随产量增加而增加的趋势，而三要素吸收比例基本不变，氮、磷、钾比例大约保持在 4：1：5，但不同季别苎麻对养分吸收的比例有所不同。全年亩产 179 千克原麻，其中头麻亩产 50 千克原麻，吸收的氮、磷、钾分别是 9.3 千克、3.1 千克、11.6 千克；二麻亩产 50 千克原麻只需吸收氮、磷、钾分别是 5.65 千克、1.25 千克、6.55 千克；三麻亩产 50 千克原麻则需吸收氮、磷、钾分别为 8.9 千克、1.55 千克、10.5 千克。三季麻吸收氮、磷、钾比例比例为：头麻 3.6：1：4，二麻为 4.66：1：5.2，三麻为 5.7：1：6.7。

苎麻不同生育阶段对氮、磷、钾的吸收利用情况不同。三季麻植株养分含量均以前期最高，往后逐渐下降，但营养阶段吸收量则以中、后期较多。除三季麻受后期生殖生长影响表现不一致外，氮、磷、钾吸收最大时期为封行至黑秆始期。这与干物质积累规律基本一致，说明养分的吸收支配苎麻生长发育和干物质积累。

三要素氮、磷、钾在不同器官的分配是不平衡的。氮主要在叶中，占植株总量的 65%～75%，麻骨中氮比例次之，占 18%～22%，麻皮中氮比例最小，只占 11%～14%。磷在各器官中的分配仍以叶所占比例最大。麻骨次之，麻皮中最少，分别为 46%～59%、27%～33%、13%～17%。钾在叶、皮、骨中分配较氮、磷平衡，接近相等比例，收获时花籽中氮、磷、钾含量分别占植株总量的 12%、23% 和 10%。

生长期植株体内养分的分配是有变化的，但这种变化并不是器官间的相互转移，而是各器官吸收量大小不同所致。只有三季麻后期由于生殖生长的进行，麻皮、麻骨中的氮、磷有向生殖器官转移的趋势，而钾在麻叶、麻皮、麻骨中的积累仍在增加，并无转移倾向。

二、苎麻测土施肥配方

高产苎麻养分需求量很高，但因土壤本身能提供一定量的养分，再加上我国麻区多采用扯皮法，麻骨、麻叶还田，从大田中只取走麻皮部分。粗略估计，氮素只取走苎麻对氮的吸收总量的 11%，磷大约为 18%，钾为 27%左右。因此，可根据肥料利用率计算出苎麻的施肥量。综合中国农业科学院麻类研究所等单位的最新研究结果，苎麻全生育期推荐施肥量见表 6 - 18。

表 6 - 18　苎麻推荐施肥量

肥力等级	推荐施肥量（千克/亩）		
	纯 N	P_2O_5	K_2O
低产田	21～24	10～13	18～20
中产田	24～27	13～16	20～22
高产田	27～30	16～19	22～24

三、苎麻常规施肥模式

苎麻为多年生宿根性植物，因此苎麻施肥分新建麻园和常年麻园两期。

1. 新栽苎麻的施肥技术　新栽苎麻不仅需要土壤深厚、疏松，质地良好，还要求供肥充足、肥效较长，促进壮蔸、壮芽、出壮苗。因此，各地麻区都有栽麻前增施人粪尿、土杂肥、饼肥、塘泥的经验。

（1）新麻基肥　一般中等肥力的土壤，每亩施无害化处理过的猪牛粪 2 000～2 500 千克，或无害化处理过的人粪尿 1 200 千克，或无害化处理过的饼肥 100 千克、无害化处理过的土杂肥 5 000～10 000 千克。如果为酸性土壤，每亩施石灰 100 千克中和酸性。基肥施肥方法为整地后穴施。

（2）新麻定根肥　种麻的时候，每亩可以用 25 千克腐殖酸型过磷酸钙与有机肥混匀，施于种子附近，然后播种将泥土稍压实，随即每亩施无害化处理过的粪水 1 500 千克作定根肥。

（3）新麻苗期期追肥　种植 15 天后中耕施肥，每亩用 1 500 千克粪水加 0.5 千克尿素淋施。当麻高 33 厘米后，麻头已有较多根，开始进入生长阶段，应及时施壮苗肥。待长至 45 厘米，再看苗补施粪水或尿素。

（4）**割麻后施肥** 割麻后将麻叶全部还田，并每亩施无害化处理过的土杂肥 1 000～1 500 千克、无害化处理过的粪水 2 000 千克作芽肥。10 多天后，再每亩施粪水 2 000 千克，酌量加尿素，并配合施草木灰 75 千克或氯化钾 10 千克。

2. **常年麻园高产施肥技术** 苎麻年收三季，各季的施肥时期和次数都有所不同。在三季麻的施肥中，头麻要重施"冬腊肥"，二、三麻除了头麻没有用完的土壤贮存的冬腊肥外，主要依赖追肥来争取高产，而且还要在追肥上做到快、速、稳、重的施好肥。施肥的原则为头麻"前轻后重"，二、三麻则是"前重后轻"。

（1）**冬腊肥的施用** 冬腊肥是指冬季或在春节前的腊月（农历十二月中下旬）施用的一次早期培（壮）蔸肥，多以沟渣肥或人畜肥为主，化肥为辅。在一般中等肥力麻园亩施猪粪尿 3 500～4 500 千克，或人粪尿 3 000 千克，或沟渣凼肥 5 000 千克，或饼肥 75 千克加磷肥 50 千克，磷肥要施在有机肥下面，即先将磷肥撒施于麻蔸上，然后再施人畜或沟渣凼肥将磷肥及麻蔸盖严，做到磷肥冬施春用，特别是钙镁磷肥要提早施用才能提高其利用率，在酸性红黄壤麻园上施用钙镁磷肥有利于中和土壤的酸性，提高苎麻的产量。施肥要结合麻园培蔸进行，冬季施肥培蔸效果证明："冬季施肥培蔸，新麻提早丰收，壮龄麻园常葆青春，老龄麻园返老还童"。

（2）**头麻的施肥** 一般头麻从出苗到齐苗一个月内追肥 2 次，第一次叫"提苗肥"，做到苗出土，肥下地，每亩施 500～750 千克人畜肥，或 4～5 千克尿素。第二次叫"壮苗肥"，在苗高 33 厘米左右时，亩施尿素 10～15 千克，或腐熟的饼肥 50～75 千克加氯化钾 7.5～10 千克，或 45% 复合肥 25～35 千克。一个月后追施第三次肥，这次肥叫"长杆肥"，亩施尿素 12～15 千克。施肥要看天看时施用，最好是在雨前或雨后麻叶上露水干后施肥，带露水施肥会伤害麻苗或叶片。头麻雨量充足，土壤湿度大，农家肥要抢晴天土干后施用，化肥撒施要在雨前或雨后植株无露雨时施，最好是穴施或挖沟条施覆土。

（3）**二麻的施肥** 二麻生长期间由于气温高，旺长期约一个月，麻苗出土后就猛长。所以，头麻收获后应立即追施肥料，要一次施足，一般每亩施人畜肥 1 000～1 500 千克，或尿素 10～15 千克加氯化钾 7.5～10 千克，或 45% 复合肥 25～35 千克，促进早发快长。必要时，在苗高 60～80 厘米可再轻施一次尿素，亩施尿素 5～8 千克。二麻雨水条件好，肥料施得足，一般产量还要优胜于头麻，麻农有"头麻壳多，二麻肉多，三麻籽多"。"头麻铁，二麻钢，三麻一把糠"的说法。施肥方法为：干旱时结合灌水抗旱施，没有条件抗旱的麻园可将化肥掺入粪水中泼施麻蔸周围，但不可直接泼在麻蔸上，以免肥料浓度过高烧伤麻苗，也可抢雨前或雨后施。

（4）三麻的施肥 三麻生长期间气温渐降，全生育期比二麻长，由于秋季短日照处理，出苗后一个月就现蕾开花，要在二麻抢收完后抓住前期狠追一次肥，亩肥人畜肥1 500千克，或尿素10～15千克。三麻以氮肥为主，磷、钾肥有利于生殖生长，增加麻籽量，追肥不能过"处暑"，否则，麻株生长过嫩，贪青迟熟，麻肉少，麻籽增多，且遇早霜后麻皮不易剥下来，得不偿失，一般以麻苗15～35厘米追肥效果最好。三麻生长期间雨量少，干旱时段多，施肥要结合抗旱才能发挥极佳的增产效果。同时，叶面喷施"920"或"802"生长调节剂，可减少生殖生长的成花量，有利于促进营养的协调，提高经济产量。

四、无公害苎麻营养套餐肥料组合

1. **基肥** 根据测土施肥配方，以氮肥、磷肥、钾肥为基础，添加有机型螯合微量元素、增效剂、调理剂等，生产苎麻专用肥，作为基肥施用。

综合各地苎麻配方肥配制资料，建议氮、磷、钾总养分量为32%，氮、磷、钾比例为1∶0.25∶1.29。基础肥料选用及用量（1吨产品）如下：尿素104千克、氯化铵300千克、过磷酸钙172千克、钙镁磷肥20千克、氯化钾272千克、七水硫酸镁70千克、生物制剂20千克、增效剂12千克、调理剂30千克。

也可选用腐殖酸型有机无机复混肥（20-5-10）、生物有机肥、腐殖酸涂层缓释肥（15-5-10）、腐殖酸高效缓释复混肥（15-5-20）等不同基肥组合。

2. **生育期追肥** 追肥可采用苎麻专用肥、腐殖酸型有机无机复混肥、腐殖酸高效缓释复混肥、增效尿素、腐殖酸过磷酸钙、氯化钾等。

3. **根外追肥** 可根据苎麻生育情况，酌情选用含腐殖酸水溶肥、含氨基酸水溶肥、活力钙水溶肥等。

五、无公害苎麻营养套餐施肥技术规程

本规程各种肥料用量以高产、优质、无公害、环境友好为目标，选用有机无机复合肥料、长效缓释肥料、有机活性水溶肥料进行施用，各地在具体应用时，可根据当地苎麻测土配方推荐用量进行调整。

1. 新苎麻园营养套餐施肥技术规程

（1）新苎麻基肥 施用无害化处理过的有机肥料。每亩施生态有机肥200～300千克，或无害化处理过的猪圈粪或牛圈粪2 000～2 500千克，或无害化处理过的人粪尿1 200千克，或饼肥100千克、无害化处理过的土杂肥5 000～10 000千克。如果为酸性土壤，每亩施石灰100千克中和酸性。基肥施肥方法为整地后穴施。

（2）新苎麻追肥 种麻每亩可以用腐殖酸型有机无机复混肥15千克、腐殖酸过磷酸钙25千克混匀，施于种子附近，然后播种将泥土稍压实。种植15天后中耕施肥，每亩用5千克苎麻专用肥淋施。当麻高33厘米后，麻头已有较多根，开始进入生长阶段，应及时施5千克苎麻专用肥。待长至45厘米，再看苗补施粪水或5千克苎麻专用肥。

（3）新苎麻割麻培肥 新麻割麻后将麻叶全部还田，并每亩施无害化处理过的土杂肥1 000～1 500千克、增效尿素10千克，并配合施草木灰75千克或氯化钾10千克。

2. 常年苎麻园营养套餐施肥技术规程

（1）重施冬腊肥 为了保护苎麻安全过冬，培育壮芽，要把麻田锄松，每亩选用下列组合，进行全层施肥。

① 亩施生物有机肥200～300千克或无害化处理过的有机肥2 000～3 000千克、苎麻专用肥70～90千克。

② 亩施生物有机肥200～300千克或无害化处理过的有机肥2 000～3 000千克、腐殖酸型有机无机复混肥60～70千克、缓释磷酸二铵10～15千克。

③ 亩施生物有机肥200～300千克或无害化处理过的有机肥2 000～3 000千克、腐殖酸涂层缓释肥50～55千克。

④ 亩施生物有机肥200～300千克或无害化处理过的有机肥2 000～3 000千克、腐殖酸高效缓释复混肥45～50千克。

（2）头麻施肥 一般追肥3次：提苗肥、壮苗肥、长秆肥。

① 提苗肥。一般头麻出苗后立即施用，做到苗出土，肥下地，每亩施50～60千克生物有机肥、6～8千克增效尿素。

② 壮苗肥。在苗高33厘米左右时，亩施苎麻专用肥20～25千克，或腐殖酸型有机无机复混肥15～20千克，或腐殖酸高效缓释复混肥20～25千克。

③ 长秆肥。一个月后麻株封行前，每亩增效施尿素15～20千克。

（3）二麻施肥 一般追肥1～2次。

① 头麻收获后应立即追施肥料，要一次施足，一般每亩施腐殖酸高效缓

释复混肥 35～40 千克，或增效尿素 10～15 千克、氯化钾 7.5～10 千克。

② 如果出现麻株长势较差，可在苗高 60～80 厘米可每亩再轻施一次增效尿素 5～8 千克。

（4）三麻施肥 在二麻抢收完后抓住前期狠追一次肥，每亩追施腐殖酸高效缓释复混肥 20～25 千克，或生物有机肥 150 千克、增效尿素 5～10 千克。

（5）根外追肥 可在每季麻高 30 厘米、封行前进行根外追肥。

① 在每季苎麻长到 30 厘米高时，可叶面喷施 500 倍的含腐殖酸水溶肥或含氨基酸水溶肥 2 次，喷液量 50 千克，春季间隔 15 天、夏天 20 天。

② 在每季苎麻封行前，可叶面喷施 500 倍的活力钙水溶肥 2 次，喷液量 50 千克，间隔 20 天。

第五节　亚麻测土配方与营养套餐施肥技术

亚麻，一年生草本植物，可分成纤维用亚麻、油用亚麻和油纤兼用亚麻三种类型。油用型亚麻常称为胡麻。亚麻纤维是纺织工业的原料之一，亚麻油可广泛用于制造油漆、油墨、染料、涂料用油和医药用油。我国各地皆有栽培，东北、内蒙古、山西、陕西、山东、湖北、湖南、广东、广西、四川、贵州、云南等地。但以北方和西南地区较为普遍。

一、亚麻的营养需求特点

亚麻正常生长需要吸收 16 种必需营养元素，其中对氮、钾、硼、锌等元素敏感，因此应注意这些元素的供给。亚麻对氮素有特殊要求，喜铵态氮肥；亚麻是喜钾、喜氯作物，因此施用氯化钾效果较好。

根据试验资料，每亩产亚麻纤维 60～66.7 千克、籽粒 40～53 千克，需吸收氮（N）1.5～2.5 千克、磷（P_2O_5）4～5.3 千克、钾（K_2O）6.67 千克，氮、磷、钾比例大约保持在 1∶2.12～2.67∶2.67～2.45。

亚麻吸氮与其他作物有明显不同，从出苗到枞形期，虽然只有 22 天，但吸但量却占整个生育期总量的 36.2%，每天吸氮量占整个生育期吸氮量的 1.60%。从枞形期到现蕾期只有 14 天，吸氮量占整个生育期吸氮总量的 33.3%，每天吸氮量占整个生育期吸氮量的 2.37%，是亚麻的吸氮高峰期。从现蕾期到蒴果期，吸氮量占整个生育期吸氮总量的 30.5%，每天吸氮量占整个生育期吸氮量的 1.01%，吸氮速率明显下降。蒴果形成期到种子及麻茎完全成熟时，此时还有 20 天，已基本不吸收氮素。亚麻吸磷规律与吸氮规律大体相似。从枞形期到现蕾期只有 14 天，吸磷量占整个生育期吸磷总量的 43.9%，每天吸磷量占整个生育期吸磷量的 3.1%。从现蕾期到蒴果期，吸磷量明显下降，这是亚麻吸磷独有的特点。从枞形期到现蕾期也是吸钾的高峰期，到开花期吸钾结束。

二、亚麻测土施肥配方

综合中国农业科学院麻类研究所等单位的最新研究结果，根据亚麻的需肥规律、土壤肥力、预期产量目标等因素确定施肥量和养分比例。亚麻的施肥原则是低氮高磷高钾。轻碱土类型以 1∶3∶1 高磷配比，白浆土缺氮土壤类型以 2∶1∶1 高氮和 1∶1∶2 高钾配比，黑土类型以 1∶1∶1 高氮配比。对缺氮的土壤氮、磷、钾比例为 1∶3∶4 或 1∶2∶4，氮素用量不超过 2.67 千克为宜，折合氯化铵 11 千克或尿素 6 千克。另外，每亩可施硼砂 2～3 千克、七水硫酸锌 2～3 千克。

三、亚麻常规施肥模式

亚麻合理施肥必须坚持增施有机肥，实行有机肥与无机肥相结合；增施氮、钾肥，实行氮、磷、钾肥相结合；增施硼肥和锌肥，实行大量元素与微量元素肥料相结合；以基肥为主，基肥与追肥相结合，采取"重施基肥和中层肥、足施枞形肥和蕾肥、巧施微肥"的技术。

1. **基肥** 基肥结合秋耕施入，也可春季整地施入。秋耕时每亩施有机肥 2 000～3 000 千克，若在春季整地时每亩可施有机肥 1 500 千克。另可每亩施复混肥 40～50 千克，与有机肥一起施入，施肥深度 10～15 厘米。

2. **种肥** 一般施硫酸铵 3.5～5 千克，应与种子保持一定距离，以防伤苗。

3. **追肥** 一般在苗期，根据秧苗长势，亩施氯化铵 8～10 千克，磷、钾素适量。枞形期每亩追施氯化钾 5～10 千克，氮、磷适量。追施时间不宜太晚。

四、无公害亚麻营养套餐肥料组合

1. **基肥** 根据测土施肥配方，以氮肥、磷肥、钾肥为基础，添加氨基酸、有机型螯合微量元素、增效剂、调理剂等，生产氨基酸型亚麻专用肥，作为基肥施用。

综合各地亚麻配方肥配制资料，建议氮、磷、钾总养分量为 30%，氮、磷、钾比例为 1：2.27：3.55。基础肥料选用及用量（1 吨产品）如下：氯化铵 131 千克、磷酸一铵 91 千克、过磷酸钙 300 千克、钙镁磷肥 30 千克、氯化钾 260 千克、硼砂 25 千克、氨基酸螯合锌 5 千克、氨基酸 40 千克、生物制剂 40 千克、增效剂 13 千克、调理剂 60 千克。

也可选用腐殖酸型有机无机复混肥（20-5-10）、生物有机肥、腐殖酸涂层缓释肥（15-5-10）、腐殖酸高效缓释复混肥（15-5-20）等不同基肥组合。

2. 生育期追肥　追肥可采用氨基酸型亚麻专用肥、腐殖酸高效缓释复混肥、氯化钾等。

3. 根外追肥　可根据亚麻生育情况，酌情选用含腐殖酸水溶肥、含氨基酸水溶肥、生物活性钾水溶肥等。

五、无公害亚麻营养套餐施肥技术规程

本规程各种肥料用量以高产、优质、无公害、环境友好为目标，选用有机无机复合肥料、长效缓释肥料、有机活性水溶肥料进行施用，各地在具体应用时，可根据当地亚麻测土配方推荐用量进行调整。

1. 基肥　亚麻种植耕地前选用下列基肥组合，进行全层施肥。

（1）亩施生物有机肥 100～200 千克或无害化处理过的有机肥 1 000～2 000 千克、氨基酸型亚麻专用肥 50～60 千克。

（2）亩施生物有机肥 100～200 千克或无害化处理过的有机肥 1 000～2 000 千克、腐殖酸型有机无机复混肥 40～50 千克、缓释磷酸二铵 10～15 千克。

（3）亩施生物有机肥 100～200 千克或无害化处理过的有机肥 1 000～2 000 千克、腐殖酸涂层缓释肥 35～45 千克。

（4）亩施生物有机肥 100～200 千克或无害化处理过的有机肥 1 000～2 000 千克、腐殖酸高效缓释复混肥 30～40 千克。

2. 种肥　播种时一般距种子 10 厘米处沟施氨基酸型亚麻专用肥 3～5 千克或腐殖酸高效缓释复混肥 3～5 千克。

3. 根际追肥　亚麻追肥时间不宜过晚，视生长情况一般追肥 2 次，第一次在枞形末期追肥，第二次在现蕾期前结束。

（1）枞形末期追肥　每亩施腐殖酸高效缓释复混肥 8～10 千克，或氨基酸型亚麻专用肥 10～15 千克，或氯化铵 8～10 千克。

（2）现蕾期前结束追肥　每亩施腐殖酸型有机无机复混肥 15～20 千克，或氯化铵 12～15 千克、腐殖酸型过磷酸钙 5～8 千克、氯化钾 3～5 千克。

4. 根外追肥　可以根据亚麻生长情况在株高 20 厘米、现蕾期进行根外追肥。

（1）亚麻植株长到 20 厘米高时，可叶面喷施 500 倍的含腐殖酸水溶肥或含氨基酸水溶肥 1 次，喷液量 50 千克。

（2）亚麻进入现蕾期时，可叶面喷施 500 倍的生物活性钾水溶肥 2 次，喷液量 50 千克，间隔 20 天。

第七章
油料作物测土配方与营养套餐施肥技术

油料作物是以榨取油脂为主要用途的一类作物。这类作物主要有油菜、大豆、花生、芝麻、向日葵、棉籽、蓖麻、苏子、油用亚麻和大麻等。我国五大主要油料作物为大豆、油菜、花生、芝麻、向日葵。

第一节　花生测土配方与营养套餐施肥技术

花生，又名长生果、落花生，属蔷薇目，豆科一年生草本植物。我国花生播种面积稳定在487万公顷左右，占全球花生面积的近20%。年产量1 400多万吨，占世界花生总产的40%以上，居世界第一位。花生是我国第一大油料作物。我国的黄淮、东南沿海、长江流域是三片相对集中的主产区，尤其以河南、山东、河北、广东、安徽、四川、广西较大。

一、花生的营养需求特点

据研究，每生产100千克花生荚果，需要吸收纯N5.0～6.8千克、$P_2O_5$1.0～1.3千克、K_2O2.0～3.8千克，其吸收比例为1：0.19：0.49。此外还吸收钙2.52千克、镁2.53千克，比磷的吸收量还多。

花生对氮的吸收总量，不论早熟品种还是晚熟品种，均表现出随生育期的推进和生物产量的增加而增多。但各生育期吸氮量占全生育期吸氮总量的比率，早熟品种以花针期最多，晚熟品种以结荚期最多，幼苗期和饱果期较少。幼苗期和开花下针期氮的运转中心在叶部，结荚期氮的运转中心转向果针和幼果，饱果期氮的运转中心转向荚果。

花生根系吸收的磷素首先运转到茎部，然后再输送到果针、幼果和荚果。同列侧根吸收的磷素优先供应同列侧枝。花生根系吸收的磷素有相当数量供给根瘤菌需要，因而有"以磷增氮"之说。花生吸收的磷素幼苗期的运转中心在茎部，开花下针期运转中心由茎部转向果针和幼果，结荚期运转中心仍集中在果针和幼果，饱果期的运转中心为荚果。

花生对钾的吸收主要集中在花生最活跃部位，如生长点、幼针、形成层等。花生对钾的吸收以开花下针期最多，结荚期次之，饱果期较少。花生吸收的钾素，幼苗期的运转中心在叶部，开花下针期的运转中心由叶部转入茎部，结荚期和饱果期的运转中心仍在茎部。

花生是喜钙作物。花生根系吸收的钙，除根系自身生长需要外，主要输送到茎叶，运转到荚果的很少；花生叶片也直接吸收钙，并主要运转到茎枝，很少运到荚果；荚果发育需要的钙主要依靠荚果本身吸收。花生不同生育期对钙的吸收量以结荚期最多，开花下针期次之，幼苗期和饱果期较少。花生吸收的钙在植株体内运转较慢，幼苗期的运转中心在根和茎部，开花下针期果针和幼果直接从土壤吸收钙素，结荚期果针和幼果对钙的吸收量明显增加，饱果期吸收钙则明显减少。

花生各发育阶段需肥量不同，花生苗期需要的养分数量较少，氮、磷、钾的吸收量仅占一生吸收总量的5%左右，开花期吸收养分数量急剧增加，氮的吸收占一生吸收总量的17%、磷占22.6%、钾占22.3%；结荚期是花生营养生长和生殖生长最旺盛的时期，有大批荚果形成，也是吸收养分最多的时期，氮的吸收占一生吸收总量的42%、磷占46%、钾占60%；饱果成熟期吸收养分的能力渐渐减弱，氮的吸收占一生总量的28%、磷占22%、钾占7%。花生对微量元素硼、钼、铁较为敏感，在含碳酸钙较多且pH较高的土壤上较易出现缺铁黄花现象。

二、花生测土施肥配方

综合全国各地花生测土配方施肥技术成果资料，我国主要花生产区的测土施肥配方如下。

1. **华北地区（河南省）花生**　根据多年试验资料，河南省不同肥力的花生施肥配方如表7-1。

表7-1　河南省不同肥力花生施肥配方（千克/亩）

不施肥花生 荚果产量	推荐肥料用量		氮、磷比例
	纯 N	P_2O_5	
<150	8~10	6~10	0.9：1
150~250	4~6	5~8	0.8：1
>250	4~6	6	0.7：1

2. 长江流域及东南沿海花生 根据多年试验资料，长江流域及东南沿海不同肥力的花生施肥配方如表7-2。

表7-2 长江流域及东南沿海不同肥力的花生施肥配方

肥力水平	产量水平（千克/亩）	有效磷（毫克/千克）	速效钾（毫克/千克）	推荐施肥量（千克/亩）		
				N	P₂O₅	K₂O
极高	>500	>30	>180	7.5～12	3.5	3.5
高	400～500	25～30	135～180	7～10	4.5	4.5
中	300～400	12～25	60～135	6.5～8	6	6
低	200～300	6～12	26～60	5.5～7	7	7
极低	<200	<6	<26	5～6	8.5	8.5

3. 东北花生 根据多年试验资料，东北地区不同肥力的花生施肥配方如表7-3。

表7-3 东北地区不同肥力的花生施肥配方

肥力水平	有机质（%）	有效磷（毫克/千克）	速效钾（毫克/千克）	推荐施肥量（千克/亩）		
				N	P₂O₅	K₂O
极高	>0.6	>45	>200	0～3	2.5	2.5
高	0.4～0.6	35～45	150～200	3～5	3	3
中	0.25～0.4	20～35	100～150	5～6	3.5	3.5
低	<0.25	10～25	70～100	6～8	4.5	4.5
极低		<10	<70	8	5	5

4. 西北花生 根据多年试验资料，西北地区不同肥力的花生施肥配方如表7-4。

表7-4 西北地区不同肥力的花生施肥配方

肥力水平	碱解氮（毫克/千克）	有效磷（毫克/千克）	速效钾（毫克/千克）	推荐施肥量（千克/亩）		
				N	P₂O₅	K₂O
极高	>120	>45	>200	12～14	0	0
高	90～120	30～45	150～200	10～12	3	3
中	60～90	20～30	100～150	8～10	4	4
低	30～60	10～20	70～100	6～8	5	5
极低	<30	<10	<70	5～6	6	6

三、花生常规施肥模式

花生施肥应掌握以有机肥料为主，化学肥料为辅；基肥为主，追肥为辅；追肥以苗肥为主，花肥、壮果肥为辅；氮、磷、钾、钙配合施用的基本原则。

1. 花生常规栽培施肥技术

（1）基肥 花生应着重施足基肥。一般每亩施用农家肥 1 000～1 200 千克，硫酸铵 5～10 千克，钙镁磷肥 15～25 千克，氯化钾 5～10 千克。基肥宜将化肥和农家肥混合堆闷 20 天左右后分层施肥，2/3 深施于 30 厘米深的土层，1/3 施于 10～15 厘米深的土层。

（2）种肥 选用腐熟好的优质有机肥 1 000 千克左右与磷酸二铵 5～10 千克或钙镁磷肥 15～20 千克混匀沟施或穴施。另在花生播种前，每亩用 0.2 千克的花生根瘤菌剂，结合 10～25 克钼酸铵拌种可取得较好的经济效益。

（3）追肥 一般用于基、种肥不足的麦套花生或夏花生上。亩施腐熟有机肥 500～1 000 千克，尿素 4～5 千克，过磷酸钙 10 千克，在花生始花前施用。也可用 0.3% 磷酸二氢钾和 2% 的尿素溶液，在花生中后期结合防治叶斑病和锈病与杀菌剂一起混合叶面喷施 2～3 次。

（4）微肥的施用 在石灰性较强的偏碱性土壤上要考虑施用铁、硼、锰等微肥；在多雨地区的酸性土壤上应注意施钼、硼等微肥。微肥可作基肥、种肥、浸种、拌种和根外喷施，一般以拌种加花期喷施增产效果最好，喷施时以 0.1%～0.25% 浓度为好。

2. 地膜覆盖栽培花生施肥技术

（1）平衡施肥 一是有机肥与无机肥配合，每亩施充分腐熟的厩肥或土杂肥 1 500 千克作基肥；二是氮、磷、钾肥合理配比，一般要求氮、磷、钾之比达到 1：0.8～1.2：1.5～2；三是大量元素与中微量元素配合施用，增施钙肥可以促进果针下扎，提高饱果率、出仁率，增施硫肥有利于提高含油量，增施硼肥、锌肥、钼肥都有利于花生高产。

（2）适量施肥 一般亩产达到 250～300 千克产量，需在施有机肥的基础上，每亩再施花生配方肥 50 千克或尿素 15 千克、钙镁磷肥 50～75 千克、氯化钾 15 千克、硼砂 0.5 千克、硫酸锌 1 千克，有条件的再施硅肥 100 千克。有机肥不施或施用不足的地区，应增施化肥，保证每亩施纯 N10～12 千克、P_2O_5 8～12 千克、K_2O 15～20 千克。

（3）基肥为主，追肥配合 有机肥与钙镁磷肥混匀后先堆沤 15～20 天，60% 结合耙地时施下，剩余的 40% 与氮、钾肥及其他中、微量元素肥拌匀，于播种前5～7天集中施于沟内，覆盖3～4厘米厚的细土；所有肥料全部作基肥施下，施后播种盖膜。

如果长势较弱，可采用根际打孔深追肥方法，在靠近根系5厘米的地方扎深5厘米深的孔施入肥料，一般每亩均匀施入尿素7.5千克，追后用土封严。

（4）配合施用免耕肥　一般每亩施用5～6千克免耕肥代替部分化肥，可以作基肥与其他肥料拌匀后撒施或集中施于沟中，但施于沟中要盖土或与沟土拌匀后播种，避免种子直接接触肥料。

（5）结合叶面追肥　在花生的初花期和盛花期分别用0.1％～0.25％的硼砂或硼酸溶液喷雾；在苗期至始花期喷施0.1％～0.2％的硫酸锌；在花生结荚生长的后期，喷施0.3％的磷酸二氢钾溶液，叶面喷施2～3次，每次间隔7～10天。

3. 麦田套种覆膜栽培花生施肥技术

（1）重施前茬肥　种麦前，每亩施用优质有机肥2 000千克，尿素15～20千克，过磷酸钙40～50千克，拌匀铺施作基肥，花生利用其后效。

（2）补施种肥　套种前，每亩用优质有机肥1 000千克、尿素10～15千克，过磷酸钙30～40千克、硫酸钾或氯化钾10千克，开沟破垄，包施在垄内，然后恢复原垄型。

（3）叶面喷施　可喷施稀土微肥，浓度苗期为0.01％、花针期为0.03％；苗期和花期也可喷施钛微肥，每亩用100毫升兑水50千克喷施。在花生结荚生长的后期，喷施0.3％的磷酸二氢钾溶液，叶面喷施2～3次，每次间隔7～10天。

四、无公害花生营养套餐肥料组合

1. 基肥　根据测土施肥配方，以氮肥、磷肥、钾肥为基础，添加氨基酸、有机型螯合微量元素、增效剂、调理剂等，生产氨基酸型花生专用肥，作为基肥施用。

综合各地花生配方肥配制资料，建议氮、磷、钾总养分量为35％，氮、磷、钾比例为1∶1.5∶2。基础肥料选用及用量（1吨产品）如下：硫酸铵100千克、尿素94千克、磷酸一铵123千克、钙镁磷肥300千克、氯化钾259千克、硼砂15千克、氨基酸螯合锌铁钼锰15千克、氨基酸44千克、生物制剂20千克、增效剂10千克、调理剂20千克。

也可选用硫酸钾型腐殖酸涂层长效肥（15-10-15）、腐殖酸型有机无机复混肥（20-5-10）、腐殖酸高效缓释复混肥（15-5-20）等不同基肥组合。

2. 生育期追肥　追肥可采用硫酸钾型腐殖酸涂层长效肥、腐殖酸高效缓释复混肥、硫酸钾等。

3. **根外追肥**　可根据花生生育情况，酌情选用含腐殖酸水溶肥、含氨基酸水溶肥、活力钙水溶肥、生物活性钾水溶肥、氨基酸螯合硼、氨基酸螯合锌铁钼锰等。

五、无公害花生营养套餐施肥技术规程

1. **春花生营养套餐施肥技术规程**　本规程各种肥料用量以高产、优质、无公害、环境友好为目标，选用有机无机复合肥料、长效缓释肥料、有机活性水溶肥料进行施用，各地在具体应用时，可根据当地春花生测土配方推荐用量进行调整。

（1）**基肥**　露地春花生，北方前茬作物收获后进行冬耕，深耕 20～25 厘米。结合冬耕可将有机肥先行施入，其他肥料带春播前浅耕施入。对于地膜覆盖春花生，前茬作物收获后进行深冬耕，早春浅耕，耕后及时耙耱保墒。春花生栽培可选用下列基肥组合。

① 亩施生物有机肥 200～300 千克或无害化处理过优质有机肥 2 000～3 000 千克、氨基酸型花生专用肥 50～60 千克。

② 亩施生物有机肥 200～300 千克或无害化处理过优质有机肥 2 000～3 000 千克、硫酸钾型腐殖酸涂层长效肥 45～50 千克。

③ 亩施生物有机肥 200～300 千克或无害化处理过优质有机肥 2 000～3 000 千克、腐殖酸高效缓释复混肥 50～55 千克。

④ 亩施生物有机肥 200～300 千克或无害化处理过的有机肥 2 000～3 000 千克、腐殖酸型有机无机复混肥 50～60 千克。

（2）**根际追肥**　春花生由于基肥施用较足，因此苗期可不追肥，可在开花期追施效果较好，可选用下列基肥组合，进行条施。

① 每亩追施硫酸钾型腐殖酸涂层长效肥 15～20 千克。

② 每亩追施腐殖酸高效缓释复混肥 10～15 千克。

③ 每亩追施氨基酸型花生专用肥 15～20 千克。

（3）**根外追肥**　可以根据花生生长情况在苗期（5 片真叶期）、始花期、下针期进行根外追肥。

① 花生 5 片真叶期。可叶面喷施 500 倍的含腐殖酸水溶肥、1 000 倍氨基酸螯合硼、1 500 倍氨基酸螯合锌铁钼锰 1 次，喷液量 50 千克。

② 花生始花期。可叶面喷施 500 倍含氨基酸水溶肥、1 500 倍活力钙水溶肥 1 次，喷液量 50 千克。

③ 花生下针期。可叶面喷施 500 倍生物活性钾水溶肥 2 次，喷液量 50 千克，间隔 15 天。

2. 麦田套种花生营养套餐施肥技术规程 本规程各种肥料用量以高产、优质、无公害、环境友好为目标，选用有机无机复合肥料、长效缓释肥料、有机活性水溶肥料进行施用，各地在具体应用时，可根据当地麦套花生测土配方推荐用量进行调整。

麦田套种花生苗期在小麦行间生长，生长发育受到一定影响，主茎伸长快，侧枝发育慢，节间较长，叶色黄，生长细弱，呈现"高脚苗"长相。小麦收获后经过一定缓苗后生长很快。因此在施肥上，基肥以前茬作物为主，尽量补施种肥，主要注重追肥和根外追肥。

（1）种肥 麦套花生主要有大垄宽幅麦套覆膜花生、小垄宽幅麦套种花生、普通畦田麦套种花生三种模式。春播种时可选用下列肥料组合，开沟破垄，包施在垄内，然后恢复原垄型，将肥料穴施入种子附近。

① 亩施生物有机肥 20～30 千克、氨基酸型花生专用肥 5～10 千克。

② 亩施生物有机肥 20～30 千克、硫酸钾型腐殖酸涂层长效肥 10～15 千克。

③ 亩施生物有机肥 20～30 千克、腐殖酸高效缓释复混肥 10～15 千克。

④ 亩施生物有机肥 20～30 千克、腐殖酸型有机无机复混肥 10～15 千克。

（2）根际追肥 麦田套种花生由于基肥或种肥一般不施，因此，麦收后要及时灭茬施肥。

① 苗期追肥。一般在始花前，以氮肥为主。亩追施增效尿素 8～10 千克。如果肥力足长势好一般可不追施。

② 开花期追肥。每亩追施硫酸钾型腐殖酸涂层长效肥 15～20 千克，或腐殖酸高效缓释复混肥 10～15 千克，或氨基酸型花生专用肥 15～20 千克。

（3）根外追肥 可以根据花生生长情况在始花期、下针期进行根外追肥。

① 花生始花期。可叶面喷施 500 倍含腐殖酸水溶肥或含氨基酸水溶肥、1 000 倍氨基酸螯合硼、1 500 倍氨基酸螯合锌铁钼锰 1 次，喷液量 50 千克。

② 花生下针期。可叶面喷施 1 500 倍活力钙水溶肥、500 倍生物活性钾水溶肥 2 次，喷液量 50 千克，间隔 15 天。

3. 夏直播花生营养套餐施肥技术规程 本规程各种肥料用量以高产、优质、无公害、环境友好为目标，选用有机无机复合肥料、长效缓释肥料、有机活性水溶肥料进行施用，各地在具体应用时，可根据当地夏直播花生测土配方推荐用量进行调整。

夏直播花生生育期较短，一般只有 100～115 天，生育期进程表现为：苗期生长量小，有效花期短，饱果成熟期短，前期生长速度快，但分配系数较高。因此，夏直播花生在栽培上，一切措施要从"早"出发。

（1）**基肥**　夏收后要抓紧时间整地施肥，可选用下列基肥组合。

① 亩施生物有机肥 100～150 千克或无害化处理过优质有机肥 1 500～2 000千克、氨基酸型花生专用肥 40～50 千克。

② 亩施生物有机肥 100～150 千克或无害化处理过优质有机肥 1 500～2 000千克、硫酸钾型腐殖酸涂层长效肥 45～50 千克。

③ 亩施生物有机肥 100～150 千克或无害化处理过优质有机肥 1 500～2 000千克、腐殖酸高效缓释复混肥 45～50 千克。

④ 亩施生物有机肥 100～150 千克或无害化处理过的有机肥 1 500～2 000千克、腐殖酸型有机无机复混肥 45～50 千克。

（2）**根际追肥**　可在开花期追施效果较好，可选用下列基肥组合，进行条施。

① 每亩追施硫酸钾型腐殖酸涂层长效肥 10～15 千克。

② 每亩追施腐殖酸高效缓释复混肥 10～12 千克。

③ 每亩追施氨基酸型花生专用肥 10～15 千克。

（3）**根外追肥**　可以根据花生生长情况在苗期（5 片真叶期）、始花期、下针期进行根外追肥。

① 花生 5 片真叶期。可叶面喷施 500 倍的含腐殖酸水溶肥、1 000 倍氨基酸螯合硼、1 500 倍氨基酸螯合锌铁钼锰 1 次，喷液量 50 千克。

② 花生始花期。可叶面喷施 500 倍含氨基酸水溶肥、1 500 倍活力钙水溶肥 1 次，喷液量 50 千克。

③ 花生下针期。可叶面喷施 500 倍生物活性钾水溶肥 2 次，喷液量 50 千克，间隔 15 天。

第二节　油菜测土配方与营养套餐施肥技术

油菜，又叫油白菜，苦菜，十字花科、芸薹属植物。油菜生产广泛分布于全国各地，是长江流域、西北地区的主要农作物。油菜按农艺性状可分为白菜型油菜、芥菜型油菜和甘蓝型油菜，目前我国种植的油菜多为甘蓝型油菜。我国长江流域多种植冬油菜，秋季播种翌年夏季收获；东北、西北、青藏高原地区多种植春油菜，春、夏播种夏、秋收获。

一、油菜的营养需求特点

油菜品种不同对氮、磷、钾的吸收量也不相同，甘蓝型油菜比白菜型油菜需肥量多。甘蓝型油菜每生产 100 千克菜籽需要吸收纯 N9～11 千克、P_2O_5 3.0～3.9 千克、K_2O 8.5～12.8 千克，氮、磷、钾的比例为 1：0.42：1.4。白菜型油菜每生产 100 千克菜籽需要吸收纯 N5.8 千克、P_2O_5 2.4 千克、K_2O 4.3 千克，氮、磷、钾的比例为 1：0.35：0.95。

1. 冬油菜的营养需求特点　目前冬油菜多种植的是"双低"甘蓝型油菜，其不同生育阶段的养分吸收规律为：氮素积累量最大时期为苗期，磷、钾积累量最大时期为花期，氮、磷、钾养分积累速率最大时期均为花期（表 7-5）。

表 7-5　油菜不同生育阶段养分积累量占最大积累量的百分数（%）

养分	苗期	蕾薹期	花期	角果成熟期
纯 N	33.3～47.8	11.9～14.7	15.5～28.1	17.7～28.8
P_2O_5	23.4～37.9	22.5～29.4	32.7～54.1	−17.2～−2.6
K_2O	24.7～33.9	16.2～35.9	31.0～53.3	−43.0～−23.5

油菜籽粒是氮、磷的分配中心，分别占总量的 75.3%～83.2% 和 67.03%～78.3%；而茎秆和角壳则是钾的累积中心，二者累积的钾素占总量的 85.9%～87.6%。

2. 春油菜的营养需求特点　油菜是需肥多、耐肥力强的作物，而且对磷、硼敏感。研究表明，甘蓝型油菜的生长发育规律呈"M"形，苗期、蕾薹期、开花期、角果成熟期各器官的生长发育由低到高、再由高向低，呈"M"形进行。

苗期至现蕾期，主要是营养生长，苗后期也有生殖生长。这一阶段累积的干物质约占全期干物重的 10% 左右，吸收氮、磷、钾占总吸收量的 43.5%、23.5%、29.8%，苗期阶段是需肥的重要时期。

蕾薹期营养生长和生殖生长都很旺盛，以营养生长为主，累积的干物质约占全期干物重的 35%，吸收氮、磷、钾占总吸收量的 44.4%、30.7%、47.6%，是需肥最多的时期。

开花到成熟期，这一阶段约占全生育期的 1/4 左右的时间，生殖生长最旺盛，累积干物质最多，约占全期干重的 55%。此阶段氮、钾养分的吸收积累较少，氮、钾吸收量占总量的 12.0%、22.6%。磷的吸收量占全生育期磷素总吸收量的 45.7%，是油菜生育期中吸磷最高的阶段。

二、油菜测土施肥配方

1. 冬油菜测土施肥配方

（1）土壤养分丰缺指标　如长江流域油菜种植区的土壤养分丰缺指标参考

表7-6。

表7-6　长江流域土壤养分丰缺指标（毫克/千克）

土壤等级	极低	低	中	高	极高
碱解氮	<70	70～90	90～120	120～150	>150
有效磷	<6	6～12	12～25	25～30	>30
速效钾	<26	26～60	60～135	135～180	>180

（2）**氮肥用量的确定**　我国长江流域油菜多种植在水旱轮作的水稻土上，常根据土壤碱解氮测试值估算土壤供氮能力，并进行肥力分级。氮肥用量推荐参考表7-7。

表7-7　长江流域油菜氮肥用量推荐（千克/亩）

目标产量	肥力等级				
	极低	低	中	高	极高
100	7.5	6	5	4	3
150	11.5	9	7.5	6	4.5
200	15.5	12.5	10.5	8	6
250	21	17	14	11	8.5

（3）**磷肥用量的确定**　我国长江流域油菜常根据土壤有效磷（olsen-P）测试值估算土壤供磷能力，并进行肥力分级。磷肥用量推荐参考表7-8。

表7-8　长江流域油菜磷肥用量推荐（千克/亩）

目标产量	肥力等级				
	极低	低	中	高	极高
100	3	2.5	2	1.5	1
150	5	4	3	2.5	2
200	6.5	5	4.5	3.5	2.5
250	9	7	6	5	3.5

（4）**钾肥用量的确定**　我国长江流域油菜常根据土壤有效钾测试值估算土壤供钾能力，并进行肥力分级。钾肥用量推荐参考表7-9。

（5）**硼肥用量的确定**　为保证油菜的正常生长，当有效硼含量低于临界值0.6毫克/千克时，每亩基施硼砂0.5～1.0千克。

2. **春油菜测土施肥配方**　北方春油菜根据土壤养分测定值和目标产量，

氮、磷、钾肥推荐用量如表 7 - 10、表 7 - 11 和表 7 - 12。

表 7 - 9　长江流域油菜钾肥用量推荐（千克/亩）

目标产量	肥力等级				
	极低	低	中	高	极高
100	—	7	4	2.5	1.5
150	—	10	6	4	2
200	—	13.5	8	5.5	3
250	—	19	11	7.5	4

表 7 - 10　根据油菜籽目标产量和土壤供氮能力的氮肥（N）推荐用量

油菜籽目标产量（千克/亩）	N 推荐用量（千克/亩）		
	高肥力田块	中肥力田块	低肥力田块
<50	<2.5	<4.5	<5.5
50～100	2.5～4.5	4.5～8.0	5.5～9.0
100～150	4.5～6.0	7.0～10.0	9.0～12.0
150～200	6.0～8.0	10.0～13.0	12.0～16.0
200～250	8.0～11.0	13.5～18.0	15.0～21.0

表 7 - 11　根据油菜籽目标产量和土壤供磷能力的磷肥（P_2O_5）推荐用量

油菜籽目标产量（千克/亩）	P_2O_5 推荐用量（千克/亩）			
	土壤 P<5 毫克/千克	5～10 毫克/千克	10～20 毫克/千克	>20 毫克/千克
<50	2.5	2.0	1.5	0
50～100	2.5～5.0	2.0～4.0	1.5～2.5	0
100～150	5.0～8.5	4.5～7.0	2.5～4.5	2.0～3.0
150～200	8.5～11.5	7.0～8.5	4.5～6.0	3.0～4.0
200～250	11.5～13.5	8.5～10.0	6.0～7.5	4.0～5.0

表 7 - 12　根据油菜籽目标产量和土壤供钾能力的钾肥（K_2O）推荐用量

油菜籽目标产量（千克/亩）	K_2O 推荐用量（千克/亩）			
	土壤 K<50 毫克/千克	50～100 毫克/千克	100～130 毫克/千克	>130 毫克/千克
<50	7.0	6.0	2.0	0
50～100	7.0～12.5	6.0～10.0	2.0～4.0	0
100～150	12.5～19.5	10.0～16.0	4.0～5.5	2.0～3.0

（续）

油菜籽目标产量（千克/亩）	K_2O 推荐用量（千克/亩）			
	土壤 K<50 毫克/千克	50～100 毫克/千克	100～130 毫克/千克	>130 毫克/千克
150～200	29.5～24.0	16.0～20.0	5.5～6.5	3.0～4.0
200～250	24.0～28.0	20.0～24.0	6.5～8.0	4.0～5.0

三、油菜常规施肥模式

1. 冬油菜常规施肥技术　长江流域是冬油菜主产区，氮肥的 50%～60%、钾肥的 60% 和全部磷肥作基肥在油菜移栽前施用，余下的氮肥和钾肥分 2 次分别在移栽后 50 天和 100 天左右平均施用。由于油菜对硼敏感，当硼肥作基肥施用时每亩施用硼砂 0.5～1.0 千克。

（1）苗床施肥　做好苗床施肥，首先要施足基肥，具体做法是：每亩苗床在播种前施用腐熟的优质有机肥 200～300 千克、尿素 2 千克、过磷酸钙 5 千克、氯化钾 1 千克，将肥料与土壤（10～15 厘米厚）混匀后播种。结合间苗和定苗，追肥 1～2 次，追肥在人畜粪尿为主，并注意肥水结合，以保证壮苗移栽。在移栽前可喷施硼肥 1 次，浓度为 0.2%。

（2）移栽田施肥　从油菜移栽到收获，每亩移栽田所需投入不同养分总量分别为：纯氮（N）9～10 千克，纯磷（P_2O_5）4～6 千克，纯钾（K_2O）6～10 千克，硼砂 0.5～1.0 千克（基施），七水硫酸锌（锌肥）2～3 千克。

① 基肥。在油菜移栽前 0.5～1 天穴施基肥，施肥深度为 10～15 厘米。基施氮肥占氮肥总用量的 2/3 左右，即每亩基施碳酸氢铵为 35～47 千克，或尿素为 13～17 千克。磷肥全部基施，每亩基施过磷酸钙为 33～50 千克。用作基肥的钾肥占钾肥总用量的 2/3 左右，每亩基施氯化钾为 6.7～11.0 千克。若不准备叶面喷施硼肥，每亩可基施硼砂 0.5～1.0 千克。

② 追肥。油菜追肥一般可分为 2 次。第一次追肥在移栽后 50 天左右进行，即油菜苗进入越冬期前，此次追肥施用剩余氮肥的 1/2，追施氮肥种类宜用尿素，每亩施尿素为 3.2～4.3 千克。另外，追施剩余的氯化钾为 3.3～5.5 千克。施肥方法为结合中耕进行土施，若不进行中耕，可在行间开 10 厘米深的小沟，将两种肥料混匀后施入，施肥后覆土。第二次追肥在开春后薹期，撒施余下的尿素 3.2～4.3 千克。

③ 叶面追肥。若在基肥时没有施用硼肥，则一定要进行叶面施硼。叶面

喷施硼肥一般为硼砂）的方法是：分3次分别在苗期、薹期和初花期结合施药喷施硼，浓度为0.2%，每亩用溶液量50千克。

2. 春油菜常规施肥技术 根据优质春油菜不同生育时期的需肥特点，氮肥按底施50%，苗肥30%，薹肥20%比例施用，磷、钾、硼肥一次作基肥施用。

（1）施足基肥 一般每亩施有机肥2 000千克、碳酸氢铵20～25千克、过磷酸钙25千克、氯化钾10～15千克。应采取分层施肥，耕地前将有机肥撒施地面，随深耕翻入，浅耕时将氮、磷、钾化肥施入10～15厘米的浅土层，供油菜苗期利用。

（2）早施提苗肥 移栽油菜在栽后7～10天活苗后，即追施速效氮肥。一般每亩施尿素5～10千克或人粪尿1 000千克。

（3）稳施薹肥 要根据基肥、苗肥的施用情况和长势酌情稳施薹肥。底、苗肥充足，植株生长健壮，可不施薹肥；若底、苗肥不足，有脱肥趋势的应早施薹肥。一般每亩施尿素5～8千克。

（4）必施硼肥 根据优质油菜尤其是杂交优质油菜对硼素敏感，需硼量大的特点，硼肥最好底施加蕾薹期叶面喷洒。

① 底施。一般每亩硼肥施用量0.5～1千克。可与其他氮、磷化肥混匀，施入苗床或直播油菜田。一般施于土壤上层为宜。底施量可根据土壤有效硼含量的多少而定。一般土壤有效硼在0.5毫克/千克以上的适硼区，可底施0.5千克硼砂；含硼在0.2～0.5毫克/千克的缺硼区可底施0.75千克硼砂；含硼0.2毫克/千克以下的严重缺硼区，硼肥施用量应在1千克左右。

② 叶面喷洒。用0.05～0.1千克的硼砂或0.05～0.07千克的硼酸，加入少量水溶化后，再加入50～60千克水，即为每亩田块喷洒用量。应注意在晴天的下午喷洒。

四、无公害油菜营养套餐肥料组合

1. 基肥 根据测土施肥配方，以氮肥、磷肥、钾肥为基础，添加腐殖酸、氨基酸、有机型螯合微量元素、增效剂、调理剂等，生产腐殖酸型油菜专用肥，作为基肥施用。综合各地油菜配方肥配制资料，可根据油菜种植区肥力情况，选择下列3个配方中1个。

（1）配方1 建议氮、磷、钾总养分量为30%，氮、磷、钾比例为1∶0.54∶0.72。基础肥料选用及用量（1吨产品）如下：硫酸铵100千克、尿素221千克、磷酸一铵71千克、过磷酸钙200千克、钙镁磷肥20千克、氯化钾 159 千克、硼砂 30 千克、氨基酸螯合锌钼 6 千克、硝基腐殖酸 100 千克、氨基酸 26 千克、生物制剂 25 千克、增效剂 12 千克、调理剂 30 千克。

（2）配方 2 建议氮、磷、钾总养分量为 30%，氮、磷、钾比例为 1：0.38：0.92。基础肥料选用及用量（1 吨产品）如下：硫酸铵 100 千克、尿素 225 千克、磷酸一铵 28 千克、过磷酸钙 200 千克、钙镁磷肥 20 千克、氯化钾 200 千克、硼砂 30 千克、氨基酸螯合锌钼 6 千克、硝基腐殖酸 100 千克、氨基酸 24 千克、生物制剂 25 千克、增效剂 12 千克、调理剂 30 千克。

（3）配方 3 建议氮、磷、钾总养分量为 30%，氮、磷、钾比例为 1：0.43：0.71。基础肥料选用及用量（1 吨产品）如下：硫酸铵 100 千克、尿素 247 千克、磷酸一铵 48 千克、过磷酸钙 200 千克、钙镁磷肥 20 千克、氯化钾 170 千克、硼砂 20 千克、钼酸铵 0.5 千克、硝基腐殖酸 120 千克、生物制剂 30 千克、增效剂 12.5 千克、调理剂 32 千克。

也可选用腐殖酸型含促生真菌生态复混肥（20-0-10）、腐殖酸型含硅锌高效缓释肥（13-4-13）、腐殖酸高效缓释肥（18-8-4）、长效缓释复混肥（24-16-5）、生物有机肥等不同基肥组合。

2. 生育期追肥 追肥可采用长效缓释复混肥（24-16-5）、腐殖酸高效缓释复混肥（18-8-4）、腐殖酸型含硅锌高效缓释肥（13-4-13）、增效尿素、长效磷铵等。

3. 根外追肥 可根据油菜生育情况，酌情选用含腐殖酸水溶肥、含氨基酸水溶肥、生物活性钾水溶肥、活力硼水溶肥、氨基酸螯合锌钼等。

五、无公害油菜营养套餐施肥技术规程

1. 冬油菜营养套餐施肥技术规程 本规程各种肥料用量以高产、优质、无公害、环境友好为目标，选用有机无机复合肥料、长效缓释肥料、有机活性水溶肥料进行施用，各地在具体应用时，可根据当地冬油菜测土配方推荐用量进行调整。

（1）苗床施肥 每亩苗床一般面积在 120～150 米²，整地时施用腐熟的生物有机肥 50～60 千克、油菜腐殖酸型专用肥 10～15 千克，将肥料与土壤混匀后播种。结合间苗和定苗，追肥 1～2 次，追肥在无害化处理过的人畜粪尿为主，并注意肥水结合，以保证壮苗移栽。在移栽前可喷施 1 500 倍活力硼水溶肥 1 次。

（2）大田基肥 在油菜移栽前 0.5～1 天穴施基肥，施肥深度为 10～15 厘米。若不准备叶面喷施硼肥，每亩可基施硼砂 0.5～1.0 千克。可选用下列基

肥组合。

① 亩施生物有机肥 150～200 千克或无害化处理过优质有机肥 1 500～2 000 千克、腐殖酸酸型油菜专用肥 40～50 千克。

② 亩施生物有机肥 150～200 千克或无害化处理过优质有机肥 1 500～2 000 千克、腐殖酸型含促生真菌生态复混肥（20－0－10）40～50 千克、长效磷酸铵 15～20 千克。

③ 亩施生物有机肥 150～200 千克或无害化处理过优质有机肥 1 500～2 000 千克、腐殖酸型含硅锌高效缓释肥（13－4－13）50～60 千克。

④ 亩施生物有机肥 150～200 千克或无害化处理过优质有机肥 1 500～2 000 千克、长效缓释复混肥（24－16－5）30～40 千克。

⑤ 亩施生物有机肥 150～200 千克或无害化处理过优质有机肥 1 500～2 000 千克、腐殖酸型高效缓释肥（18－8－4）50～60 千克。

（3）根际追肥　油菜追肥一般可分为 2 次。

① 第一次追肥在移栽后 50 天左右进行，即油菜苗进入越冬期前。每亩追施腐殖酸高效缓释复混肥（18－8－4）20 千克，或增效尿素 8 千克、氯化钾 5 千克等。

② 第二次追肥在开春后薹期，每亩追施腐殖酸型含硅锌高效缓释肥 10～15 千克，或增效尿素 5 千克。

（4）根外追肥　可以根据油菜生长情况在 5 片真叶期或移栽成活后、结荚初期进行根外追肥。

① 油菜直播 5 片真叶期或移栽油菜移栽成活后，可叶面喷施 500 倍的含腐殖酸水溶肥或含氨基酸水溶肥、1 000 倍氨基酸螯合硼 1 次，喷液量 50 千克，间隔 15 天。

② 油菜结荚初期，可叶面喷施 500 倍生物活性钾水溶肥 1 次，喷液量 50 千克。

2. 春油菜营养套餐施肥技术规程　本规程各种肥料用量以高产、优质、无公害、环境友好为目标，选用有机无机复合肥料、长效缓释肥料、有机活性水溶肥料进行施用，各地在具体应用时，可根据当地春油菜测土配方推荐用量进行调整。

（1）苗床施肥　每亩苗床一般面积在 120～150 米^2，整地时施用腐熟的生物有机肥 50～60 千克、油菜腐殖酸型专用肥 10～15 千克，将肥料与土壤混匀后播种。结合间苗和定苗，追肥 1～2 次，追肥在无害化处理过的人畜粪尿为主，并注意肥水结合，以保证壮苗移栽。在移栽前可喷施 1 500 倍活力硼水溶肥 1 次。

（2）大田基肥　在油菜移栽前 1 天穴施基肥，施肥深度为 10～15 厘米。若不准备叶面喷施硼肥，一般土壤有效硼在 0.5 毫克/千克以上的适硼区，可底施 0.5 千克硼砂；含硼在 0.2～0.5 毫克/千克的缺硼区可底施 0.75 千克硼砂；含硼 0.2 毫克/千克以下的严重缺硼区，硼肥施用量应在 1 千克左右。可选用下列基肥组合。

① 亩施生物有机肥 150～200 千克或无害化处理过优质有机肥 1 500～2 000 千克、腐殖酸酸型油菜专用肥 45～55 千克。

② 亩施生物有机肥 150～200 千克或无害化处理过优质有机肥 1 500～2 000 千克、长效缓释复混肥（24-16-5）35～40 千克。

③ 腐殖酸型含促生真菌生态复混肥（20-0-10）45～550 千克、长效磷酸铵 15 千克。

④ 亩施生物有机肥 150～200 千克或无害化处理过优质有机肥 1 500～2 000 千克、腐殖酸型含硅锌高效缓释肥（13-4-13）50～55 千克。

⑤ 亩施生物有机肥 150～200 千克或无害化处理过优质有机肥 1 500～2 000 千克、腐殖酸型高效缓释肥（18-8-4）55～60 千克。

（3）根际追肥　一般可追肥 2 次。

① 早施提苗肥。移栽油菜在栽后 7～10 天活苗后，每亩追施腐殖酸高效缓释复混肥（18-8-4）15 千克，或增效尿素 5 千克等。

② 稳施薹肥。要根据基肥、苗肥的施用情况和长势酌情稳施薹肥。底、苗肥充足，植株生长健壮，可不施薹肥；若底、苗肥不足，有脱肥趋势的应早施薹肥。每亩追施长效缓释复混肥（24-16-5）15～20 千克。

（4）根外追肥　可以根据油菜生长情况在 5 片真叶期或移栽成活后、结荚初期进行根外追肥。

① 油菜直播 5 片真叶期或移栽油菜移栽成活后，可叶面喷施 500 倍的含腐殖酸水溶肥或含氨基酸水溶肥、1 000 倍氨基酸螯合硼 2 次，喷液量 50 千克，间隔 15 天。

② 油菜结荚初期，可叶面喷施 500 倍生物活性钾水溶肥 1 次，喷液量 50 千克。

第三节　芝麻测土配方与营养套餐施肥技术

芝麻，又名脂麻、胡麻，一年生直立草本植物，芝麻是中国主要油料作物之一，具有较高的应用价值。以河南、湖北、江西、安徽四省种植较多，是我国芝麻的集中产区。芝麻在种植上有春播、夏播和秋播，以夏播为主。

一、芝麻的营养需求特点

芝麻是一种需肥较多的作物，每生产 100 千克芝麻籽，需从土壤吸收纯 N $8.14\sim10.76$ 千克、P_2O_5 $2.19\sim3.28$ 千克、K_2O $6.24\sim10.19$ 千克，氮、磷、钾比例为 $1:0.26\sim0.30:0.77\sim0.95$。芝麻以氮的吸收量最多，钾次之，磷最少。

1. 营养元素在芝麻器官中分布　芝麻营养器官中营养元素含量以苗期最高，随着生育阶段的推移，有逐渐降低的趋势；而繁殖器官中各营养元素的含量则是逐渐增加的。

芝麻氮素含量，叶片大于茎秆，茎叶中氮素含量随着生育期推移明显降低，花、蒴壳内含氮量则逐渐增高。到成熟期，氮大部分转移到籽粒中，各器官以叶向籽粒转移最多，占 $40\%\sim50\%$。

磷素含量总的趋势与氮大致相似，叶片高于茎秆，成熟时大部分转移到籽粒，而是籽粒含磷量占总量的 $60.1\%\sim69.8\%$。

钾在整个生育期内均保持较高的水平，花、蒴壳含钾量更高，茎秆含钾量高于叶片，成熟时籽粒含钾量最低。

钙、镁含量叶片高于茎秆，花、蒴壳含量逐渐增高，成熟时籽粒含量最低。叶片中钙含量随生育期的进展逐渐增加。

2. 不同生育期营养元素吸收特点　芝麻不同生育期，对营养元素的需要量不同。苗期植株较小对营养元素的需要量较少，中后期对营养元素的需要量相对较多。

从出苗至苗期，吸收的氮素很少，占总吸收量的 $3.1\%\sim4.8\%$；此后氮素吸收速度显著加快，至花期达到高峰，吸收量占总吸收量的 $47.0\%\sim59.1\%$；封顶期占总吸收量的 $36.1\%\sim49.9\%$。

芝麻苗期吸收磷素较少，吸收量占总吸收量的 $1.8\%\sim2.3\%$；花期达到 $29.1\%\sim31.2\%$；封顶期达到 $69.1\%\sim84.2\%$。花期到封顶期是磷素吸收的高峰期。

芝麻对钾素的吸收，苗期吸收量仅占总吸收量的 $3.1\%\sim4.0\%$；花期达到 $46.5\%\sim54.4\%$；封顶期至成熟期钾素处于停滞吸收状态或有所外渗。

芝麻对钙、镁的吸收，苗期仅占总吸收量的 $1.3\%\sim3.4\%$；大量的吸收是在苗期至封顶这一阶段。钙的吸收高峰在花期至封顶期，占总吸收量的 61%；镁的吸收高峰是苗期至花期，占总吸收量的 50% 左右。

二、芝麻测土施肥配方

1. 芝麻产区测土施肥推荐配方　以河南省为例，芝麻的土壤养分丰缺指标及推荐施肥量如表7-13。

表7-13　河南省芝麻产区土壤养分丰缺指标

土壤等级	极低	低	中	高	极高
相对产量（%）	<50	50~70	70~85	85~95	>95
碱解氮（毫克/千克）	<44	44~66	66~90	90~110	>110
有效磷（毫克/千克）	<12	12~24	24~40	40~57	>57
速效钾（毫克/千克）	<76	76~90	90~116	116~150	>150
纯N（千克/亩）	9~10	7~9	5~7	3~5	0~3
P_2O_5（千克/亩）	4~5	3~4	2~3	0~2	0
K_2O（千克/亩）	6~7	4~6	2~4	0	0

2. 芝麻以地定产推荐施肥配方　例如，河南省不同生态类型区芝麻以地定产推荐施肥配方如表7-14。

表7-14　河南省芝麻以地定产施肥配方

生态区	基础产量（千克/亩）	推荐施肥量（千克/亩）		
		纯N	P_2O_5	K_2O
全省	<40	8.0	3.0~3.5	0
	40~60	7.0	3.5~4.0	2~4
	>60	6.0	3.0~3.5	5~6
豫西褐土区	<40	8.0~8.5	3.0~4.0	0
	40~60	7.0~8.0	4.0~5.0	3~5
	>60	6.5~7.0	3.0~4.0	5~7
豫中南砂姜黑土区	<40	8.0~9.0	3.0~4.0	0
	40~60	7.0~8.0	4.0~5.0	3~5
	>60	6.0~7.0	3.0~4.0	5~7
豫东潮土区	<40	7.0~8.5	4.5~5.5	0
	40~60	5.0~7.0	3.0~4.5	1~2
	>60	4.0~5.0	2.0~3.0	2

（续）

生态区	基础产量 （千克/亩）	推荐施肥量（千克/亩）		
		纯 N	P_2O_5	K_2O
豫南黄棕壤区	<40	5.0～7.0	3.5～5.0	0
	40～60	6.0～7.5	2.5～4.0	2～53
	>60	4.0～6.0	2.0～3.0	3～5

三、芝麻常规施肥模式

芝麻对氮的需求是前期少，中后期多；对磷的需求是前期少，中期足，后期多；对钾的需求是两头少中间多，即芝麻 6 叶期至封顶期需钾量占全生育期需钾总量的 95%。根据芝麻的需肥规律，在施肥的具体操作上要掌握以下环节。

1. 施足基肥　由于芝麻种子籽粒小，根系下扎不深，必须精细耕整，达到土泡草净、上虚下实。基肥要做到有机肥与无机肥相配合，单质肥料与多元肥料相配合。要施用腐熟的有机肥，每亩 1 500～2 000 千克，最好施用酵素菌生物有机复合肥 40 千克；或是每亩施用腐熟的饼肥 30 千克，并配施高含量三元复合肥 25 千克。

2. 适量种肥　芝麻种子自身养分含量有限，只有及时供肥才能培育壮苗。可每亩种子配施细土杂肥灰 250 千克，或细饼肥 5～8 千克，或尿素 2 千克左右，要防止种肥过量烧苗。

3. 适时追肥　追肥应分期进行。现蕾初花期，一般每亩追施尿素 6～10 千克，提倡条施，切忌撒施。盛花期一般每亩追尿素 5～6 千克，过磷酸钙 8～10 千克。对于长势较旺的芝麻苗，应控制追肥或喷施延缓型的植物生长调节剂，可选用缩节胺或助壮素，每亩用缩节胺 1 克或助壮素 4 毫升，兑水 15～20 千克。

4. 根外追肥　芝麻茎叶上毛茸较多，叶面积较大，根外追肥容易被黏附、吸收转化。因此，叶面喷肥是一种很好的补肥途径。可用 2%～3% 的过磷酸钙溶液、1%～2% 的尿素溶液、0.2% 的硼肥溶液混合喷施，连喷 2～3 次。

四、无公害芝麻营养套餐肥料组合

1. 基肥　根据测土施肥配方，以氮肥、磷肥、钾肥为基础，添加腐殖酸、氨基酸、有机型螯合微量元素、增效剂、调理剂等，生产腐殖酸型芝麻专用肥，作为基肥施用。综合各地芝麻配方肥配制资料，可根据芝麻种植区肥力情况，选择下列 3 个配方中 1 个。

（1）**配方 1**　建议氮、磷、钾总养分量为 30%，氮、磷、钾比例为 1∶0.28∶1.12。基础肥料选用及用量（1 吨产品）如下：硫酸铵 100 千克、尿素 207 千克、磷酸二铵 38 千克、过磷酸钙 100 千克、钙镁磷肥 10 千克、氯化钾 233 千克、硼砂 20 千克、氨基酸螯合锰 5 千克、硝基腐殖酸 165 千克、氨基酸 45 千克、生物制剂 25 千克、增效剂 12 千克、调理剂 40 千克。

（2）**配方 2**　建议氮、磷、钾总养分量为 35%，氮、磷、钾比例为 1∶0.5∶1。基础肥料选用及用量（1 吨产品）如下：硫酸铵 100 千克、尿素 229 千克、磷酸一铵 102 千克、过磷酸钙 100 千克、钙镁磷肥 10 千克、氯化钾 233 千克、硼砂 20 千克、氨基酸螯合锰 5 千克、硝基腐殖酸 100 千克、氨基酸 33 千克、生物制剂 25 千克、增效剂 13 千克、调理剂 30 千克。

也可选用腐殖酸型含促生真菌生态复混肥（20-0-10）、腐殖酸型高效缓释肥（15-5-20）、酵素菌生物有机复合肥、生物有机肥等不同基肥组合。

2. **生育期追肥**　追肥可腐殖酸高效缓释复混肥（15-5-20）、增效尿素、长效磷酸铵等。

3. **根外追肥**　可根据芝麻生育情况，酌情选用含腐殖酸水溶肥、含氨基酸水溶肥、生物活性钾水溶肥、活力硼水溶肥等。

五、无公害芝麻营养套餐施肥技术规程

本规程各种肥料用量以高产、优质、无公害、环境友好为目标，选用有机无机复合肥料、长效缓释肥料、有机活性水溶肥料进行施用，各地在具体应用时，可根据当地芝麻测土配方推荐用量进行调整。

1. **基肥**　芝麻种植耕地前选用下列基肥组合，进行全层施肥。

（1）亩施生物有机肥 100～200 千克、腐殖酸型芝麻专用肥 50～60 千克。

（2）亩施生物有机肥 100～200 千克、腐殖酸型含促生菌生态复混肥 40～50 千克。

（3）亩施生物有机肥 100～200 千克、腐殖酸高效缓释复混肥 40～50 千克。

（4）亩施酵素菌生物有机复合肥 60～80 千克、腐殖酸型芝麻专用肥 30～40 千克。

2. **种肥**　播种时用酵素菌生物有机复合肥 10～20 千克或生物有机肥 20～

25 千克，与腐殖酸型芝麻专用肥 3～5 千克或腐殖酸高效缓释复混肥 3～5 千克混合，在距种子 10 厘米处沟施。

3. **根际追肥** 芝麻视生长情况一般追肥 2 次，第一次在现蕾初花期肥，第二次在盛花期。

（1）**现蕾初花期** 每亩施腐殖酸高效缓释复混肥 10～15 千克，或腐殖酸型芝麻专用肥 10～15 千克。

（2）**盛花期** 每亩施增效尿素 8～10 千克、长效磷酸铵 5～8 千克。

4. **根外追肥** 可以根据芝麻生长情况在苗期至现蕾、始花后进行根外追肥。

（1）**芝麻苗期至现蕾期** 可叶面喷施 500 倍的含腐殖酸水溶肥或含氨基酸水溶肥、1 500 倍活力硼水溶肥 2 次，喷液量 50 千克，间隔 20 天。

（2）**芝麻进入始花后** 可叶面喷施 500 倍的生物活性钾水溶肥 2 次，喷液量 50 千克，间隔 15 天。

第四节 向日葵测土配方与营养套餐施肥技术

向日葵，又称葵花、向阳花，油用类型也称油葵。属向日葵族，一年生草本植物，为世界四大油料作物之一。向日葵的种植四季皆可，以夏、冬两季为主。中国向日葵主产区分布在东北、西北和华北地区，如内蒙古、吉林、辽宁、黑龙江、山西等省（自治区）。

一、向日葵的营养需求特点

就常规品种而言，生产 100 千克油用型向日葵籽需氮（N）7.44 千克、磷（P_2O_5）1.86 千克、钾（K_2O）16.6 千克，N：P_2O_5：K_2O 为 1：0.3：2.3；生产 100 千克食用型向日葵需氮（N）6.22 千克、磷（P_2O_5）1.33 千克、钾（K_2O）14.6 千克，N：P_2O_5：K_2O 为 1：0.2：2.3。向日葵吸钾量较大，所以通常被称为竭地作物，重茬或连茬容易造成耗钾太多导致的缺钾而减产。

向日葵在不同生育期对氮、磷、钾的吸收量是不同的。苗期生长较慢，对养分的需要量较少，吸收氮（N）、磷（P_2O_5）、钾（K_2O）数量约占全生育期总量的 15％、20％和 25％；从花盘形成至盛花期，营养生长和生殖生长旺盛，吸收氮（N）、磷（P_2O_5）、钾（K_2O）数量约占全生育期总量的 50％、55％和 50％，干物质积累最快，是需要养分的关键时期；开花期至成熟期是向日葵由营养生长转向生殖生长的时期，子实开始形成，仍需吸收一定量的养分，吸收氮（N）、磷（P_2O_5）、钾（K_2O）数量约占全生育期总量的 35%、25% 和 25%。

二、向日葵测土施肥配方

根据各地向日葵生产情况，依据土壤肥力状况，向日葵全生育期推荐施肥量见表 7-15。

表 7-15　向日葵推荐施肥量

肥力等级	推荐施肥量（千克/亩）		
	纯 N	P_2O_5	K_2O
低产田	10~12	4~6	15~17
中产田	11~13	5~7	16~18
高产田	12~14	6~8	18~20

三、向日葵常规施肥模式

向日葵必须在重施有机肥料的前提下，综合考虑向日葵的养分吸收规律和特点以及当地的土壤性质、气候条件和农艺条件，确定适宜的施肥时期、施肥方法和施肥数量，以充分发挥肥料的增产作用，必须本着基肥、种肥、追肥并重，有机肥和化肥结合的原则施肥，方能充分发挥肥料的增产效果。

1. **基肥**　基肥的施用量一般每亩 1 500~2 000 千克有机肥。基肥施用有条施、撒施。肥料较多时，应一部分撒施，一部分集中施。一般情况下，基肥宜早宜重。

2. **种肥**　种肥应以速效养分为主。如磷酸二铵、过磷酸钙、尿素、氯化钾、硫酸钾以及其他配比合理的复混肥料等，农家肥则以腐熟后的精制有机肥和草木灰等为宜，亩施精制有机肥用量 300~400 千克、草木灰用量 50~80 千克。

种肥的用量，应看土壤肥力水平，根据基肥用量多少，栽培方式不同而定。一般肥沃土壤，基肥用量又多，可少施种肥；地力瘠薄，基肥用量又少，应增加种肥用量。以折纯养分量估算，种肥一般亩施纯氮 1.5 千克左右、磷（P_2O_5）2 千克左右、钾（K_2O）3~5 千克，折合为磷酸二铵 4.5 千克、尿素 1.5 千克、氯化钾 8.5 千克混合施用即可。

3. **追肥**　大多数地区为了省工省力多采取一次追肥，追肥时间一般确定在现蕾初期。应该强调北方春茬向日葵以及沙性强的耕地以两次追肥增产效果更好，麦茬向日葵生育期较短，适合追一次肥。

一般在 7～8 对真叶和花盘直径 3 厘米左右时各追肥一次，两次追肥总量，一般每亩追尿素 20 千克左右、磷酸二铵 6.5 千克左右、氯化钾 20 千克左右。施肥量的多少应该根据目标产量的高低和地力的优劣而确定。

追肥方法可分条施和穴施两种，但主要是穴施。在距向日葵基部 6～10 厘米处开穴，然后施入肥料，随即覆土。穴深视肥料种类及土壤墒情而定。碳酸氢铵或过磷酸钙等容易挥发或不易移动的肥料应深施。天旱土干时也应深施，使肥料和湿土接触，易于发挥肥效，也可结合浇水进行追肥。

四、无公害向日葵营养套餐肥料组合

1. 基肥　根据测土施肥配方，以氮肥、磷肥、钾肥为基础，添加腐殖酸、有机型螯合微量元素、增效剂、调理剂等，生产腐殖酸型向日葵专用肥，作为基肥施用。综合各地向日葵配方肥配制资料，建议氮、磷、钾总养分量为35%，氮、磷、钾比例为 1：0.5：2。基础肥料选用及用量（1 吨产品）如下：硫酸铵 100 千克、尿素 160 千克、磷酸一铵 46 千克、过磷酸钙 150 千克、钙镁磷肥 150 千克、氯化钾 333 千克、硼砂 20 千克、氨基酸螯合锌锰铁 15 千克、硝基腐殖酸 100 千克、生物制剂 25 千克、增效剂 12 千克、调理剂 24 千克。

也可选用腐殖酸型含促生真菌生态复混肥（20－0－10）、腐殖酸型高效缓释肥（15－5－20）、长效缓释复混肥（15－20－5）、生物有机肥等不同基肥组合。

2. 生育期追肥　追肥可用腐殖酸型向日葵专用肥、腐殖酸高效缓释复混肥（15－5－20）、增效尿素、长效磷酸铵、氯化钾或硫酸钾等。

3. 根外追肥　可根据向日葵生育情况，酌情选用含腐殖酸水溶肥、含氨基酸水溶肥、生物活性钾水溶肥、活力硼水溶肥等。

五、无公害向日葵营养套餐施肥技术规程

1. 食用型向日葵营养套餐施肥技术规程　本规程各种肥料用量以高产、优质、无公害、环境友好为目标，选用有机无机复合肥料、长效缓释肥料、有机活性水溶肥料进行施用，各地在具体应用时，可根据当地食用型向日葵测土配方推荐用量进行调整。

（1）**基肥** 整地前可将有机肥料施入，其他肥料采用穴施。根据向日葵种植情况，可选用下列基肥组合。

① 亩施生物有机肥 150～200 千克或无害化处理过优质有机肥 1 500～2 000千克、腐殖酸酸型向日葵专用肥 90～120 千克。

② 亩施生物有机肥 150～200 千克或无害化处理过优质有机肥 1 500～2 000千克、腐殖酸型含促生真菌生态复混肥（20-0-10）60～80 千克、长效磷酸铵 15 千克。

③ 亩施生物有机肥 150～200 千克或无害化处理过优质有机肥 1 500～2 000千克、腐殖酸型高效缓释肥（15-5-20）80～100 千克。

④ 亩施生物有机肥 150～200 千克或无害化处理过优质有机肥 1 500～2 000千克、长效缓释复混肥（15-20-5）60～70 千克、硫酸钾 15 千克。

（2）**种肥** 如果基肥不足，可以施用种肥，促进出苗。一般每亩施腐殖酸酸型向日葵专用肥 10～15 千克、生物有机肥 30～40 千克混合均匀，穴施或条施于播种沟内。

（3）**根际追肥** 向日葵追肥一般可分为 2 次，即苗期和花期。

① 苗期追肥。一年一熟春播向日葵，在基肥或种肥比较充足时，一般不追施苗肥。夏、秋播种的向日葵需要追施苗肥，一般在 7～8 对叶时追，每亩追施腐殖酸高效缓释复混肥（15-5-20）10～15 千克，或增效尿素 5～7 千克、长效磷酸铵 6～8 千克、氯化钾 10～12 千克。

② 花期追肥。一般每亩追施腐殖酸型向日葵专用肥 30～40 千克，或腐殖酸高效缓释复混肥（15-5-20）25～30 千克，或增效尿素 10～15 千克、长效磷酸铵 8～12 千克、氯化钾 15～18 千克。

（4）**根外追肥** 可以根据向日葵生长情况，一般在苗期、始花期进行根外追肥。

① 向日葵苗期。可叶面喷施 500 倍的含腐殖酸水溶肥或含氨基酸水溶肥、1 500 倍活力硼水溶肥 2 次，喷液量 50 千克，间隔 15 天。

② 向日葵始花期。可叶面喷施 500 倍生物活性钾水溶肥 2 次，喷液量 50 千克，间隔 15 天。

2. 油葵营养套餐施肥技术规程 本规程各种肥料用量以高产、优质、无公害、环境友好为目标，选用有机无机复合肥料、长效缓释肥料、有机活性水溶肥料进行施用，各地在具体应用时，可根据当地油葵测土配方推荐用量进行调整。

（1）**基肥** 整地前可将有机肥料施入，其他肥料采用穴施。根据油葵种植情况，可选用下列基肥组合。

① 亩施生物有机肥 200～300 千克或无害化处理过优质有机肥 2 000～3 000千克、腐殖酸酸型向日葵专用肥 60～80 千克。

② 亩施生物有机肥 200～300 千克或无害化处理过优质有机肥 2 000～3 000千克、腐殖酸型高效缓释肥（15-5-20）50～60 千克。

③ 亩施生物有机肥 200～300 千克或无害化处理过优质有机肥 2 000～3 000千克、长效缓释复混肥（22-16-7）40～50 千克、硫酸钾 15 千克。

（2）根际追肥 油葵追肥一般可在现蕾期追施一次。

① 油葵采用膜下滴灌施肥。可在现蕾后随水每次滴灌氨基酸螯合水溶性滴灌肥（15-25-5-B、Zn）10～15 千克。

② 油葵采用一般灌溉栽培。可在现蕾期每亩追施腐殖酸型向日葵专用肥 40～50 千克，或腐殖酸高效缓释复混肥（15-5-20）25～30 千克，或增效尿素 15～20 千克、长效磷酸铵 10～12 千克、氯化钾 15～20 千克。

（3）根外追肥 可以根据油葵生长情况，一般在苗期、始花期进行根外追肥。

① 向日葵苗期。可叶面喷施 500 倍的含腐殖酸水溶肥或含氨基酸水溶肥、1 500 倍活力硼水溶肥 1 次，喷液量 50 千克。

② 向日葵始花期。可叶面喷施 500 倍生物活性钾水溶肥 2 次，喷液量 50 千克，间隔 20 天。

第八章
糖料作物测土配方与营养套餐施肥技术

用于制糖的作物称为糖料作物。糖料作物是以制糖为主要用途的一类作物，主要是甘蔗、甜菜等。这类作物对自然条件要求严格，气候、雨量、土质适宜就能高产，反之，单产就会下降。因此，因地制宜、适当集中地发展，就可少占用耕地，以较少的消耗生产更多的糖料作物。

第一节　甘蔗测土配方与营养套餐施肥技术

甘蔗，甘蔗属，多年生高大实心草本，根状茎粗壮发达。我国台湾、福建、广东、海南、广西、四川、云南等南方热带地区广泛种植。甘蔗适合栽种于土壤肥沃、阳光充足、冬夏温差大的地方。甘蔗是温带和热带农作物，是制造蔗糖的原料，且可提炼乙醇作为能源替代品。

一、甘蔗的营养需求特点

1. **甘蔗对营养元素的吸收量**　蔗的生长期长，产量高，一般亩产蔗茎 5～8 吨，高产田可达 10 吨，整个生育期吸收养分多，是需肥量比较大的作物之一。据研究，每生长 1 000 千克甘蔗需从土壤中吸取氮（N）1.5～2.2 千克、磷（P_2O_5）0.25～0.50 千克、氧化钾（K_2O）2.5～3.2 千克。

但地力、品种、施肥条件等不同而差异很大。福建省甘蔗种植区资料表明，每生产 1 000 千克蔗茎需吸收氮（N）1.8 千克、磷（P_2O_5）0.4 千克、钾（K_2O）2.6 千克。广东省甘蔗种植区资料表明，高产甘蔗每生产 1 000 千克蔗茎需吸收氮（N）2.19 千克、磷（P_2O_5）0.36 千克、钾（K_2O）3.00 千克、钙（Ca）0.35 千克、镁（Mg）0.39 千克、硫（S）0.48；中高产条件下每生产 1 000 千克蔗茎需吸收氮（N）1.76 千克、磷（P_2O_5）0.42 千克、钾（K_2O）2.23 千克。广西壮族自治区甘蔗种植区资料表明，每生产 1 000 千克蔗茎需吸收氮（N）2.05 千克、磷（P_2O_5）0.29 千克、钾

（K_2O）2.58 千克、钙（Ca）0.27 千克、镁（Mg）0.24 千克、硫（S）0.45 千克。总的来说，甘蔗对氮、磷、钾三要素的吸收量很大，钾最多，氮次之，磷最少。

2. 甘蔗不同生育期对营养元素的吸收　甘蔗生长可分为萌芽期、幼苗期、分蘖期、伸长期、成熟期 5 个阶段。甘蔗的 5 个生长阶段对氮、磷、钾三要素的需求和吸收状况各不相同，总的趋势是生长早期和后期吸肥量较少，中期吸肥量较多。

萌芽期主要依靠种苗本身贮藏的养分，无需从外部吸肥。

幼苗期此期需肥迫切但吸肥量少，对氮的需求较大，钾、磷次之。该期对氮、磷、钾三要素的吸收量分别占全生育期吸收量的 8％、9％、4％。

分蘖期甘蔗不断增生分蘖，需肥量逐步增大。其中，氮肥吸收量占全生育期吸收量的 16％，钾的吸收占全生育期吸收量的 14％，磷的吸收量不到全生育期吸收量的 18％。

伸长期甘蔗进入伸长阶段，随着梢头部、叶、根系的大量增生和不断更新，以及蔗茎的迅速伸长，同化作用的产物逐渐加速形成和积累，氮的吸收量占全期生育期吸收量 66％左右，磷的吸收量占全生育期吸收量 68％以上，钾素的吸收量约占全生育期吸收量的 74％。因此，这个阶段始期是甘蔗营养高效期，应作为重点施肥期，生产上称为重施攻茎肥。

成熟期这个时期气温逐渐下降和天气干旱，甘蔗生长缓慢或停止。在此阶段甘蔗需肥逐渐减少，但还要吸收相当的养分，才能满足植株各部分营养器官的代谢需要。对氮的吸收量占全生育期吸收量的 10％，对磷、钾的吸收量占全生育期吸收量的 6％、8％。生产上要求在甘蔗收获前 2 个月停止施肥，以避免肥料的浪费，控肥促熟。

二、甘蔗测土施肥配方

综合各地研究结果，建议氮、磷、钾肥推荐比例为 1：0.3～0.5：0.6～1.0，其中糖蔗每亩氮肥用量为 25～40 千克，果蔗每亩氮肥用量为 35～45 千克。依据当地产量水平，氮、磷、钾养分状况采用适宜的用量和比例，表 8-1 为我国主要甘蔗产区适宜的氮、磷、钾比例。甘蔗对硫比较敏感，每亩 4 千克纯硫较为合适。甘蔗是喜硅作物，建议二氧化硅用量每亩 8 千克为宜。

也有以中等肥力地块的甘蔗地为基准，按目标产量进行施肥推荐，如表 8-2。

表 8-1　甘蔗适宜的氮、磷、钾比例

地区	$N:P_2O_5:K_2O$	氮用量（千克/亩）	材料来源
广东翁源	1：0.78：1.30	23	邓发强等（2004）
广东广州	1：0.19：0.71	25.6	李玉潜等（1994）
广东番禺	1：0.3～0.4：0.8～0.9	46	陈敏辉等（2008）
广东珠江三角洲	1：0.3：0.78～1.0	20	徐培智等（1998）
广东粤西	1：0.52：0.73	23.6	梁计南等（1997）
广东廉江	1：0.35：0.68	27.9	谢恩等（2009）
广东遂溪	1：0.5～0.75：0.75	27.6	占陈生等（2006）
广东雷州	1：0.66：0.62	31.9	严秀文（2010）
广西	1：0.8：0.8	15	游建华等（2010）
广西鹿寨	1：0.3：0.83	30	何锦富（2008）
广西宾阳	1：0.33：0.83	35～40	周锦芳等（2000）
广西灵山	1：0.23：0.52	34.5	陈艳艳等（2009）
海南	1：0.47：0.48	18.3	林电等（2005）
海南	1：0.21：1.25	26.8	谢良商等（2010）
云南	1：0.30～0.34：0.59～0.64	32.2～37.5	刘少春等（2004）

表 8-2　目标产量施肥推荐配方

目标产量（千克/亩）	推荐施肥量（千克/亩）				
	纯氮	五氧化二磷	氧化钾	镁	硫
5 000～6 000	17～20	6～8	16～18	4～6	3～5
6 000～7 000	20～23	8～9	18～20	5～7	4～6
7 000～8 000	23～28	8～10	30～35	7～8	6～7
8 000～10 000	35～40	18	35～40	8～9	7～8

三、甘蔗常规施肥模式

我国蔗区每亩施肥量一般为（N）20～35 千克、磷（P_2O_5）7～10 千克、钾（K_2O）16～25 千克，可根据土壤、品种和生长状况加以调整。

1. **基肥**　为保证甘蔗在整个生长期内有足够的营养，必须施足基肥，春植甘蔗前施用，基肥一般将全生育期 20%～30% 氮肥、60%～80% 磷肥、

60％～80％钾肥、硅肥混合作基肥，施于种苗两旁或种苗上，再行盖土。广东、海南蔗田基施有机肥用量 1 500～3 000 千克、尿素 2.5～5 千克、过磷酸钙 15～25 千克、草木灰 150～200 千克或窑灰钾肥 50～100 千克或氯化钾 5～7.5 千克。

2. **追肥**　根据甘蔗不同生育期的需肥特性或田间营养诊断结果，采取"三攻一补"的追肥原则，即攻苗肥、攻蘖肥、攻茎肥和补施壮尾肥。

（1）**苗期追肥**　也称攻苗肥，需早施、淡施、薄施。甘蔗长出 3 片真叶时结合小培土进行施用，以氮肥为主，一般施肥量占施肥总量的 10％左右。若磷、钾肥基肥不足时，应配合早施磷、钾肥。一般亩施尿素 2.5～5 千克或硫酸铵 5～10 千克。

（2）**分蘖期追肥**　也称攻蘖肥，分两次施用，一次是在分蘖始期结合小培土追肥，主要是促进分蘖早生快发；第二次是在分蘖盛期结合中培土追施，以促进分蘖健壮生长。一般以氮肥为主，占施肥总量的 20％左右，一般亩施尿素 7.5～10 千克。

（3）**拔节期施肥**　也称攻茎肥，重施拔节肥是甘蔗获得优质高产的关键措施之一。以氮、磷、钾肥为主，一般在伸长初期，结合大培土追施，肥料充足时，可预留一部分在伸长盛期结合高培土追施。氮肥施用量占施用总量的 50％。

（4）**后期追肥**　也称壮尾肥。为促进蔗株伸长后期的持续生长，要酌情补施壮尾肥。促进生长以速效氮肥为主，每亩施尿素 4～6 千克。用量不宜过多，时间不宜迟，以免引起后期迟熟与降低糖分。基肥足、肥力高的地块或蔗株在伸长后期长势过旺，则不必施壮尾肥。

四、无公害甘蔗营养套餐肥料组合

1. **基肥**　根据测土施肥配方，以氮肥、磷肥、钾肥为基础，添加腐殖酸、氨基酸、有机型螯合微量元素、增效剂、调理剂等，生产腐殖酸或氨基酸型甘蔗专用肥，作为基肥施用。综合各地甘蔗配方肥配制资料，可根据甘蔗种植区肥力情况，选择下列 3 个配方中 1 个。

（1）**配方 1**　建议氮、磷、钾总养分量为 30％，氮、磷、钾比例为1∶0.4∶1。基础肥料选用及用量（1 吨产品）如下：硫酸铵 100 千克、尿素214 千克、磷酸一铵 28 千克、过磷酸钙 200 千克、钙镁磷肥 20 千克、氯化钾208 千克、七水硫酸镁 50 千克、硼砂 15 千克、氨基酸螯合锌锰稀土 13 千克、硝基腐殖酸 98 千克、生物制剂 20 千克、增效剂 10 千克、调理剂 24 千克。

（2）**配方 2**　建议氮、磷、钾总养分量为 30%，氮磷钾比例为 1：0.39：0.88。基础肥料选用及用量（1 吨产品）如下：硫酸铵 100 千克、尿素 229 千克、磷酸一铵 32 千克、过磷酸钙 200 千克、钙镁磷肥 20 千克、硫酸钾 232 千克、七水硫酸镁 40 千克、硼砂 15 千克、氨基酸螯合锌锰稀土 11 千克、氨基酸 50 千克、生物制剂 29 千克、增效剂 12 千克、调理剂 30 千克。

（3）**配方 3**　建议氮、磷、钾总养分量为 27%，氮、磷、钾比例为 1：0.36：0.57。基础肥料选用及用量（1 吨产品）如下：尿素 300 千克、过磷酸钙 300 千克、钙镁磷肥 30 千克、氯化钾 134 千克、硼砂 15 千克、氨基酸螯合锌稀土 6 千克、硝基腐殖酸 100 千克、氨基酸 43 千克、生物制剂 25 千克、增效剂 12 千克、调理剂 35 千克。

也可选用腐殖酸型含促生真菌生态复混肥（20-0-10）、腐殖酸型高效含硅锌缓释肥（13-4-13-5Si-1Zn）、生物有机肥等不同基肥组合。

2. **生育期追肥**　追肥可用腐殖酸或氨基酸型甘蔗专用肥，含硅锌、缓释尿素、长效磷酸铵、氯化钾或硫酸钾等。

3. **根外追肥**　可根据甘蔗生育情况，酌情选用含腐殖酸水溶肥、含氨基酸水溶肥、生物活性钾水溶肥、活力钙水溶肥等。

五、无公害甘蔗营养套餐施肥技术规程

本规程各种肥料用量以高产、优质、无公害、环境友好为目标，选用有机无机复合肥料、长效缓释肥料、有机活性水溶肥料进行施用，各地在具体应用时，可根据当地甘蔗测土配方推荐用量进行调整。

1. **基肥**　甘蔗种植耕地前选用下列基肥组合，将一部分肥料撒施后翻压，留一部分肥料在下种时施于蔗沟中，下种后盖土。

（1）亩施生物有机肥 100～200 千克或无害化处理过优质有机肥 1 000～1 500 千克、腐殖酸或氨基酸型甘蔗专用肥 40～50 千克。

（2）亩施生物有机肥 100～200 千克或无害化处理过优质有机肥 1 000～1 500 千克、腐殖酸型含促生菌生态复混肥 40～50 千克、长效磷酸铵 5～10 千克。

（3）亩施生物有机肥 100～200 千克或无害化处理过优质有机肥 1 000～1 500 千克、腐殖酸型高效含硅锌缓释肥 40～50 千克。

2. **根际追肥**

甘蔗视生长情况，采取"三攻一补"的追肥原则，即攻苗肥、攻蘖肥、攻茎肥和补施壮尾肥。

（1）**攻苗肥** 在基本齐苗、幼苗 3～4 叶时施用。每亩腐殖酸或氨基酸型甘蔗专用肥 3～5 千克，或缓释尿素 4～6 千克，结合中耕小培土进行穴施、兑水施。

（2）**攻蘖肥** 甘蔗幼苗长出 6～7 叶时开始分蘖，结合小培土可每亩施腐殖酸型高效含硅锌缓释肥 15～20 千克，或增效尿素 8～10 千克，兑水穴施。

（3）**攻茎肥** 甘蔗进入伸长初期时，结合大培土重施攻茎肥。每亩施腐殖酸型高效含硅锌缓释肥 35～40 千克，或增效尿素 10～12 千克。

（4）**壮尾肥** 甘蔗进入成熟期前 45～60 天，可看苗酌情施壮尾肥。每亩可施腐殖酸或氨基酸型甘蔗专用肥 5～10 千克，防止甘蔗脱肥早衰。

3. **根外追肥** 可以根据甘蔗生长情况在分蘖期、伸长初期、成熟后期进行根外追肥。

（1）**甘蔗幼苗长出 6～7 叶时** 可叶面喷施 500 倍的含腐殖酸水溶肥或含氨基酸水溶肥，喷液量 50 千克。

（2）**甘蔗进入伸长初期时** 第一次可叶面喷施 500 倍的含腐殖酸水溶肥或含氨基酸水溶肥、1 500 倍活力钙水溶肥；第二次可叶面喷施 500 倍的含腐殖酸水溶肥或含氨基酸水溶肥、500 倍的生物活性钾水溶肥，喷液量 50 千克，间隔 15 天。

（3）**甘蔗进入成熟期后期** 可叶面喷施喷施 500 倍的含腐殖酸水溶肥或含氨基酸水溶肥、500 倍的生物活性钾水溶肥 2 次，喷液量 50 千克，间隔 15 天。

第二节 甜菜测土配方与营养套餐施肥技术

甜菜，又名菾菜，二年生草本植物，在我国主要分布在东北、内蒙古、新疆等地区，其第一年为营养生长，第二年为生殖生长，开花、授粉、形成种子。甜菜的栽培种有糖用甜菜、叶用甜菜、根用甜菜、饲用甜菜。

一、甜菜的营养需求特点

甜菜需肥量大，吸肥能力强，需肥周期长。据测定，每 1 000 千克甜菜生物产量（包括根、茎、叶）需吸收氮（N）6.5 千克、磷（P_2O_5）2.1 千克、钾（K_2O）8.3 千克，三者比例为 1∶0.32∶1.28。由此可见，甜菜是喜钾作物。甜菜对硼敏感，需硼量较大。

据研究，每生产 1 000 千克甜菜块根，需要从土壤中吸收氮（N）4.5～5

千克、磷（P_2O_5）1.4～2.5 千克、钾（K_2O）10 千克，三者比例为 1：0.4：1.68。产量不同、品种不同，吸收养分的比例也不同。甜菜有强大的根系，不仅能吸收耕层中的养分，还可吸收深层土壤中的养分。

甜菜从幼苗期到糖分积累期间，几乎都需要充足的养分。在各生育阶段需肥的总趋势是前期少，中期多，后期较少。如 6 月下旬到 8 月下旬，吸收的氮素占总吸收量的 68.4%，磷素占总吸收量的 69.9%，钾素占总吸收量的 75.1%。从每个生育阶段分析，幼苗期苗小，生长缓慢，吸肥少，此期植株吸收氮、磷、钾的量分别占总吸收量的 3%、1.5%、1.2%。在叶丛快速生长期，甜菜叶片迅速生长，同化产物积累多，因而耗肥大，此期植株对氮、磷、钾的吸收量分别占总吸收量的 40%、42%、28%。在块根糖分增长期，甜菜地下部分块根的增长量最大，还在根内大量积累糖分，此期植株吸收氮、磷、钾的量分别占总吸收量的 35%、402%、51%。

甜菜为深根作物，到收获时，主根入土可达 2 米以上，而且根系庞大，侧根与地面斜向伸出长约 50～80 厘米，支根长约 50～60 厘米。所以，甜菜既能吸收耕层养分，又能吸收深层养分。据资料表明，甜菜从有机肥料中可吸取有效成分占总量的 25%～30% 的氮、30%～35% 的磷或钾，从化肥中可吸取有效成分占总量的 90%～95% 的氮、20%～25% 磷、50%～65% 的钾。每生产 1 千克块根，需施 1 千克优质有机肥。

二、甜菜测土施肥配方

根据我国各地甜菜生产情况，依据土壤肥力状况，甜菜全生育期推荐施肥量见表 8-3。

表 8-3 甜菜推荐施肥量

肥力等级	推荐施肥量（千克/亩）		
	纯 N	P_2O_5	K_2O
低产田	5～7	8～10	11～13
中产田	6～8	9～11	12～14
高产田	7～9	10～12	13～15

三、甜菜常规施肥模式

1. **基肥** 甜菜基肥以腐熟的有机肥为主，化肥为辅。基肥要结合秋、春整地起垄，每亩混合深施有机肥 2 000～3 000 千克、磷酸二铵 25～30 千克，施在垄体内。

2. 种肥 甜菜一般不施种肥。如土壤肥力低，在不施有机肥的情况下，每亩可施用磷酸二铵 10 千克，穴施效果较好。

3. 追肥 追肥在甜菜生育前期，可分两次施用或一次集中施用。

（1）对施基肥较足的地块 可在定苗后每亩追施尿素 5 千克。

（2）对基肥施用不足、地力较差的地块 可分两次追肥。第一次在定苗后，每亩追施硝酸铵 8～10 千克、过磷酸钙 5～8 千克；第二次于封垄前，结合最后一次中耕，每亩追施硝酸铵 10～13 千克、磷酸二铵 5～6 千克。

（3）在机械化水平较高的地区 应用施肥机械。人工追肥时，在植株一侧 3～5 厘米，刨坑穴施盖土。有灌溉条件的，追肥后灌水。

4. 根外追肥 有条件的，可叶喷施 0.2％～0.4％磷酸二氢钾、0.1％硼砂，对甜菜后期生长，提高产量和含糖有促进作用。也可在叶丛繁茂期前期，每亩用 50 毫升菌液或 5 克菌粉加水 50 千克，溶解均匀后喷洒即可。

四、无公害甜菜营养套餐肥料组合

1. 基肥 根据测土施肥配方，以氮肥、磷肥、钾肥为基础，添加腐殖酸、氨基酸、有机型螯合微量元素、增效剂、调理剂等，生产腐殖酸或氨基酸型甜菜专用肥，作为基肥施用。综合各地甜菜配方肥配制资料，可根据甜菜种植区肥力情况，选择下列 3 个配方中 1 个。

（1）配方 1 建议氮、磷、钾总养分量为 30％，氮、磷、钾比例为 1∶0.33∶1.28。基础肥料选用及用量（1 吨产品）如下：硫酸铵 100 千克、尿素 188 千克、磷酸一铵 40 千克、过磷酸钙 100 千克、钙镁磷肥 10 千克、氯化钾 245 千克、硼砂 30 千克、氨基酸螯合锌锰稀土 12 千克、硝基腐殖酸 150 千克、氯化钠 20 千克、氨基酸 20 千克、生物制剂 30 千克、增效剂 15 千克、调理剂 40 千克。

（2）配方 2 建议氮、磷、钾总养分量为 30％，氮、磷、钾比例为 1∶0.4∶1.6。基础肥料选用及用量（1 吨产品）如下：硫酸铵 100 千克、尿素 147 千克、磷酸二铵 49 千克、过磷酸钙 100 千克、钙镁磷肥 10 千克、氯化钾 267 千克、硼砂 30 千克、氨基酸螯合锌锰稀土 12 千克、硝基腐殖酸 160 千克、氯化钠 20 千克、氨基酸 30 千克、生物制剂 25 千克、增效剂 10 千克、调理剂 40 千克。

（3）配方 3 建议氮、磷、钾总养分量为 35％，氮、磷、钾比例为 1∶

0.5∶1.3。基础肥料选用及用量（1 吨产品）如下：硫酸铵 100 千克、尿素 148 千克、磷酸一铵 66 千克、硝酸磷肥 100 千克、过磷酸钙 100 千克、钙镁磷肥 10 千克、氯化钾 270 千克、硼砂 30 千克、氨基酸螯合锌锰稀土 12 千克、硝基腐殖酸 100 千克、氯化钠 14 千克、生物制剂 20 千克、增效剂 10 千克、调理剂 20 千克。

也可选用腐殖酸型含促生真菌生态复混肥（20 - 0 - 10）、腐殖酸型高效缓释肥（15 - 5 - 20）、长效缓释复合肥（22 - 16 - 7）、生物有机肥等不同基肥组合。

2. 生育期追肥　追肥可用腐殖酸或氨基酸型甜菜专用肥、腐殖酸高效缓释复混肥（15 - 5 - 20）、缓释尿素、长效磷酸铵、氯化钾或硫酸钾等。

3. 根外追肥　可根据甜菜生育情况，酌情选用含腐殖酸水溶肥、含氨基酸水溶肥、生物活性钾水溶肥、活力硼水溶肥等。

五、无公害甜菜营养套餐施肥技术规程

1. 普通灌溉栽培无公害甜菜营养套餐施肥技术　本规程各种肥料用量以高产、优质、无公害、环境友好为目标，选用有机无机复合肥料、长效缓释肥料、有机活性水溶肥料进行施用，各地在具体应用时，可根据当地普通灌溉栽培甜菜测土配方推荐用量进行调整。

（1）基肥　甜菜种植耕地前选用下列基肥组合，基肥要结合秋、春整地起垄，施在垄体内。

① 亩施生物有机肥 100～150 千克或无害化处理过优质有机肥 1 000～2 000千克、腐殖酸或氨基酸型甘蔗专用肥 40～50 千克。

② 亩施生物有机肥 100～150 千克或无害化处理过优质有机肥 1 000～2 000千克、腐殖酸型含促生菌生态复混肥 40～50 千克、长效磷酸铵 10～15 千克。

③ 亩施生物有机肥 100～150 千克或无害化处理过优质有机肥 1 000～2 000千克、腐殖酸高效缓释复混肥 35～40 千克。

④ 亩施生物有机肥 100～150 千克或无害化处理过优质有机肥 1 000～2 000千克、长效缓释复合肥 30～35 千克。

（2）根际追肥　追肥在甜菜生育前期，可分两次施用或一次集中施用。

① 对施基肥较足的地块，可在封垄前最后一次培土，每亩追施腐殖酸高效缓释复混肥 35～40 千克，或长效缓释复合肥 20～25 千克。

② 对基肥施用不足、地力较差的地块，可分两次追肥。第一次在定苗后，

每亩追施腐殖酸高效缓释复混肥 20～25 千克，或长效缓释复合肥 15～20 千克，或缓释尿素 8～10 千克、长效磷酸铵 5～8 千克；第二次于封垄前，结合最后一次中耕，每亩追施腐殖酸高效缓释复混肥 30～40 千克，或长效缓释复合肥 25～30 千克，或缓释尿素 15～20 千克、长效磷酸铵 15～20 千克。

（3）根外追肥 可以根据甜菜生长情况，在 15 片真叶、糖分增长期进行根外追肥。

① 甜菜长出 15 真叶时，可叶面喷施 500 倍的含腐殖酸水溶肥或含氨基酸水溶肥、1 500 倍活力硼水溶肥 2 次，喷液量 50 千克，间隔 20 天。

② 甜菜进入块根膨大期即糖分增长期，可叶面喷施 500 倍的生物活性钾水溶肥 2 次，喷液量 50 千克，间隔 15 天。

2. 膜下滴灌栽培无公害甜菜营养套餐施肥技术 本规程各种肥料用量以高产、优质、无公害、环境友好为目标，选用有机无机复合肥料、长效缓释肥料、有机活性水溶肥料进行施用，各地在具体应用时，可根据当地膜下滴灌栽培甜菜测土配方推荐用量进行调整。

（1）基肥 甜菜种植耕地前选用下列基肥组合，基肥要结合秋、春整地起垄，施在垄体内。

① 亩施生物有机肥 100～150 千克或无害化处理过优质有机肥 1 000～2 000千克、腐殖酸或氨基酸型甘蔗专用肥 30～40 千克。

② 亩施生物有机肥 100～150 千克或无害化处理过优质有机肥 1 000～2 000千克、腐殖酸型含促生菌生态复混肥 30～40 千克、长效磷酸铵 10～15 千克。

③ 亩施生物有机肥 100～150 千克或无害化处理过优质有机肥 1 000～2 000千克、腐殖酸高效缓释复混肥 25～30 千克。

④ 亩施生物有机肥 100～150 千克或无害化处理过优质有机肥 1 000～2 000千克、长效缓释复合肥 25～30 千克。

（2）滴灌追肥 分别 6 月上中旬、7 月、8 月进行滴灌追肥 6 次。

① 头水（6 月上中旬）随水滴灌施肥 1 次。每亩含硼锌的长效水溶滴灌肥（15 - 25 - 10）20 千克。

② 7 月随水滴灌施肥 3 次。第一次每亩含硼锌的长效水溶滴灌肥（15 - 25 - 10）为 15 千克；第二次每亩含硼锌的长效水溶滴灌肥（15 - 25 - 10）为 30 千克；第三次每亩含硼锌的长效水溶滴灌肥（15 - 25 - 10）为 20 千克、硫酸钾 10 千克。

③ 8 月随水滴灌施肥 2 次。第一次每亩含硼锌的长效水溶滴灌肥（15 - 25 - 10）为 15 千克、硫酸钾 5 千克；第二次每亩含硼锌的长效水溶滴灌肥

(15 - 25 - 10) 为 10 千克、硫酸钾 5 千克。

（3）根外追肥　可以根据甜菜生长情况，在 15 片真叶、糖分增长期进行根外追肥。

① 甜菜长出 15 真叶时，可叶面喷施 500 倍的含腐殖酸水溶肥或含氨基酸水溶肥、1 500 倍活力硼水溶肥 2 次，喷液量 50 千克，间隔 20 天。

② 甜菜进入块根膨大期即糖分增长期，可叶面喷施 500 倍的生物活性钾水溶肥 2 次，喷液量 50 千克，间隔 15 天。

第九章
嗜好作物测土配方与营养套餐施肥技术

嗜好类作物主要有烟草、茶叶、薄荷、咖啡、啤酒花等。我国种植面积较大的主要是烟草和茶叶。

第一节 烟草测土配方与营养套餐施肥技术

烟草属管状花目，茄科一年生或有限多年生草本植物，基部稍木质化。烟草是我国重要的经济作物之一，烟叶和卷烟产量均占世界总产量的1/3。我国共有26个省（自治区、直辖市）的1 700多个县（市）有烟草种植，其中，广泛种植的有23个省（自治区、直辖市）的900多个县，主产区是云南、贵州、四川、河南、山东、福建、湖南等。

一、烟草的营养需求特点

据测定，生产100千克烟叶需要纯N 3千克、P_2O_5 1.5～2.0千克、K_2O 5～6千克。烟草对氮、磷、钾的吸收比例在大田前期为5：1：6～8，现蕾期为2～3：1：5～6，成熟期为2～3：1：5。也就是说烟草对氮和钾的吸收量较大，而磷稍低。

烤烟苗床阶段在十字期以前需肥较小；十字期以后需肥量逐渐增加，以移栽前15天内需肥量最多。这一时期吸收的氮量，占苗床阶段烟草吸收纯N总量的68.4%、P_2O_5为72.7%、K_2O为76.7%。

大田阶段，在移栽后30天内吸收养分较少，此时吸收氮、磷、钾分别占全生育期吸收总量的6.6%、5.0%和5.6%；大量吸肥的时期是在移栽后的45～75天，吸收高峰是在团棵、现蕾期，这一时期吸收氮为烟草吸收纯N总量的44.1%、P_2O_5为50.7%、K_2O为59.2%。此后各种养分吸收量逐渐下降，打顶以后由于发生次生根，对养分吸收又有回升，为吸收总量的14.5%。但此时土壤含氮素过多，容易造成徒长，形成黑暴烟，不易烘烤。

夏烟的需肥规律与春烟基本相同。对养分的最大吸收期也在现蕾前后，约在移栽后的 26～70 天，以后逐渐下降，采收前 15 天对磷的吸收量又趋上升。

据研究，用硝态氮做氮肥，烟草能充吸收而正常发育；以铵态氮做氮肥，烟草吸收受阻，生长不良。这是因为硝态氮肥能促进烟草对钾离子的吸收，抑制对氯离子的吸收。因此，硝态氮肥对烟草有促进生长、提高品质的作用。

氯离子虽然对烟草的品质有影响，但少量的氯离子能促进烟草的生长，提高抗旱能力。氯离子在烟草植株内积累多了，会干扰烟草碳水化合物的代谢，烟叶厚而脆，淀粉积累过多，叶缘卷起，并使燃烧性变差，烘烤后色味不佳，在贮藏期间易吸收水分，引起霉烂。因此，烟草列为"忌氯作物"，所以，氯化铵、氯化钾等含氯肥料不宜施在烟田上。

烟草生长出了需要大量元素外，还需要钙、镁中量元素及硼、锰、铜等微量元素。这些元素在烟草体内含量虽少，但与多种酶、维生素、生长素及其他有机化合物的形成和代谢过程有密切关系。

二、烟草测土施肥配方

在目前的生产技术水平下，一般确定适宜施肥量应以保证获得最佳品质和适宜产量为标准，根据确定的适宜产量指标所吸收的养分数量，再根据烟田肥力等情况，来确定施肥量与养分配比。如云南烟区施肥配方推荐如下。

1. **氮肥推荐量**　主要以土壤有机质含量、速效氮含量测定为依据，考虑不同烟草品种，确定氮肥施用量（表 9-1）。

表 9-1　土壤供氮能力指标与推荐施氮量

肥力等级	有机质（%）	速效氮（毫克/千克）	不同品种纯氮用量（千克/亩）			
			K326	云烟 85	云烟 87	红大
高	>4.5	>180	2～4	2～4	2～4	1～3
较高	3～4.5	120～180	4～6	4～5	4～5	3～4
中等	1.5～3	60～120	6～8	5～7	5～7	4～5
低	<1.5	<60	8～9	7～8	7～8	5～6

2. **磷肥推荐量**　经研究，云南烟草氮磷比（$N : P_2O_5$）可普遍地由过去的 1:2 降至 1:0.5～1.0。在一般情况下，如施用了 12:12:24、10:10:25、15:15:15 的烟草复合肥后，就不必再施用普通过磷酸钙或钙镁磷肥；如施用的烟草复合肥是硝酸钾，每亩施用普通过磷酸钙或钙镁磷 20～30 千克，

就可满足烟株草生长的需要。磷肥可根据土壤速效磷分析结果和所用复合肥进行有针对性的施用（表9-2）。

表9-2　土壤供磷能力指标与推荐氮、磷配比

肥力等级	速效磷（毫克/千克）	烟草品种			
		K326	云烟85	云烟87	红大
高	>40	1∶0.2～0.5	1∶0.2～0.5	1∶0.2～0.5	1∶0.2～0.5
较高	10～40	1∶0.5～1	1∶0.5～1	1∶0.5～1	1∶1～1.5
低	<10	1∶1～1.5	1∶1～1.5	1∶1～1.5	1∶2

3. 钾肥推荐量　烟草对钾素的吸收量是三要素中最多的，当钾供应充足时，氮、钾的吸收比为1∶1.5～2。对于速效钾较丰富的土壤（200毫克/千克以上），肥料中氮、钾比采用1∶1即可；速效钾比较低的土壤，肥料中氮、钾比则以1∶2～3为宜。具体可根据土壤速效钾分析结果和所用复合肥进行有针对性的施用（表9-3）。

表9-3　土壤供钾能力指标与推荐氮、钾配比

肥力等级	速效钾（毫克/千克）	烟草品种			
		K326	云烟85	云烟87	红大
高	>250	1∶1.5～2	1∶1.5～2	1∶1.5～2	1∶2.5～3
较高	100～250	1∶2～2.5	1∶2～2.5	1∶2～2.5	1∶3～4
低	<100	1∶2.5～3	1∶2.5～3	1∶2.5～3	1∶4～5

三、烟草常规施肥模式

烟草以收获优质烟叶为目的，施肥较其他作物复杂，必须根据烟草不同类型、品种栽培环境等因素施肥。总的施肥原则是：肥料养分的配比合理；基肥与追肥，有机肥与化肥合理配合；硝态氮肥与铵态氮肥相结合；烟草是忌氯作物，尽量不施用含氯肥料。

1. 烟草苗床施肥技术　烟草苗床施肥主要是培育壮苗，保证适时移栽，为烟草优质高产奠定基础。因此，苗床要施足基肥，适时追肥。

（1）苗床基肥　应尽量施用腐熟有机肥料，以猪粪最好。每平方米施腐熟的猪粪60千克、饼肥或干鸡粪20千克，过磷酸钙0.25～0.5千克，硫酸钾0.25千克。

（2）苗床追肥　出苗后，视幼苗长势，从十字期开始由少到多，一般追肥

2～3 次。第一次追肥每平方米用氮（N）2 克、磷（P_2O_5）1.5 克、钾（K_2O）2.5 克，兑水喷施，每隔 7～10 天喷一次。移栽前 3～5 天要控肥水，增强抗逆力。

2. 烟草大田施肥技术　根据烟草"少时富，老来贫，烟株长成肥退劲"的需肥规律，要做到重施基肥、早施追肥、把握时机根外追肥。

（1）基肥　每亩施饼肥 50 千克，农家肥 2 000～2 500 千克，每亩开沟条施硫酸钾型复合肥（15－15－15）18～20 千克、过磷酸钙 35～40 千克、硫酸钾 12～15 千克，在移栽穴内每亩施复合肥 5～7.5 千克、硫酸锌 1～2 千克，结合整地沟施或穴施土中。

（2）定根肥　也称口肥。移栽时，每亩用硝酸铵 5～10 千克、过磷酸钙 2.5～5 千克，兑水淋施，以促使提早还苗成活。也可每亩用腐熟有机肥 300～500 千克、硫酸钾型复合肥（15－15－15）15～20 千克，或饼肥 20～30 千克、过磷酸钙 10～15 千克、硝酸铵 5～10 千克，在移栽时作口肥施入。

（3）追肥　烟草追肥分三次施用，在移栽后 7 天每亩淋施硝酸钾 3～5 千克，15 天后亩淋施硝酸钾 5～7.5 千克，在烟株"团棵后、旺长前"每亩施硫酸钾型复合肥（15－15－15）5～7.5 千克、硫酸钾 8～10 千克，同时进行大培土。

（4）根外追肥　烟草生长后期，可用 0.2％磷酸二氢钾溶液叶面喷施，对提高产量和品质都有良好效果。

四、无公害烟草营养套餐肥料组合

1. **基肥**　根据测土施肥配方，以氮肥、磷肥、钾肥为基础，添加腐殖酸、氨基酸、有机型螯合微量元素、增效剂、调理剂等，生产腐殖酸或氨基酸型烟草专用肥，作为基肥施用。综合各地烟草配方肥配制资料，可根据烟草种植区肥力情况，选择下列 3 个配方中 1 个。

（1）配方 1（北方烟草种植区）　建议氮、磷、钾总养分量为 30％，氮、磷、钾比例为 1∶0.76∶1.10。基础肥料选用及用量（1 吨产品）如下：硫酸铵 100 千克、尿素 31 千克、硝酸磷肥 200 千克、磷酸二铵 89 千克、过磷酸钙 100 千克、钙镁磷肥 10 千克、硫酸钾 230 千克、硼砂 15 千克、氨基酸螯合锌锰铜铁稀土 21 千克、硝基腐殖酸 100 千克、七水硫酸镁 40 千克、生物制剂 28 千克、增效剂 11 千克、调理剂 25 千克。

（2）配方 2（南方烟草种植区）　建议氮、磷、钾总养分量为 30％，氮、磷、钾比例为 1∶1∶1.5。基础肥料选用及用量（1 吨产品）如下：硫酸铵

100 千克、硝酸磷肥 165 千克、磷酸二铵 111 千克、过磷酸钙 100 千克、钙镁磷肥 10 千克、硫酸钾 257 千克、硼砂 15 千克、氨基酸螯合锌锰铜铁稀土 21 千克、硝基腐殖酸 100 千克、七水硫酸镁 50 千克、生物制剂 30 千克、增效剂 12 千克、调理剂 29 千克。

（3）**配方 3**（通用型） 建议氮、磷、钾总养分量为 30％，氮、磷、钾比例为 1：0.72：1.44。基础肥料选用及用量（1 吨产品）如下：硫酸铵 100 千克、尿素 38 千克、硝酸磷肥 183 千克、磷酸一铵 60 千克、过磷酸钙 100 千克、钙镁磷肥 10 千克、硫酸钾 274 千克、硼砂 15 千克、氨基酸螯合锌锰铜铁稀土 21 千克、硝基腐殖酸 100 千克、氨基酸 32 千克、生物制剂 25 千克、增效剂 12 千克、调理剂 30 千克。

也可选用腐殖酸型含促生真菌生态复混肥（15 - 10 - 20）、腐殖酸硫酸钾型涂层长效肥（15 - 5 - 25）、腐殖酸型高效缓释肥（10 - 10 - 20）、生物有机肥等不同基肥组合。

2. 生育期追肥 追肥可用腐殖酸型烟草专用肥、腐殖酸硫酸钾型涂层长效肥（15 - 5 - 25）、腐殖酸高效缓释复混肥（10 - 10 - 20）、硝酸铵、长效磷酸铵、腐殖酸型硝酸钾等。

3. 根外追肥 可根据烟草生育情况，酌情选用含腐殖酸水溶肥、含氨基酸水溶肥、生物活性钾水溶肥等。

五、无公害烟草营养套餐施肥技术规程

1. 无公害烟草常规育苗营养套餐施肥技术 本规程各种肥料用量以高产、优质、无公害、环境友好为目标，选用有机无机复合肥料、长效缓释肥料、有机活性水溶肥料进行施用，各地在具体应用时，可根据当地烟草测土配方推荐用量进行调整。

（1）**苗床基肥** 应尽量施用无害化处理过的腐熟有机肥料，以猪粪最好，或生物有机肥。

① 根据肥源，有机肥分别选取任一组合即可：每平方米施生物有机肥 8～10 千克，或腐熟的猪粪 60 千克，或饼肥或干鸡粪 20 千克。

② 在有机肥基础上，再根据情况，选取配施肥料：腐殖酸型烟草专用肥 4～5 千克，或腐殖酸型含促生真菌生态复混肥 2～3 千克，或腐殖酸型高效缓释肥 3～4 千克。

（2）**苗床追肥** 出苗后，视幼苗长势，从十字期开始由少到多，一般追肥 2～3 次。第一次追肥每平方米用腐殖酸型烟草专用肥 3～5 千克，兑水淋施，

以后每隔 7~10 天喷施 1 000 倍含氨基酸水溶肥、1 500 倍生物活性钾水溶肥 2 次。

2. 无公害烟草母苗床与塑料托盘两段育苗营养套餐施肥技术 本规程各种肥料用量以高产、优质、无公害、环境友好为目标，选用有机无机复合肥料、长效缓释肥料、有机活性水溶肥料进行施用，各地在具体应用时，可根据当地烟草测土配方推荐用量进行调整。

（1）母苗床基肥。

① 根据肥源，有机肥分别选取任一组合即可：每平方米施生物有机肥 8~10 千克，或腐熟的猪粪 60 千克，或饼肥或干鸡粪 20 千克。

② 在有机肥基础上，再根据情况，选取配施肥料：腐殖酸型烟草专用肥 4~5 千克，或腐殖酸型含促生真菌生态复混肥 2~3 千克，或腐殖酸型高效缓释肥 3~4 千克。

（2）4 片真叶后 淋施 0.3% 的腐殖酸型烟草专用肥，施后用清水冲洗干净附在叶面上的肥液；同时叶面喷施 1 500 倍的活力硼水溶肥和 1 500 倍的活力钙水溶肥一次。

（3）塑料托盘基质用肥 30% 干燥猪粪或牛粪、30% 锯木屑、39.5% 火烧土、6.5% 腐殖酸型烟草专用肥。

（4）移栽前 1~2 天 叶面喷施喷施 1 000 倍含氨基酸水溶肥、1 500 倍生物活性钾水溶肥 1 次。

3. 无公害烟草漂浮育苗营养套餐施肥技术 本规程各种肥料用量以高产、优质、无公害、环境友好为目标，选用有机无机复合肥料、长效缓释肥料、有机活性水溶肥料进行施用，各地在具体应用时，可根据当地烟草测土配方推荐用量进行调整。

（1）漂浮育苗营养液配制 应用（20 - 10 - 20）漂浮育苗专用肥配制 0.05% 的营养液，配好后，每立方米营养液中加入凯普克植物生长活性物质（有效成分：海藻酸 20 克/升、大量营养元素 110 克/升、硼 5 克/升、生长素 10.7 毫克/升、细胞分裂素 0.03 毫克/升）400 毫升、悬浮根得肥 500 毫升，即可加入育苗池。

（2）4 片真叶期 施一次烟草漂浮育苗专用肥（20 - 10 - 20），一般每立方米加入 1 千克左右；同时叶面喷施 1 500 倍的活力硼水溶肥和 1 500 倍的活力钙水溶肥一次。

（3）移栽前 1~2 天 叶面喷施喷施 1 000 倍含氨基酸水溶肥、1 500 倍生物活性钾水溶肥 1 次。

4. 无公害烟草大田营养套餐施肥技术 本规程各种肥料用量以高产、优质、无公害、环境友好为目标，选用有机无机复合肥料、长效缓释肥料、有机活性水溶肥料进行施用，各地在具体应用时，可根据当地烟草测土配方推荐用量进行调整。

根据烟草"少时富，老来贫，烟株长成肥退劲"的需肥规律，要做到重施基肥、早施追肥、把握时机根外追肥。

（1）基肥 移栽前选用下列基肥组合，开沟条施或结合整地沟施或穴施土中。

① 亩施生物有机肥 200～300 千克或无害化处理过优质有机肥 2 000～2 500千克、腐殖酸型烟草专用肥 60～80 千克。

② 亩施生物有机肥 200～300 千克或无害化处理过优质有机肥 2 000～2 500千克、腐殖酸型含促生菌生态复混肥 50～60 千克。

③ 亩施生物有机肥 200～300 千克或无害化处理过优质有机肥 2 000～2 500千克、腐殖酸高效缓释复混肥 50～60 千克。

④ 亩施生物有机肥 200～300 千克或无害化处理过优质有机肥 2 000～2 500千克、腐殖酸硫酸钾型涂层长效肥 50～60 千克。

⑤ 每亩施饼肥 50 千克、无害化处理过优质有机肥 2 000～2 500 千克、硫酸钾型复合肥（15 - 15 - 15）18～20 千克、长效磷酸铵 20～25 千克、硫酸钾 12～15 千克。

（2）定根肥 移栽时，可选用下列肥料组合之一，在移栽时作口肥施入。

① 每亩用腐殖酸型烟草专用肥 5～10 千克，兑水淋施，以促使提早还苗成活。

② 每亩可用生物有机肥 50～60 千克、腐殖酸高效缓释复混肥 15～20 千克。

③ 每亩可用无害化处理过饼肥 20～30 千克、长效磷酸铵 5～10 千克、硝酸铵 5～10 千克。

（3）根际追肥 烟草追肥分三次施用。

① 移栽后 7 天每亩淋施腐殖酸型硝酸钾 5～10 千克。

② 移栽后 15 天每亩淋施腐殖酸型硝酸钾 10～12 千克。

③ 烟株"团棵后、旺长前"每亩腐殖酸型烟草专用肥 10～15 千克，或腐殖酸高效缓释复混肥 7.5～10 千克，硫酸钾 8～10 千克，同时进行大培土。

（4）根外追肥 可以根据烟草生长情况，在移栽后 10 天、烟叶收获前 30 天进行根外追肥。

① 移栽后 10 天，可叶面喷施 500 倍的含腐殖酸水溶肥或含氨基酸水溶肥 2 次，喷液量 50 千克，间隔 15 天。

② 烟叶收获前 30 天，可叶面 500 倍腐殖酸水溶肥或含氨基酸水溶肥、1 500倍的生物活性钾水溶肥，喷液量 50 千克。

第二节　茶树测土配方与营养套餐施肥技术

中国有 4 大茶产区，即西南茶区、华南茶区、江南茶区和江北茶区。西南茶区（云南、贵州、四川及西藏东南部）是中国最古老的茶；华南茶区（广东、广西、福建、台湾、海南）是中国最适宜茶树生长的地区，福建省是我国著名的乌龙茶产区；江南茶区（浙江、湖南、江西、江苏、安徽等）是中国主要茶产区，以生产绿茶为主；江北茶区（河南、陕西、甘肃、山东等）也以生产绿茶为主。现有茶园面积约 126.23 万公顷，居世界第一位；茶产量约 83.5 万吨，居世界第二位。

一、茶树的营养需求特点

1. 茶树对营养元素的需求特点　茶树为多年生叶用常绿作物，其对矿质营养的需求表现为多元性、喜铵性、聚铝性、低氯性和嫌钙性；吸收利用规律表现为明显的阶段性和季节性。

（1）喜铵性　在氮肥形态中，茶树偏好铵态氮，当土壤中存在多种形态的氮化物时，总是优先吸收铵态氮。在茶树嫩梢的蛋白质中来自铵态氮的数量比硝态氮高 3～4 倍；在成熟的叶片蛋白质中，来自铵态氮的数量比硝态氮高 6～7 倍。同时，铵态氮对合成茶氨酸的贡献率比硝态氮也高出好几倍。

（2）嫌钙性　茶叶对钙的需求比一般作物低得多，过量的钙反而会有害茶树生长，严重时还会死亡。当土壤中活性钙含量超过 0.5% 时，常在叶片中结晶成草酸钙，引起茶树生长不正常。另外，钙能对茶树吸收铵、钾、镁产生拮抗作用。

（3）低氯性　茶树体内的氯含量比较高，但对氯过量比较敏感，很容易造成茶树氯害，在生产中必须慎用含氯化肥。

（4）聚铝性　铝对其他作物并非是一种营养元素，但对茶树来说确是必不可少的，它能提高叶绿素含量，增强光合作用强度；促进茶树对多酚类物质的合成，促进对磷的吸收等。

2. 茶树对营养元素的需求量　据测定，在正常生长条件下，1 年生茶苗需氮量只有 300 多毫克，需磷量仅 100 多毫克，需钾量仅 200 多毫克；2 年生茶树需氮量比一年生增加 4 倍多；3 年生茶树需氮量为一年生的 11 倍。对磷、钾的吸收量也有近似的增长趋势。

茶树对氮素需求较多，其次是钾、磷，大致与茶叶吸收比例相接近。一般每采收鲜叶 100 千克，需吸收氮（N）1.2～1.4 千克、磷（P_2O_5）0.20～0.28 千克、钾（K_2O）0.43～0.75 千克，N：P_2O_5：K_2O 平均为 1.3：0.24：0.59。如果每亩产鲜茶 450 千克，需吸收 N、P_2O_5、K_2O 平均为 6 千克、1 千克、3 千克。干茶叶与鲜茶叶之比约 1：4～4.5。

3. 茶树不同生育阶段对营养元素需求规律 茶树在不同的年生育阶段，对于肥料三要素在数量上各有不同的要求。以采叶茶园讲，在生育期中，都是根系和营养芽最先活动，以营养生长领先，继而生殖生长，所有各个时期，对营养物质在数量上各有不同的要求，因而对各种营养元素的吸收也有所侧重。一般 4～9 月地上部分处于生长旺期，对氮的吸收要占全年总吸收量的 70%～75%，10 月以后开始逐渐转入休眠期，吸收氮素仅占全年吸收量的 25%～30%；茶树新梢对磷素的吸收，4～5 月春茶期间占吸收总量的 1.44%，6～7 月占吸收总量的 33.3%，8 月、9 月和 10 月占吸收总量的 57.92%，以后就显著降低；茶树对钾素的吸收量，以夏季最多，秋季次之，春季明显减少。这说明茶树吸收利用营养元素，不仅因元素不同而差异，也因季节不同而差异，茶树吸肥的这种阶段性特点，对于确定施肥的种类、时期，充分发挥肥效很有参考价值。

二、茶树测土施肥配方

茶园施肥配方一般是按照茶叶采收后所带走的氮、磷、钾数量，同时考虑肥料施入茶园后的自然挥发损失与雨水的淋溶流失情况而确定的。根据茶园生产水平高低，先确定施氮量；然后再依据土壤速效磷、钾来确定磷、钾肥用量。

1. 氮肥施用量 一般根据茶园肥力水平，进行确定。

（1）幼龄茶园 年用量如下：1～2 年生，每亩施纯氮 2.5～5 千克；3～4 年生，每亩施纯氮 5～6.5 千克；5～6 年生，每亩施纯氮 6.5～10 千克。

（2）生产茶园 亩产干茶在 200 千克以下的低产茶园，每采收 100 千克干茶，年施纯氮 10 千克；亩产干茶在 200～250 千克的中产茶园，每采收 100 千克干茶，年施纯氮 12.5 千克；亩产干茶在 250～300 千克的高产茶园，每采收 100 千克干茶，年施纯氮 15 千克。氮肥的 1/3 作基肥，2/3 作追肥。

2. 磷、钾肥施用量 主要根据不同茶类的茶树各生育阶段的需肥规律，兼顾土壤速效磷、钾来确定磷、钾肥用量。

（1）**幼龄茶园**　幼龄茶园施肥应氮、磷、钾并重，年用量如下：1～2 年生，氮、磷、钾三要素用量比例为 1：1：1；3～4 年生，三要素用量比例为 2：1.5：1.5；5～6 年生，三要素用量比例为 2：1：1。

（2）**生产茶园**　每亩干茶产量在 200 千克以下茶园，三要素用量比例为 2：1：1；200 千克以上茶园，三要素用量比例为 4：1：1～1.5。

生产绿茶，三要素用量比例为 4：1：1；生产红茶时要增加磷、钾肥用量，三要素用量比例为 3：1.5：1。

3. **其他肥料**　缺镁、锌、硼茶园，土壤施用镁肥（MgO）2～3 千克/亩、硫酸锌（$ZnSO_4 \cdot 7H_2O$）0.7～1 千克/亩、硼砂（$Na_2B_4O_7 \cdot 10H_2O$）1 千克/亩。缺硫茶园，选择含硫肥料如硫酸铵、硫酸钾、过磷酸钙等。

三、茶树常规施肥模式

针对茶园有机肥料投入数量不足，土壤贫瘠及保水保肥能力差，部分茶园氮肥用量偏高、磷、钾肥比例不足，中微量元素镁、硫、硼等缺乏时有发生，提出以下施肥原则：增施有机肥，有机无机配合施用；依据土壤肥力条件和产量水平，适当调减氮肥用量，加强磷、钾、镁肥的配合施用，注意硫、硼等养分的补充；出现土壤酸化的茶园可通过施用白云石粉、生石灰等进行改良；与高产优质栽培技术相结合。

1. **建园施肥技术**　建园基肥一般以有机肥和磷肥为主，每亩施厩肥或堆肥等有机肥 10 吨及磷肥 25～40 千克。基肥数量较少时要集中施在播种沟里；基肥数量较多时要全面分层施用即先将熟土移开生土不动开沟约 50 厘米；沟底再松土 15～20 厘米按层将肥与土混合先施底层再施第二层最后放回熟土。

2. **生长茶园施肥技术**　全年肥料运筹：原则上有机肥、磷、钾和镁等以秋冬季基肥为主，氮肥分次施用。其中基肥：施入全部的有机肥、磷、钾、镁、微量元素肥料和占全年用量 30%～40% 的氮肥，施肥适宜时期在茶季结束后的 9 月底到 10 月底之间，基肥结合深耕施用，施用深度在 20 厘米左右。追肥一般以氮肥为主，追肥时期依据茶树生长和采茶状况来确定，催芽肥在采春茶前 30 天左右施入，占全年用量的 30%～40%；夏茶追肥在春茶结束夏茶开始生长之前进行，一般在 5 月中下旬，用量为全年的 20% 左右；秋茶追肥在夏茶结束之后进行，一般在 7 月中下旬施用，用量为全年的 20% 左右。

（1）**基肥**　基肥大都以厩、堆肥和饼肥等有机肥为主再加适量磷、钾肥一般每亩施菜饼 100～150 千克掺和过磷酸钙 25 千克、硫酸钾 15 千克。不同地区茶园基肥施用时间不同，如山东在白露前后；长江中下游茶区在 9 月底至

10 月底；广东、广西、福建等地则在 11 月下旬至 12 上旬；海南在 12 月上旬。不同树龄的茶树基肥施用位置和深度不同，1～2 年生直播茶苗施在距根 5～10 厘米处，施肥深度 15～20 厘米；1 年生扦插苗施在距根 10～15 厘米，施肥深度 10～15 厘米；3～4 年生茶树施在距根 15～20 厘米，施肥深度 20～30 厘米；成年茶树施在树冠边缘垂直下方施肥深度 20 厘米。

（2）追肥　追肥应以速效氮肥为主，适当配施磷、钾及微量元素。追肥主要是两个时期。

① 春茶追肥期。茶树经过冬季休眠之后生长能力强需肥量大。第一次追肥，俗称催芽肥，其施用时期一般根据茶树生育的物候期来确定当茶芽伸长到鱼叶初展期施肥的效果最好；长江中下游茶区约在 3 月上中旬左右，即在茶园正式开采前 15～20 天施下效果最好。

② 夏、秋茶追肥期。春茶采摘后消耗了茶树体内大量的养分必须及时补充。因此，在春茶结束后夏茶大量萌发前进行第二次追肥，以促进夏茶的萌发；春、夏茶之间时间间隔短，因此春茶结束后立即施。夏茶结束后进行第三次追肥。在气温高、雨水充沛、无霜期长、茶芽轮次多的茶区和高产茶园要进行第四次甚至多次追肥。在每轮新梢生长的间隙期都是最好的施肥时间。在长江中下游茶区秋茶延续时间长，特别是三茶后常遭干旱，四茶后已有早霜，因此有伏旱的茶区秋肥必须在伏旱后施，以有利于肥效的发挥。在有霜冻的茶区，秋茶的最后一次追肥必须在早霜来临前 1 个月进行，太迟易促使越冬芽萌发不利于茶树安全越冬。

茶园追施氮肥的用量、次数及其分配需要考虑茶叶的产量、土壤肥力等因素。中国农业科学院茶叶研究所根据各地的施肥经验，提出了不同年龄茶树追施氮肥的用量。茶园追肥的次数，一般要考虑茶芽萌发轮次及氮肥用量。在长江中下游地区全年茶芽萌发 4～5 轮，每亩施 20 千克纯氮，应分 4～5 次施；每亩施 10 千克纯氮可分 3～4 次。每亩产 500 千克干茶以上的高产茶园，全年每亩追施 40 千克纯氮以上，追肥次数达 10 次以上。在每亩施氮 10 千克时，追肥中春、夏、秋肥的分配比例以 60∶15∶25 最好；长江中下游茶区一般宜用 60∶15∶25 或 60∶20∶20 的分配比例；在热带及南亚热带南部地区常年均可采茶春、夏、秋、冬的追肥比例以 40∶20∶20∶20 为好；而只采春、夏茶的茶园 追肥比例以 70∶30 或 60∶40 为宜。

（3）叶面施肥　各地茶园试验说明，在茶叶采摘前 15～30 天喷施某些微量元素有利于改善茶叶的品质。叶面喷施还应选择适宜的时期一般长江中下游茶区以夏、秋茶叶面施肥效果好；而江北茶区则以早春叶面施肥催芽作用显著；就新梢发育而言一芽一叶到一芽三叶期间叶面施肥效果好；在一天当中则以傍晚喷施效果好。

四、无公害茶树营养套餐肥料组合

1. **基肥**　根据测土施肥配方，以氮肥、磷肥、钾肥为基础，添加氨基酸、有机型螯合微量元素、增效剂、调理剂等，生产氨基酸型茶树专用肥，作为基肥施用。综合各地茶树配方肥配制资料，建议氮、磷、钾总养分量为35％，氮、磷、钾比例为1∶0.4∶0.6。基础肥料选用及用量（1吨产品）如下：硫酸铵100千克、尿素285千克、磷酸二铵134千克、过磷酸钙50千克、钙镁磷肥10千克、硫酸钾175千克、七水硫酸镁80千克、硼砂15千克、氨基酸螯合钼锌锰铜16千克、氨基酸58千克、生物制剂30千克、增效剂112千克、调理剂35千克。

也可选用腐殖酸型含促生真菌生态复混肥（15-0-20）、腐殖酸硫基涂层长效肥（15-5-20）、腐殖酸型硫基高效缓释肥（18-8-4）、生物有机肥等不同基肥组合。

2. **生育期追肥**　追肥可用氨基酸型茶树专用肥、腐殖酸硫基涂层长效肥（15-5-20）、腐殖酸型硫基高效缓释肥（18-8-4）、增效尿素、长效磷酸铵、硫酸钾等。

3. **根外追肥**　可根据茶树生育情况，酌情选用含腐殖酸水溶肥、含氨基酸水溶肥等。

五、无公害茶树营养套餐施肥技术规程

茶园施肥原则是：以有机肥料为主，有机肥料与化学肥料配合；以基肥为主，按茶树物候期分期分批施用；以氮为主，大量元素与中、微量元素平衡施用；以根部施肥为主，叶面施肥配合。

1. **种植茶苗营养套餐施肥技术**　本规程各种肥料用量以高产、优质、无公害、环境友好为目标，选用有机无机复合肥料、长效缓释肥料、有机活性水溶肥料进行施用，各地在具体应用时，可根据当地种植茶苗测土配方推荐用量进行调整。

（1）**常规茶园茶苗营养套餐施肥技术**　建园建好后，种植茶苗前，施肥主要以保护生态环境为主，肥料选用以有机肥料为主，配施生物肥料、磷肥等，一般作基肥施用。可选用下列肥料组合之一，进行施肥。

① 每亩可施生物有机肥100～150千克或无害化处理过的厩肥或堆肥

1 000～1 500 千克、氨基酸型茶树专用肥 40～50 千克。

② 每亩可施生物有机肥 100～150 千克或无害化处理过的厩肥或堆肥 1 000～1 500 千克、腐殖酸型硫基高效缓释肥 40～50 千克。

③ 每亩可施生物有机肥 100～150 千克或无害化处理过的厩肥或堆肥 1 000～1 500 千克、腐殖酸硫基涂层长效肥 30～40 千克。

④ 每亩可施生物有机肥 100～150 千克或无害化处理过的厩肥或堆肥 1 000～1 500 千克、腐殖酸型过磷酸钙 40～50 千克、硫酸钾 5～10 千克。

种茶时的基肥不宜深施。如果是扦插苗，一般沟深 30～35 厘米，沟宽 20～30 厘米，沟底土壤适当疏松，施入基肥与土壤拌匀后盖土，然后再扦插茶苗；如果是种子直播，施肥沟可适当浅些，沟深 15～20 厘米，沟宽 20～30 厘米，沟底土壤适当疏松，施入基肥与土壤拌匀后盖土，然后再播种。种子直播时基肥也可穴施，穴深 15～20 厘米，直径 20～30 厘米。

（2）密植茶园茶苗营养套餐施肥技术　要适当增加肥料施用量，可选用下列肥料组合之一，进行施肥，施肥方法同常规茶园。

① 每亩可施生物有机肥 150～200 千克或无害化处理过的厩肥或堆肥 1 500～2 000 千克、氨基酸型茶树专用肥 50～60 千克。

② 每亩可施生物有机肥 150～200 千克或无害化处理过的厩肥或堆肥 1 500～2 000 千克、腐殖酸型硫基高效缓释肥 50～60 千克。

③ 每亩可施生物有机肥 150～200 千克或无害化处理过的厩肥或堆肥 1 500～2 000 千克、腐殖酸硫基涂层长效肥 40～50 千克。

④ 每亩可施生物有机肥 150～200 千克或无害化处理过的厩肥或堆肥 1 500～2 000 千克、腐殖酸型过磷酸钙 50～60 千克、硫酸钾 8～12 千克。

（3）茶苗根外追肥　茶苗叶面追肥应选择适宜时期，可在移栽后、生长盛期、入秋后等时期进行喷施。

① 移栽后 15～20 天，可叶面喷施 500 倍的含腐殖酸水溶肥或含氨基酸水溶肥，喷液量 50 千克。

② 夏季茶叶生长盛期，可叶面喷施 500 倍的含腐殖酸水溶肥或含氨基酸水溶肥，喷液量 50 千克。

③ 入秋后，可叶面喷施 500 倍的高活性有机酸水溶肥，喷液量 50 千克。

2. 2～3 年生幼龄茶树营养套餐施肥技术　本规程各种肥料用量以高产、优质、无公害、环境友好为目标，选用有机无机复合肥料、长效缓释肥料、有机活性水溶肥料进行施用，各地在具体应用时，可根据当地 2～3 年生幼龄茶树测土配方推荐用量进行调整。

（1）秋冬基肥　秋冬基肥应以有机肥料为主，适当配施化学肥料、生物肥料等。秋冬基肥应在茶树地上部分生长即将停止时立即施用，宜早不宜迟。不同地区茶园基肥施用时间不同，北部茶区，如山东等地及高山气温较低茶园，生长期短，基肥要在白露前后，最迟不能延到 9 月下旬；长江中下游茶区在 9 月底至 10 月底，最迟不能推迟到 11 月下旬；广东、广西、福建等南部茶区则在 11 月下旬至 12 上旬；海南茶区及云南热带地区茶树基肥可在 12 月中下旬。

2～3 年生幼龄茶树，可在离茶苗根茎 10～15 厘米处开沟，沟深 15～20 厘米、沟宽 15 厘米，将沟底土壤疏松后时入基肥，覆土后轻轻将土踩实并耙平。每亩茶园可选用下列肥料组合之一施用。

① 每亩可施生物有机肥 100～150 千克或无害化处理过的厩肥或堆肥 1 000～1 500 千克、氨基酸型茶树专用肥 30～40 千克。

② 每亩可施生物有机肥 100～150 千克或无害化处理过的厩肥或堆肥 1 000～1 500 千克、腐殖酸型硫基高效缓释肥 30～40 千克。

③ 每亩可施生物有机肥 100～150 千克或无害化处理过的厩肥或堆肥 1 000～1 500 千克、腐殖酸型含促生真菌生态复混肥 25～30 千克、腐殖酸型过磷酸钙 15～20 千克。

④ 每亩可施生物有机肥 100～150 千克或无害化处理过的厩肥或堆肥 1 000～1 500 千克、腐殖酸型过磷酸钙 20～25 千克、硫酸钾 7.5～10 千克。

（2）春茶追肥　春茶第一次追肥，即"催芽肥"。施用时期一般根据茶树生育的物候期来确定当茶芽伸长到鱼叶初展期施肥的效果最好。长江以北茶区在 4 月中下旬，长江中下游茶区约在 2 月中下旬至 3 月上中旬左右，华南茶区 2 月上中旬，云南热带及海南更早。即在茶园正式开采前 15～20 天施下效果最好。

春茶追肥一般采用条施或穴施，可选用下列肥料组合之一施用。

① 每亩可追施腐殖酸型硫基高效缓释肥 20～25 千克．

② 每亩可追施氨基酸型茶树专用肥 25～30 千克。

③ 每亩可追施腐殖酸硫基涂层长效肥 20～25 千克。

④ 每亩追施增效尿素 12～15 千克、长效磷酸铵 10～12 千克、硫酸钾 8～10 千克。

（3）夏秋茶追肥　在春茶结束后夏茶大量萌发前进行第二次追肥，以促进夏茶的萌发；夏茶结束后进行第三次追肥。在气温高、雨水充沛、无霜期长、茶芽轮次多的茶区和高产茶园要进行第四次甚至多次追肥。

夏秋茶追肥一般采用条施或穴施，可选用下列肥料组合之一施用。

① 每次每亩可追施氨基酸型茶树专用肥 30～35 千克。

② 每次每亩可追施腐殖酸型硫基高效缓释肥 25～30 千克。

③ 每亩可追施腐殖酸硫基涂层长效肥 20～25 千克。

④ 每亩追施增效尿素 10～12 千克、长效磷酸铵 8～10 千克、硫酸钾 8～10 千克。

（4）茶园根外追肥 茶树叶面追肥应选择适宜时期，一般长江中下游茶区以夏、秋茶叶面喷施效果较好；长江以北茶区则以早春叶面喷施效果较好。

① 采春茶前 15～20 天，可叶面喷施 500 倍的含腐殖酸水溶肥或含氨基酸水溶肥，喷液量 50 千克。

② 春茶采摘后，可叶面喷施 500 倍的高活性有机酸水溶肥 2 次，喷液量 50 千克，间隔期 20 天。

③ 秋茶下树后，可叶面喷施 500 倍的含腐殖酸水溶肥或含氨基酸水溶肥，喷液量 50 千克。

3. 4～5 年生幼龄茶树营养套餐施肥技术 本规程各种肥料用量以高产、优质、无公害、环境友好为目标，选用有机无机复合肥料、长效缓释肥料、有机活性水溶肥料进行施用，各地在具体应用时，可根据当地 4～5 年生幼龄茶树测土配方推荐用量进行调整。

（1）秋冬基肥 施用时期参考 2～3 年生幼龄茶树。施肥方法为可在离茶苗根茎 30～40 厘米处开沟，沟深 20～25 厘米、沟宽 20 厘米，将沟底土壤疏松后施入基肥，覆土后轻轻将土踩实并耙平。每亩茶园可选用下列肥料组合之一施用。

① 每亩可施生物有机肥 150～200 千克或无害化处理过的厩肥或堆肥 1 500～2 000 千克、氨基酸型茶树专用肥 35～45 千克。

② 每亩可施生物有机肥 150～200 千克或无害化处理过的厩肥或堆肥 1 500～2 000 千克、腐殖酸型硫基高效缓释肥 35～45 千克。

③ 每亩可施生物有机肥 150～200 千克或无害化处理过的厩肥或堆肥 1 500～2 000 千克、腐殖酸型含促生真菌生态复混肥 30～35 千克、腐殖酸型过磷酸钙 20～25 千克。

④ 每亩可施生物有机肥 150～200 千克或无害化处理过的厩肥或堆肥 1 500～2 000 千克、腐殖酸型过磷酸钙 25～30 千克、硫酸钾 10～15 千克。

（2）春茶追肥 春茶第一次追肥，即"催芽肥"。施用时期一般根据茶树生育的物候期来确定当茶芽伸长到鱼叶初展期施肥的效果最好。长江以北茶区在 4 月中下旬，长江中下游茶区约在 2 月中下旬至 3 月上中旬左右，华南茶区 2 月上中旬，云南热带及海南更早。即在茶园正式开采前 15～20 天施下效果最好。

春茶追肥一般采用条施或穴施，可选用下列肥料组合之一施用。

① 每亩可追施腐殖酸型硫基高效缓释肥 30～40 千克。

② 每亩可追施氨基酸型茶树专用肥 30～40 千克。

③ 每亩可追施腐殖酸硫基涂层长效肥 25～30 千克。

④ 每亩追施增效尿素 15～20 千克、长效磷酸铵 10～15 千克、硫酸钾 10 千克。

（3）夏秋茶追肥　在春茶结束后夏茶大量萌发前进行第二次追肥，以促进夏茶的萌发；夏茶结束后进行第三次追肥。在气温高、雨水充沛、无霜期长、茶芽轮次多的茶区和高产茶园要进行第四次甚至多次追肥。

夏秋茶追肥一般采用条施或穴施，可选用下列肥料组合之一施用。

① 每次每亩可追施氨基酸型茶树专用肥 30～40 千克，

② 每次每亩可追施腐殖酸型硫基高效缓释肥 25～30 千克。

③ 每亩可追施腐殖酸硫基涂层长效肥 25～30 千克。

④ 每亩追施增效尿素 10～15 千克、长效磷酸铵 10～12 千克、硫酸钾 10 千克。

（4）茶园根外追肥　茶树叶面追肥应选择适宜时期，一般长江中下游茶区以夏、秋茶叶面喷施效果较好；长江以北茶区则以早春叶面喷施效果较好。

① 采春茶前 15～20 天，可叶面喷施 500 倍的含腐殖酸水溶肥或含氨基酸水溶肥，喷液量 50 千克。

② 春茶采摘后，可叶面喷施 500 倍的高活性有机酸水溶肥 2 次，喷液量 50 千克，间隔期 20 天。

③ 秋茶下树后，可叶面喷施 500 倍的含腐殖酸水溶肥或含氨基酸水溶肥，喷液量 50 千克。

4. 成龄茶树营养套餐施肥技术　本规程各种肥料用量以高产、优质、无公害、环境友好为目标，选用有机无机复合肥料、长效缓释肥料、有机活性水溶肥料进行施用，各地在具体应用时，可根据当地成龄茶树测土配方推荐用量进行调整。

（1）秋冬基肥　施用时期参考 2～3 年生幼龄茶树。施肥方法为对于成龄茶园，树冠基本形成，可沿树冠边缘垂直下方开沟，沟深 25～30 厘米、沟宽 30 厘米，将沟底土壤疏松后时入基肥，覆土后轻轻将土踩实并耙平。每亩茶园可选用下列肥料组合之一施用。

① 每亩可施生物有机肥 200～300 千克或无害化处理过的厩肥或堆肥 2 000～3 000 千克、氨基酸型茶树专用肥 40～50 千克。

② 每亩可施生物有机肥 200～300 千克或无害化处理过的厩肥或堆肥 2 000～3 000 千克、腐殖酸型硫基高效缓释肥 40～50 千克。

③ 每亩可施生物有机肥 200～300 千克或无害化处理过的厩肥或堆肥 2 000～3 000 千克、腐殖酸型含促生真菌生态复混肥 35～40 千克、腐殖酸型过磷酸钙 25～30 千克。

④ 每亩可施生物有机肥 200～300 千克或无害化处理过的厩肥或堆肥 2 000～3 000 千克、腐殖酸型过磷酸钙 30～35 千克、硫酸钾 15～20 千克。

（2）春茶追肥 春茶第一次追肥，即"催芽肥"。施用时期一般根据茶树生育的物候期来确定当茶芽伸长到鱼叶初展期施肥的效果最好。长江以北茶区在 4 月中下旬，长江中下游茶区约在 2 月中下旬至 3 月上中旬左右，华南茶区 2 月上中旬，云南热带及海南更早。即在茶园正式开采前 15～20 天施下效果最好。

春茶追肥一般采用条施或穴施，可选用下列肥料组合之一施用。

① 每亩可追施腐殖酸型硫基高效缓释肥 40～45 千克。

② 每亩可追施氨基酸型茶树专用肥 40～45 千克。

③ 每亩可追施腐殖酸硫基涂层长效肥 30～35 千克。

④ 每亩追施增效尿素 15～20 千克、长效磷酸铵 15～20 千克、硫酸钾 15～20 千克。

（3）夏秋茶追肥 在春茶结束后夏茶大量萌发前进行第二次追肥，以促进夏茶的萌发；夏茶结束后进行第三次追肥。在气温高、雨水充沛、无霜期长、茶芽轮次多的茶区和高产茶园要进行第四次甚至多次追肥。

夏秋茶追肥一般采用条施或穴施，可选用下列肥料组合之一施用。

① 每次每亩可追施氨基酸型茶树专用肥 35～45 千克。

② 每次每亩可追施腐殖酸型硫基高效缓释肥 30～40 千克。

③ 每亩可追施腐殖酸硫基涂层长效肥 30～35 千克。

④ 每亩追施增效尿素 12～15 千克、长效磷酸铵 15～20 千克、硫酸钾 15～20 千克。

（4）茶园根外追肥 茶树叶面追肥应选择适宜时期，一般长江中下游茶区以夏、秋茶叶面喷施效果较好；长江以北茶区则以早春叶面喷施效果较好。

① 采春茶前 15～20 天，可叶面喷施 500 倍的含腐殖酸水溶肥或含氨基酸水溶肥，喷液量 50 千克。

② 春茶采摘后，可叶面喷施 500 倍的高活性有机酸水溶肥 2 次，喷液量 50 千克，间隔期 20 天。

③ 秋茶下树后，可叶面喷施 500 倍的含腐殖酸水溶肥或含氨基酸水溶肥，喷液量 50 千克。

主要参考文献

作 物 测 土 配 方 与 营 养 套 餐 施 肥 技 术 系 列 丛 书

崔德杰，金圣爱 . 2012. 安全科学施肥实用技术 ［M］. 北京：化学工业出版社 .

陈伦寿，路森 . 2012. 氨基酸多元素系列肥料构成及其科学施肥模式 ［J］. 磷肥与复肥，24
　　（3）：75 - 76，89.

陈庆瑞，赵秉强，等 . 2014. 四川省作物专用复混肥料农艺配方 ［M］. 北京：中国农业出
　　版社 .

陈绍荣，阎宗彪，孙玲丽，等 . 2012. 小麦营养套餐施肥技术及其应用 ［J］. 磷肥与复肥，
　　27（3）：78 - 79.

陈绍荣，沈静，白云飞，等 . 2012. 高活性有机酸叶面肥的研究与应用 ［J］. 磷肥与复肥，
　　28（2）：49 - 50.

陈绍荣，沈静，白云飞，等 . 2012. 甘蔗营养套餐施肥技术的研究与应用 ［J］. 云南农业科
　　技，4：11 - 13.

陈绍荣，沈静，孙玲丽，等 . 2012. 超级杂交稻营养套餐施肥技术的初步研究 ［J］. 腐植
　　酸，2：25 - 28.

陈绍荣，孙玲丽 . 2010. 腐殖酸叶面肥与缓释肥结合的优化营养套餐施肥技术 ［J］. 磷肥与
　　复肥，25（6）：74 - 75.

褚天铎，等 . 2014. 简明施肥技术手册（第 2 版）［M］. 北京：金盾出版社 .

车宗贤，赵秉强，等 . 2014. 甘肃省作物专用复混肥料农艺配方 ［M］. 北京：中国农业出
　　版社 .

丁莎莎，崔国贤，马渊博，等 . 2012. 苎麻营养与施肥的研究现状与发展前景 ［J］. 作物研
　　究，22（1）：99 - 102.

邓红 . 2007. 营养套餐的设计原则与方法 ［J］. 西南民族大学学报：自然科学版，33（4）：
　　801 - 806.

邓小强，范贵国，周世龙，等 . 2011. 玉米测土配方施肥效果分析 ［J］. 耕作与栽培，6：
　　32 - 35.

樊明寿，赵秉强，等 . 2014. 内蒙古作物专用复混肥料农艺配方 ［M］. 北京：中国农业出
　　版社 .

方天翰 . 2003. 复混肥料生产技术手册 ［M］. 北京：化学工业出版社 .

高林，董建新，李世博，等.2012. 烤烟"3414"肥料效应 [J]. 安徽农业科学，40（18）：9 690-9 692.

高祥照，等.2005. 测土配方施肥技术 [M]. 北京：中国农业出版社.

贾小红.2011. 有机肥料加工与施用（第2版）[M]. 北京：化学工业出版社.

河南省农业科学院土壤肥料研究所.1991. 主要农作物测土配方施肥 [M]. 郑州：河南科学技术出版社.

黄本连，杨清辉.2011. 甘蔗测土配方施肥技术的研究进展 [J]. 中国糖料，1：60-63.

黄凌云，黄锦法.2014. 测土配方施肥实用技术 [M]. 北京：中国农业出版社.

黄家祥，等.2009. 蓖麻向日葵胡麻施肥技术 [M]. 北京：金盾出版社.

黄绍敏，宝德俊，赵秉强，等.2014. 河南省作物专用复混肥料农艺配方 [M]. 北京：中国农业出版社.

姜存仓，陈防.2011. 棉花营养诊断与现代施肥技术 [M]. 北京：中国农业出版社.

姜巍，刘文志.2013. 马铃薯测土配方施肥技术研究现状 [J]. 现代化农业，3：11-13.

纪雄辉，赵秉强，田发祥，等.2014. 湖南省作物专用复混肥料农艺配方 [M]. 北京：中国农业出版社.

刘骅，赵秉强，等.2014. 新疆作物专用复混肥料农艺配方 [M]. 北京：中国农业出版社.

刘建安，刘向锋，王志攀，等.2006. 平衡施肥技术在烟草生产中的应用研究 [J]. 现代农业科技，1：53-54.

陆景陵，陈伦寿.2009. 植物营养失调症彩色图谱 [M]. 北京：中国林业出版社.

陆箐.2009. 新型肥料施用技术 [M]. 福州：福建科学技术出版社.

鲁剑巍.2010. 油菜科学施用技术 [M]. 北京：金盾出版社.

鲁剑巍.2010. 肥料施用技术手册 [M]. 北京：金盾出版社.

鲁剑巍.2011. 测土配方与作物配方施肥技术 [M]. 北京：金盾出版社.

林新坚.2009. 新型肥料施用技术 [M]. 福州：福建科学技术出版社.

劳秀荣，魏志强，郝艳如.2011. 测土配方施肥 [M]. 北京：中国农业出版社.

劳秀荣，陈宝成，毕建杰，等.2011. 粮食作物测土配方施肥技术百问百答 [M]. 北京：中国农业出版社.

李春俭.2008. 高级植物营养学 [M]. 北京：中国农业大学出版社.

李季，彭生平.2005. 堆肥工程实用手册 [M]. 北京：化学工业出版社.

李淑玲，熊思健.2011. 水稻营养套餐施肥技术 [M]. 北京：中国林业出版社.

李淑玲，熊思健，陈绍荣.2008. 建设我国现代化农业生产中的肥料问题 [J]. 磷肥与复肥，23（6）：13-17.

李兴佐，朱启臻，王仁山，等.2008. 企业主导型测土配方施肥运作模式的创新研究 [J]. 安徽农业科学，36（8）：3 444-3 445，3 469.

李絮花，赵秉强，等.2014. 山东省作物专用复混肥料农艺配方 [M]. 北京：中国农业出版社.

李燕婷，等.2009. 作物叶面施肥技术与应用 [M]. 北京：科学出版社.

刘增兵，赵秉强，等．2014．江西省作物专用复混肥料农艺配方［M］．北京：中国农业出版社．

马国瑞，石伟勇．2002．农作物营养失调症原色图谱［M］．北京：中国农业出版社．

马玉兰．2008．宁夏测土配方施肥技术［M］．银川：宁夏人民出版社．

农业标准出版研究中心．2012．最新中国农业行业标准（第七辑）［M］．北京：中国农业出版社．

彭智平，赵秉强，等．2014．广东省作物专用复混肥料农艺配方［M］．北京：中国农业出版社．

彭正平，刘会玲．2013．肥料科学施用技术［M］．北京：北京理工大学出版社．

全国农业技术推广服务中心．2011．冬小麦测土配方施肥技术［M］．北京：中国农业出版社．

全国农业技术推广服务中心．2011．春小麦测土配方施肥技术［M］．北京：中国农业出版社．

全国农业技术推广服务中心．2011．单季稻测土配方施肥技术［M］．北京：中国农业出版社．

全国农业技术推广服务中心．2011．双季稻测土配方施肥技术［M］．北京：中国农业出版社．

全国农业技术推广服务中心．2011．夏玉米测土配方施肥技术［M］．北京：中国农业出版社．

全国农业技术推广服务中心．2011．春玉米测土配方施肥技术［M］．北京：中国农业出版社．

全国农业技术推广服务中心．2011．华北棉花测土配方施肥技术［M］．北京：中国农业出版社．

全国农业技术推广服务中心．2011．长江流域棉花测土配方施肥技术［M］．北京：中国农业出版社．

全国农业技术推广服务中心．2011．内陆棉花测土配方施肥技术［M］．北京：中国农业出版社．

全国农业技术推广服务中心．2011．黄淮大豆测土配方施肥技术［M］．北京：中国农业出版社．

全国农业技术推广服务中心．2011．东北大豆测土配方施肥技术［M］．北京：中国农业出版社．

全国农业技术推广服务中心．2011．花生测土配方施肥技术［M］．北京：中国农业出版社．

全国农业技术推广服务中心．2011．长江流域油菜测土配方施肥技术［M］．北京：中国农业出版社．

全国农业技术推广服务中心．2011．西北油菜测土配方施肥技术［M］．北京：中国农业出版社．

全国农业技术推广服务中心．2011．烟草测土配方施肥技术［M］．北京：中国农业出版社．

全国农业技术推广服务中心．2011．马铃薯测土配方施肥技术［M］．北京：中国农业出版社．

秦万德．1987．腐殖酸的综合应用［M］．北京：科学出版社．

沈兵．2013．复合肥料配方制定原理与实践［M］．北京：中国农业出版社．

沈静，孙玲丽，邢嘉语，等．2012．科学施肥与现代农业［J］．磷肥与复肥，27（4）：86 - 88．

沈静，张文波，杨树祥，等．2012．超级杂交稻营养套餐施肥技术试验示范报告［J］．磷肥与复肥，27（1）.

山东金正大生态工程股份有限公司.2013. 中微量元素肥料的生产与应用［M］. 北京：中国农业科学技术出版社.

孙运甲，张立联.2014. 测土配方施肥指导手册［M］. 济南：山东大学出版社.

孙义祥，郭跃升，于舜章，等.2009. 应用"3414"试验建立冬小麦测土配方施肥指标体系［J］. 耕作与栽培，15（1）：197－203.

宋志伟.2009. 土壤肥料［M］. 北京：高等教育出版社.

宋志伟.2011. 农作物测土配方施肥技术［M］. 北京：中国农业科学技术出版社.

宋志伟.2011. 农作物秸秆综合利用技术［M］. 北京：中国农业科学技术出版社.

宋志伟.2011. 现代农艺基础［M］. 北京：高等教育出版社.

宋志伟.2011. 植物生长环境（第2版）［M］. 北京：中国农业大学出版社.

宋志伟.2012. 肥料配方师培训教程［M］. 北京：中国农业科学技术出版社.

宋志伟.2012. 土壤肥料（第3版）［M］. 北京：中国农业出版社.

宋志伟，张爱中.2013. 肥料配方师［M］. 郑州：中原农民出版社.

宋志伟，刘戈.2014. 农作物秸秆综合利用新技术［M］. 北京：中国农业出版社.

宋志伟，范乃忠.2014. 特种作物生产新技术［M］. 北京：中国农业出版社.

宋志伟，张爱中.2014. 农作物实用测土配方施肥技术［M］. 北京：中国农业出版社.

宋志伟.2014. 植物生长与环境［M］. 北京：中国农业出版社.

宋志伟.2015. 植物生长环境（第3版）［M］. 北京：中国农业大学出版社.

宋志伟.2015. 土壤肥料（第4版）［M］. 北京：中国农业出版社.

谭金芳.2011. 作物施肥原理与技术（第2版）［M］. 北京：中国农业大学出版社.

唐世坚，贺海雄，姚支农.2009. 水稻测土配方施肥技术推广的主体技术与配套技术组装［J］. 耕作与栽培，1：61－65.

涂仕华.2014. 常用肥料使用手册（修订版）［M］. 成都：四川科学技术出版社.

新疆慧尔农业科技股份有限公司.2014. 新疆主要农作物营养套餐施肥技术［M］. 北京：中国农业科学技术出版社.

王兴仁，张福锁，张卫峰，等.2013. 中国农化服务　肥料与施肥手册［M］. 北京：中国农业出版社.

王玉明，刘茂，李志平.2007. 马铃薯测土配方施肥技术田间试验［J］. 华北农学报，22：147－149.

王宗抗，段继贤，付新霞，等.2010. 植物营养套餐技术在农业生产上的应用［J］. 广东农业科学，7：93－94.

徐静安.2000. 复混肥和功能性肥料生产工艺技术［M］. 北京：化学工业出版社.

吴洵.2009. 茶园土壤管理与施肥技术（第3版）［M］. 北京：金盾出版社.

吴玉光，刘立新，黄德明.2000. 化肥使用指南［M］. 北京：中国农业出版社.

武志杰，陈利军.2003. 缓释/控释肥料：原理与应用［M］. 北京：科学出版社.

于立芝，等.2012. 测土配方施肥技术［M］. 北京：化学工业出版社.

余常兵，廖星，等.2014.湖北省作物专用复混肥料农艺配方［M］.北京：中国农业出版社.

杨淑霞，黄金钟，梁国爱.2010.谷子米测土配方施肥校正试验研究［J］.湖南农机，7：38，23.

杨勇.2015.北安市大豆根瘤菌剂营养套餐技术试验［J］.农业工程，5（1）：94-95，98.

杨先芬，梅家训，苏桂林.2010.花生大豆油菜芝麻施肥技术［M］.北京：金盾出版社.

姚素梅.2014.肥料高效施肥技术［M］.北京：化学工业出版社.

周连仁，姜佰文.2007.肥料加工技术［M］.北京：化学工业出版社.

张承林，邓兰生.2012.水肥一体化技术［M］.北京：中国农业出版社.

张福锁，陈新平，陈清，等.2009.中国主要作物施肥指南［M］.北京：中国农业大学出版社.

张福锁.2003.养分资源综合管理［M］.北京：中国农业大学出版社.

张洪昌，赵春山.2010.作物专用肥配方与施肥技术［M］.北京：中国农业出版社.

张洪昌，段继贤，李翼.2011.粮食作物专用肥配方与施肥［M］.北京：中国农业出版社.

张洪昌，段继贤，李翼.2011.经济作物专用肥配方与施肥［M］.北京：中国农业出版社.

张洪昌，段继贤，廖洪.2011.肥料应用手册［M］.北京：中国农业出版社.

张洪昌，段继贤，赵春山.2012.多功能肥料应用手册［M］.北京：中国农业出版社.

朱平，赵秉强，等.2014.吉林省作物专用复混肥料农艺配方［M］.北京：中国农业出版社.

赵定国，周德兴.2005.人体营养元素施肥初论［J］.上海农业学报，21（2）：115-117.

赵秉强，等.2013.新型肥料［M］.北京：科学出版社.

中国化工学会肥料专业委员会，云南金星化工有限公司.2013.中国主要农作物营养套餐施肥技术［M］.北京：中国农业科学技术出版社.

周鑫斌，石孝均，赵秉强，等.2014.重庆市作物专用复混肥料农艺配方［M］.北京：中国农业出版社.

赵永志.2012.粮经作物测土配方施肥技术理论与实践［M］.北京：中国农业科学技术出版社.

张志明.2000.复混肥料生产与利用指南［M］.北京：中国农业出版社.